W0328269

Rolf Knipper

# Digitalpraxis für die Modellbahn

Eisenbahn-
Fachbuch-
Verlag

ISBN 3-9807748-3-X

© Eisenbahn-Fachbuch-Verlag , Michael Resch, Meilschnitzer Straße 36, 96465 Neustadt/Coburg
Telefon 09568/891098, Telefax 09568/891316
www.eisenbahnfachbuch.de

2. Auflage, März 2005

Alle Rechte, auch die des auszugsweisen Nachdrucks oder Vervielfältigung, ausdrücklich vorbehalten.



Herstellung: Eisenbahn-Fachbuch-Verlag, 96465 Neustadt/Coburg

## 1. Der schwierige Anfang



## 2. Grundlagen



## 3. Baupraxis



## 4. Lokdecoder



## 5. Anhang

## 1.1. Vorwort

Als Leser dieser Publikation dürften Sie höchstwahrscheinlich als Besitzer einer digitalen Modellbahn angesehen werden. Falls nicht ist das um so besser, denn Ihnen soll auf jeden Fall hier „Appetit" darauf gemacht werden. Ich möchte Sie ausdrücklich darauf hinweisen, dass ich diese Art der Steuerung in keiner Hinsicht als Selbstzweck ansehe und Ihnen daher auch in diesem Sinne nicht anraten möchte. Die ganze Thematik macht das Modellbahnleben aber einfacher, komfortabler und man glaubt es kaum, auch preiswerter. Diese These vertrete ich, denn unter dem Schlussstrich dürfte das Ergebnis in aller Regel genau so herauskommen. Das Problem liegt auch hier bei dem berüchtigten Faktor „Lehrgeld". Dieses hat der Autor, wie auch viele weitere Hobby Kollegen, reichlich gezahlt. Der Zweck an sich wäre schon erfüllt, wenn Sie diesen Posten als nicht relevant betrachten könnten. Ich kann mich daher auch nur für (m)einen Weg hinsichtlich der Baupraxis entscheiden und auf andere Ausrichtungen nur hinweisen. Das, was Sie in diesem Ratgeber nachlesen, ist in aller Regel Bestandteil von existierenden Anlagen oder wird in nächster Zukunft darin eingebaut werden. Zwei Anlagenprojekte aus meiner Werkstatt mögen daher als Referenz im weiteren Verlauf, auch im Band 2, stehen. Das wäre zum einen das Modulprojekt „Kottenforst", dabei handelt es sich um einen mit Märklin C-Gleis erbauten Vorbildbahnhof aus dem Raum Euskirchen/Bonn. Das Vorbild existiert tatsächlich und im Kibri-Sortiment ist ein wundervoller Bausatz des Empfangsgebäudes zu finden. Der Gleisplan entspricht der Epoche 3 und ist ausgesprochen „übersichtlich". Um so besser eignet sich die Anlage, um einen Digitaleinstieg von Anfang an zu demonstrieren.

Etwas umfangreicher wird es mit Sicherheit bei dem Zweileiter-Projekt „Elberfeld" zugehen. Wie schon bei der Anlage „Kottenforst" ist die Baugeschichte bisher in der MIBA, dem führenden deutschen Modellbahnmagazin, zu verfolgen gewesen. Aus der Leserschaft heraus war und ist „Elberfeld" ein absoluter Evergreen und um so mehr wird es im Frühjahr 2005 dazu eine weitere Sonderpublikation im MIBA-Verlagsprogramm geben. Dabei wird aber über die elektrische Ausrüstung, natürlich digital, nur ein einziges Kapitel enthalten sein. Für mich lag es daher auf der Hand, Ihnen im Rahmen der neuen Buchreihe aus dem Eisenbahn-Fachbuch-Verlag Michael Resch dieses Thema anhand einer existierenden Anlage etwas näher zu beschreiben. Ganz ähnlich ist das auch im Fall der ersten Anlage zu sehen. Beide unterscheidet allerdings die Systemwahl. Bei dem Märklin-Projekt, ich darf es einmal so bezeichnen, handelt es sich um eine Motorola-Ausrichtung und bei der Elberfeld-Anlage ist es eine auf der DCC-Basis – Welten, eigentlich weit von einander entfernt, könnte man sagen.

Das es doch zusammengeht, ist ein Verdienst der Entwicklungen aus dem Hause Uhlenbrock-Elektronik. Dieser Hersteller hat sich in letzten Jahren zunehmend dem Thema Digitalsteuerungen und Multiprotollfähigkeit angenommen. Was ist das denn, wird sicher der eine oder andere Leser fragen? Keine Angst, ich werde ganz bewusst mit diesem ersten Teil ganz von vorne anfangen. Ich unterstelle Ihnen ganz einfach, Sie sind zum ersten Mal mit dieser Thematik in Berührung gekommen. Die Leser, die schon Erfahrungen haben, werden mit Sicherheit eine Menge Tipps bekommen. Für Anregungen bin ich natürlich immer offen, was ebenfalls auch die konstruktive Kritik betrifft. Man kann nicht alles wissen und eine Art Forum schafft immer einen Wissensaustausch. Auf jeden Fall werde ich Ihnen mein bisheriges Wissen (gestützt auf zahlreiche praktische Erfahrungen) mit diesem Buch näher bringen. Eine Fortsetzung mit noch mehr Details der angesprochenen Anlagenprojekte folgt dann mit Band 2, welcher im Spätherbst 2005 erscheinen wird.

Gerne möchte ich in diesem Zusammenhang auf einige *„Mitstreiter"* aufmerksam machen, mit denen ich mich ständig auf verschiedene Arten austausche. Viele Einwände und Tipps kamen aus diesem Kreis. Zum einen ist das Dieter Hinz, Schöpfer der Steuersoftware „Railware". Aus seiner naturgemäß sehr speziellen Sicht konnte er zu diesem Thema ganz besondere Gedanken beitragen. Das wird aber erst im Folgeband 2 richtig zum Tragen kommen, wenn es im Besonderen um den Anschluss des PC und um Automatiken geht. Leider nicht mehr unter uns ist der viel zu früh verstorbene Uwe Kempkens. Mit ihm begann ich die digitale Aufrüstungen von diversen Anlagenprojekten. Wir haben uns unser Basiswissen sozusagen im Team beigebracht. Ein ganz spezieller Dank geht nach Bottrop zu Herrn Dr. Thomas Vaupel. Er stand mir während der Texterarbeitung und Korrekturen mit unzähligen Tipps und fachlichen Beratungen zur Seite; er ist ein exzellenter Fachmann auf dem Gebiet der Digitaltechnik. Ab-

schließend danke ich meinen Bruder Thomas, welcher Ausbildungsmeister im Elektroinstallateurhandwerk ist. Er zeigt gerade in dieser Publikation auf, wie man fachgerecht Leitungen verlegt und diverse Montagen mit dem dafür geeigneten Werkzeug vornimmt.

Ich darf Ihnen nun viel Vergnügen bei der weiteren Lektüre wünschen und denken Sie bitte immer daran, dass die Modellbahn Spaß machen soll(te). Es wird zu Situationen kommen, an denen man verzweifeln könnte; tun Sie dies aber bitte nicht, sondern beschließen Sie dann die Aktivitäten und beginnen diese bei nächster Gelegenheit neu – ein erster Tipp und der hat wahrlich bei mir schon Wunder bewirkt!

Rolf Knipper

Burscheid, im März 2004

## 1.2. Entwicklung der Digitaltechnik bei Modellbahnen

Grundsätzlich stellt sich zuerst die Frage, warum man sich für eine digitale Anlagensteuerung interessieren soll. Was ist überhaupt der Unterschied zur analog gesteuerten Anlage? Viele Fragen, die durchaus berechtigt sind. Viele Modellbahner haben sich über die Jahre hinweg eine beachtliche Sammlung an Fahrzeugen zugelegt, den Anlagenbau aber stiefmütterlich behandelt. Es reicht Ihnen, ab und zu die Modelle zu bewegen. Viele Fachhändler bestätigen, dass ein Großteil ihrer Kunden Sammler und in der Minderheit Anlagenbauer sind. Hier liegt wahrscheinlich dann auch die derzeit sehr verbreitete mentale Hemmschwelle, die Fahrzeuge digital aufzurüsten, zumal ein entsprechend ab Werk ausgerüstetes Modell mehr kostet. Dies rechtfertigt den Gedanken, kein zusätzliches Geld für die Vitrinenmodelle auszugeben. Ich will an dieser Stelle zum Ausdruck bringen, dass die Entscheidung zur digitalen Modellbahnsteuerung von dem Anspruch eines jeden Einzelnen geprägt ist. Wenn man wirklich nur sammelt, erübrigt sich eigentlich schon eine Diskussion. Außer, und das ist hier schon der erste Einwand, die Lokomotive soll mehr Funktionen ausführen können wie zum Beispiel Soundoptionen zuschalten, eine Rangierkupplung auszulösen oder die Triebwerksbeleuchtung einzuschalten. Dies lässt sich heutzutage hervorragend digitalisieren und entsprechend einfach und komfortabel ansteuern. Das ist aber nur eine Möglichkeit von vielen. Denken Sie einmal an die klassische, eher kleinere Modellbahnanlage, welche vor Jahren analog aufgebaut wurde. Dies bedeutet, dass zwei Stromkreise vorgesehen wurden, in denen Loks mit einem Fahrregler gesteuert werden können. Kommt eine zweite Maschine dazu, führt sie haargenau die selben Befehle aus. Um das zu vermeiden, baut man abschaltbare Gleisabschnitte ein. Je nach Zuschaltung fährt nun die gewünschte Lok, wenn auch nur in einem, nach Anzahl der Gleisabschnitte beschränkten Umfang. Dies gilt übrigens für alle analog gesteuerten Anlagen, denn dabei ist es zunächst einmal unerheblich, ob mit Wechsel- oder Gleichstrom auf Zwei- oder Dreileiter-Gleisen gefahren wird. Zudem muss der Bediener genau seine Technik beherrschen, um einen einigermaßen realistischen Betrieb gestalten zu können. Nimmt er nun Hilfsmittel dazu, wie z.B.

*Die Vielzahl der angebotenen Digitalsysteme unterscheiden sich untereinander erheblich im Funktionsumfang.*

Blocksteuerungen, summiert sich der technische Aufwand zunehmend. Auf konventionelle Relais wird er dabei nicht verzichten können. Ich selbst kenne Modellbahner, die monatelang, teilweise jahrelang Relaisschränke aufgebaut und „verdrahtet" haben. Beim „Verdrahten", wie der Name schon verrät, können sich viele Fehler einschleichen und die Übersicht ist dann bei der Suche durch die vielen Kabel zwangsläufig sehr eingeschränkt. Hier verweise ich auf das amEingang aufgeführte Argument, dass erhebliche Kosten anfallen können, um eine komfortable Anlagensteuerung *analog* aufzubauen; den enormen Zeitaufwand dazu nicht eingerechnet.

Zusammengefasst kann man feststellen, dass für Sammler eine „analoge" Loksammlung immer das richtige sein wird. Sobald aber eine Modellbahn – im wahrsten Sinne des Wortes – betrieben werden soll, ist die Entscheidung, sie digital anzusteuern, immer der richtigere Weg. Wenn Sie noch nicht überzeugt sind, begutachten Sie bitte eine Anfangspackung einer der einschlägigen Anbieter. Sehr schnell wird Ihnen klar werden, wie einfach gerade für Einsteiger (ohne Altersangabe) die Steuerung ist. Die Lok fährt so, wie man diese steuert, die zweite fährt parallel dazu in die andere Richtung, ohne das ein abschaltbarer Abschnitt platziert sein müsste. Selbst mit Standard-Decodern und einfachen Steuerelementen ist sofort eine deutliche Komfortsteigerung zu erzielen.

Viele Kinder wünschen sich eine Modellbahn und bekommen zunächst eine sehr preisgünstige Anfangspackung geschenkt. Aber oft wird der Spielspaß durch ruckende und stotternde Fahrzeuge oder andere funktionstechnische Unzulänglichkeiten im Keim erstickt! Dies ist ein Grund, warum der Nachwuchs für dieses Hobby nur sehr zögerlich zu gewinnen ist. Die angesprochenen simplen Steuerkomponenten sind dabei aber erst der Einstieg in die Modellbahnwelt. Mit einer gut ausgewählten und qualitativ hochwertigen Anfangspackung dagegen sind bereits unendliche Ausbauoption und Funktionssicherheit gegeben. Sie erwerben anschließend beispielsweise einen digitalen Kran. Diesen bieten verschiedene Hersteller in unterschiedlichen Ausführungen an. Er lässt sich oft mit den vorhandenen Steuergeräten bereits bedienen und es braucht dafür kein zusätzliches Geld ausgeben zu werden. Das ist eine der wichtigsten Basisinformationen, welche ich Ihnen im Rahmen dieser Publikation unterbreiten möchte. Sie sollten die für Sie ausschlaggebenden

*Realistisches Fahren und modellbahngerechtes Ranigeren - mit der Digitaltechnik eröffnen sich dem Nutzer neue Dimensionen.*

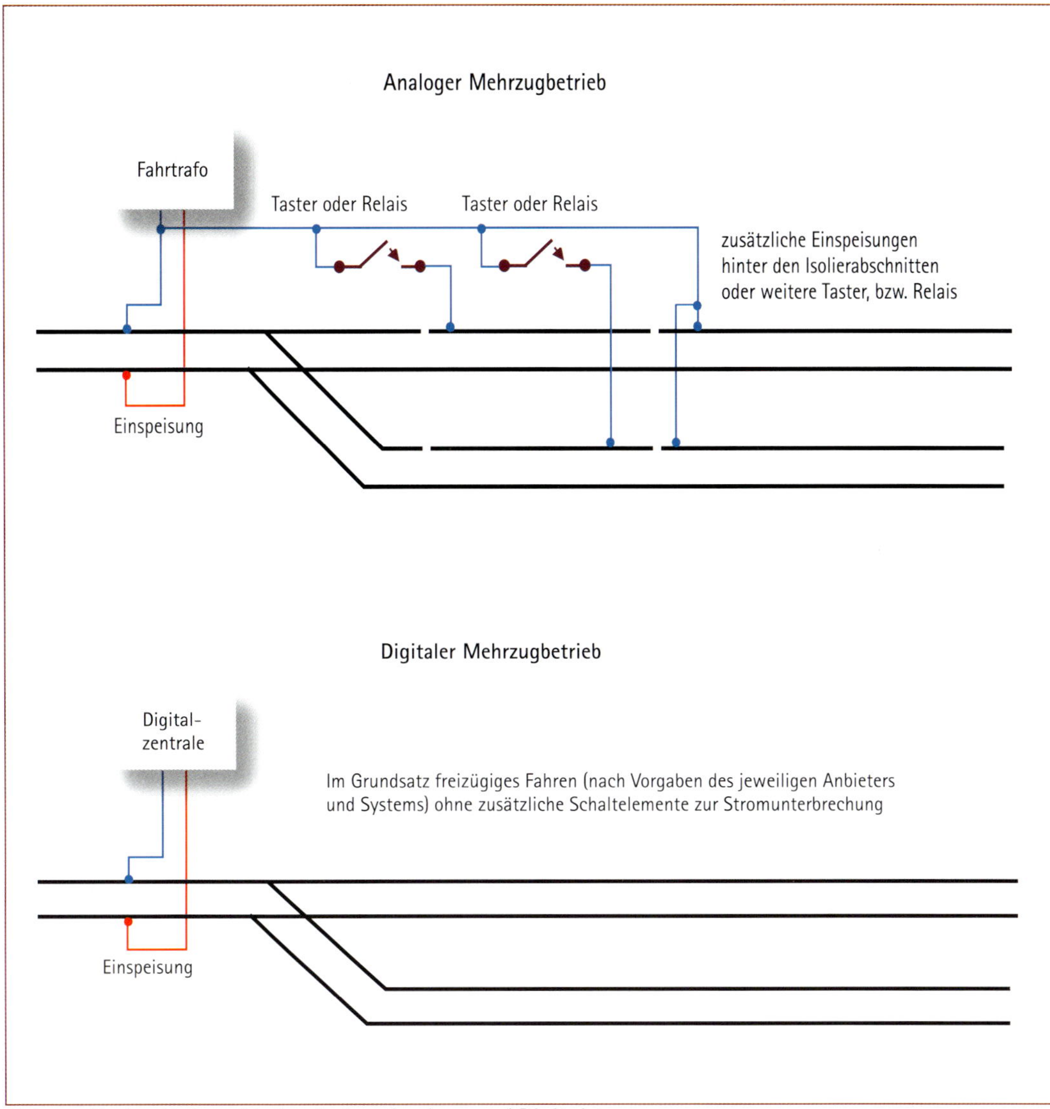


*Schematischer Unterschied zwischen Analog- und Digitalsteuerung*

Argumente filtern und Ihre ganz persönlich zusammengestellte Digitalanlage in Angriff nehmen. Dazu werden einige der hierzulande verbreiteten Digitalsysteme vorgestellt. Ein Problem ist hier natürlich wieder die Kompatibilität der Systeme untereinander, da verschiedene Modelle angeboten werden.

Märklin entwickelte Anfang der achtziger Jahre das Motorola-System für die digitale Modellbahn. 1984 kam dieses auf den Markt. Fälschlicherweise wird es stets mit dem hauseigenen Dreileiter-Wechselstrom-Betrieb gleichgesetzt, obwohl mit dieser Steuerung auch Zweileiteranlagen betrieben werden können. Nur die *erste* Generation der Märklin Motorola Lokdecoder war genau auf eine systembedingte Stromabnahme für den Dreileiterbetrieb konstruiert. Durch Märklin hat dieses System eine große Verbreitung gefunden. Inzwischen gibt es ein erweitertes Motorola 2 Format; das ursprüngliche Protokoll wird nur noch für die Weichen und ähnliche Komponenten und die sehr alten Lokdecoder aus den Anfangsjahren verwendet. Die Anwender mussten sich jedoch bei dem Wechsel von Motorola 1 auf 2 neue Zentralen zulegen, da die alten Einheiten zur vollen Nutzung der neuen Decoder nicht mehr genutzt werden konnten. Heutzutage erlaubt das System die Adressierung von 80 Lokomotiven und 256 Weichen oder Signale. Dazu kommen noch 4 Funktionsoptionen. Ein sehr großer Nachteil ist das bisherige Fest-

Das Märklin-Digitalsystem mit einigen Systemkomponenten.

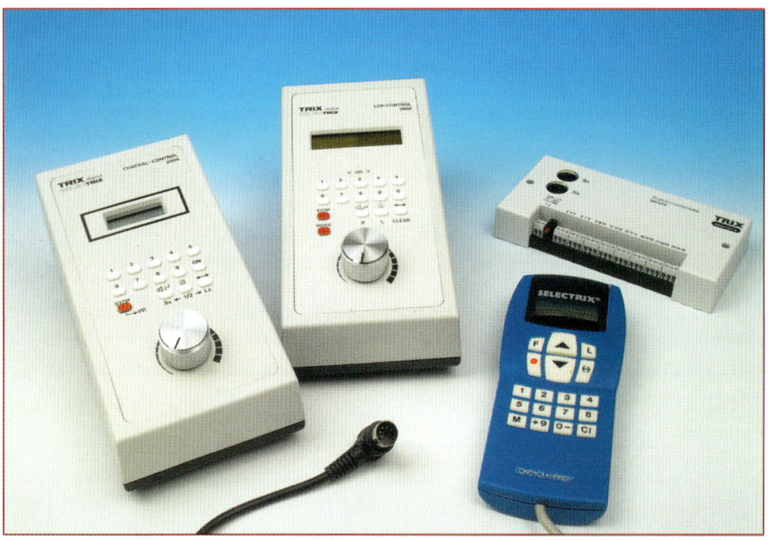


Das Seletrix-Digitalsystem; auffällig hier der gelungene Handregler.

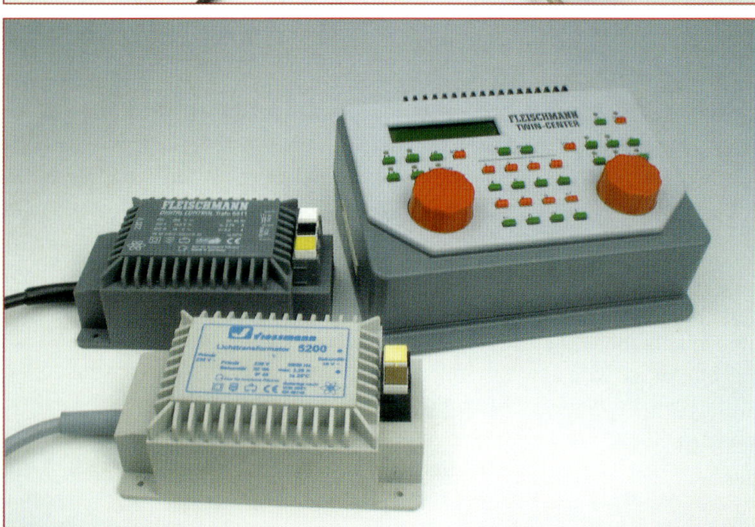


Das Fleischmann-Twin-Center wurde von Uhlenbrock entwickelt.

*Das Fleischmann-Twin-Center ist weitestgehend baugleich mit der Intellibox. Zahlreiche Anschlußmöglichkeiten an der Rückwand eröffnen die gesamte Palette der DCC-Systemwelt.*

halten an 14 Fahrstufen; damit ist das System nicht mehr ganz zeitgemäß und theoretisch wäre eine Umstellung auf 28 Fahrstufen schon heute möglich. Bei der Verwendung der INTELLIBOX von Uhlenbrock erreicht man bei den Lokomotiven eine Erweiterung auf 255 Adressen. Allerdings müssen die eingesetzten Decoder (z.B von Uhlenbrock) die Zentrale verstehen können.

Im Jahr 1982 war die Firma Trix bei der Einführung des Selectrix-Systems eigenständig; heute ist sie bei Märklin mit eingegliedert, die Digitalkomponenten werden aber noch immer angeboten. Im Laufe der Zeit hat sich allerdings einiges geändert. Derzeit sind 104 Decoderadressen ansteuerbar. Dies kann eine Lok oder ein Weichendecoder mit 8 anschließbaren Magnetartikeln oder Signalen sein. Bei der Einteilung der Funktionen muss man schon vorher genau durchrechnen, ob die vorhandenen Adressen ausreichen. Bei größeren Anlagen kann es dann schon schnell zu Einschränkungen kommen. Die Firma MÜT konnte eine Erweiterung auf 200 Loks und 500 Weichen erreichen, ihre Artikel sind alle Selectrix kompatibel. Grundsätzlich stehen bei den Lokdecodern 31 Fahrstufen zur Verfügung; bei N-Fahrzeugen ist damit in aller Regel eine sehr gute Fahrqualität gewährleistet. Die ab Werk mit Decodern ausgerüsteten Loks sind mit einer außerordentlich guten Laufkultur versehen. Leider sind aber nur zwei Sonderfunktionen nutzbar. Da Selectrix ein schon sehr eigenständiges System ist, gibt es bei der Kompatibilität sehr große Einschränkungen. Hier wird es im Grunde besser sein, in diesem System zu verbleiben.

Mit der INTELLIBOX lassen sich aber die Selectrix Lokdecoder gemeinsam mit DCC- und Motorola-Fahrzeugen steuern.

Blicken wir nun nach Übersee. Dort ist seit Jahren das DCC (Digital Command Control) System etabliert und wurde 1995 in der USA sogar zur Standart-Norm erhoben. Somit ist es der ständige Wegbegleiter der Modellbahner, welche sich in der NMRA (National Model Railroad Association), dem Dachverband, zusammengeschlossen haben. Die Industrie stellte sich dann darauf vorausschauend ein und unter anderem bietet die US-Firma Digitrax beispielsweise rund um die DCC-Norm passende Geräte und Komponenten an. Als eigentlicher Ideenlieferant trat aber hingegen schon 1988 die Firma Lenz aus Deutschland mit ihrem „Digital Plus System" auf. Daraus entwickelte sich hauptsächlich der heute bekannte DCC Standart und die besagte US-Norm, die durch Lenz in

*Programmierung der „ersten Stunde" eines Märklin-Weichendecoders.*

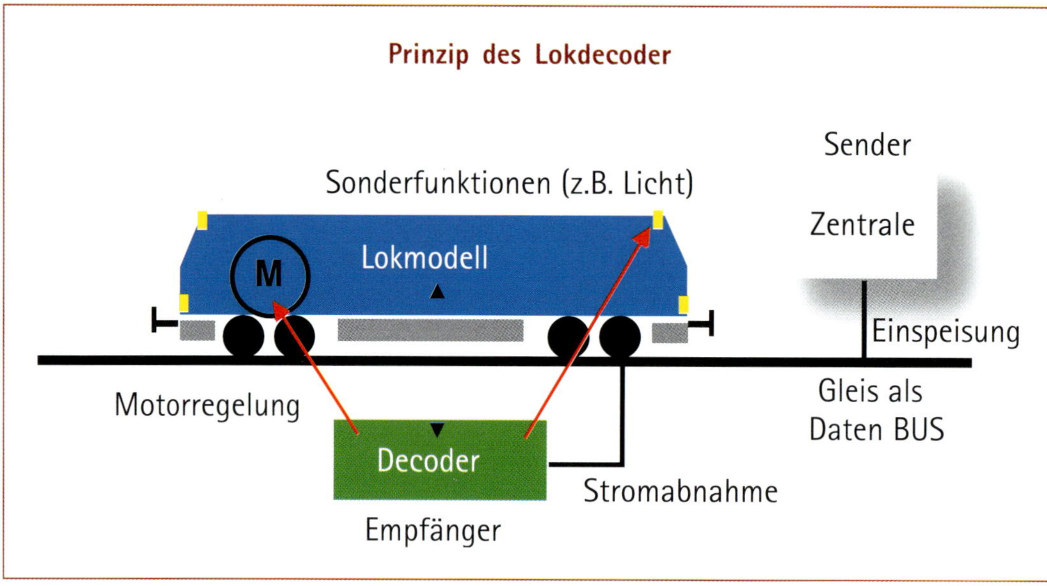


Deutschland ebenfalls flächendeckend eingeführt werden konnte. Als die Firma Roco in Zusammenarbeit mit Lenz 1993 die „Lokmaus 1" entwickelte, war der Siegeszug des DCC-Systems fast nicht mehr aufzuhalten. LGB schloss sich übrigens bei diesem Protokoll ebenfalls gleich mit an. Diese Entwicklung ist ein gutes Beispiel, wie man mit einer einfachen Basis ein einheitliches System aufbauen kann. In den letzten Jahren gab es bei Roco und den anderen DCC-Anbietern naturgemäß Weiterentwicklungen, die an anderer Stelle vorgestellt werden.

Bei anderen Systemen, z.B. bei dem „FMZ-System" aus dem Hause Fleischmann, ist man ebenfalls zum DCC-Standart übergegangen, wobei mit der Zentrale „Twin Center" – diese ist überwiegend baugleich mit der INTELLIBOX – die Ansteuerung von „FMZ" (das bisherige hauseigene Format) sowie DCC-Decodern gewährleistet ist. Man wird sich aber offensichtlich in der Zukunft ganz auf DCC ausrichten, was die Modellbahner im Hinblick auf die Kompatibilität begrüßen werden.

## Grundlagen

Das Übertragungsprotokoll ist die Sprache eines Systems von seiner Zentrale als Befehlsgeber zu den Befehlsempfängern wie z.B. Lokdecodern, wobei dann 14, 28 oder 128 Fahrstufen möglich sind. Stellen Sie sich das so vor, dass der Regelbereich einer

*Abgestellte Lokomotiven mit brennenden Laternen - Digitale Grundfunktion allererster Güte!*

*Der kleine Multiprotokolldecoder von Uhlenbrock.*

*H0-Digitaldecoder mit Schnittstellenstecker von Uhlenbrock.*

Lok in die Schritte von 0 bis 14, 0 bis 28 oder 0 bis 128, immer ausgehend vom Stand bis zur maximalen Höchstgeschwindigkeit, eingeteilt wird. Je weniger Fahrstufen (14) zur Verfügung stehen um so größer sind die Übergänge zwischen den einzelnen Stufen erkennbar. Je größer die Anzahl der vorhanden Fahrstufen (128) ist, umso kleiner ist die Differenz zwischen zwei einzelnen Fahrstufen. Als ideal haben sich in diesem Zusammenhang 28 Stufen erwiesen. Bei nur 14 Stufen sieht man ein deutliches Rucken bei Geschwindigkeitsänderungen, welches unschön anzusehen ist. Bei 128 Fahrstufen reagiert ein normales Fahrzeug dagegen regelrecht träge auf Fahrbefehle, weil immer mehrere Stufen gleichzeitig geschalten werden müssen. Für einige Hobby-Kollegen ist das aber ausgesprochen vorbildgerecht, denn große bewegten Massen, wie bei echten Lokomotiven, reagieren exakt genau so. Beim punktgenauen Rangieren im Modell bedarf es daher schon eines richtigen Feingefühles, um nicht Auffahrunfälle oder ein Überfahren eines Prellbocks zu provozieren. Der Mittelweg liegt daher bei 28 Fahrstufen. Hier werden die Übergänge zwischen den einzelnen Stufen schon weitestgehend unmerklich geschaltet und man kann trotzdem die Lok noch wirklich präzise ohne Verzögerung steuern.

Mit einem vollständigen Steuerungssystem können in aller Regel viele unterschiedliche Decoder, also die Befehlsempfänger (z.B. für Loks, Signale und Weichen) mit ausreichender Adressenzahl angesteuert werden. Bei modernen Lokdecodern sind bis zu acht Sonderfunktionen wie Licht einschalten, Rangierkupplung auslösen, Sound zuschalten, usw., möglich. Durch die speziellen Einstellparameter, den sogenannten „CV" (Konfigurationsvariablen), lassen sich vor allem die Lokdecoder in vielen Bereichen ganz besonders auf die Erfordernisse des Anwenders einstellen. Dazu zählt beispielsweise die Begrenzung der Höchstgeschwindigkeit, oder die Trägheit der Anfahr-/Bremsverzögerung. Weichendecoder hin-

*Lok auf - Lok zu. In aktuellen Modellentwicklungen sind meistens alle Vorkehrungen getroffen, um Decoder leicht einbauen zu können; der Platz hierfür ist in der Regel schon vorgesehen worden.*

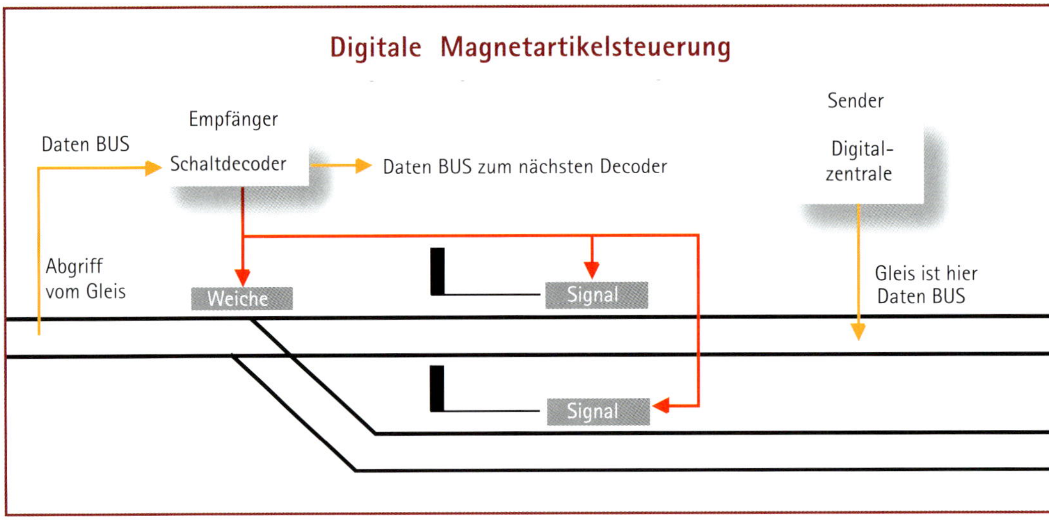


gegen werden aus dem System heraus angesteuert, um die gewünschten Weichen oder Signale zu schalten. Auf die ganz wichtige Besonderheit eines umfassenden Datenbusses möchte ich in diesem Zusammenhang schon vorab hinweisen. Damit lassen sich eine Vielzahl der Komponenten einfach vernetzen und ansteuern. Dieser außergewöhnlichen Thematik ist ein besonderes Kapitel gewidmet. Zusammengefasst lässt sich feststellen, dass eine digitale Modellbahn eine Zentrale besitzen muss, von der aus alle Teile des Betriebes nach Wunsch des Anwenders, also Ihnen, verwaltet und angesteuert werden. Im nächsten Kapitel werden die Begriffe, Funktionsweisen und Einsatzbereiche der angesprochenen Komponenten näher erklärt werden.

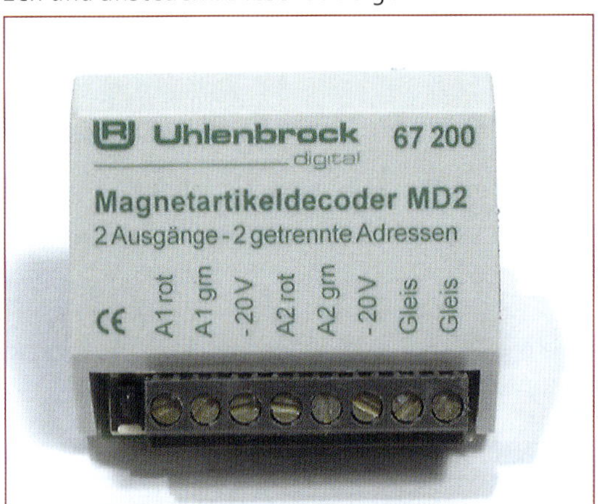


*Oben: Magnetartikeldecoder von Uhlenbrock*

*Unten: Roco- bzw. Lenzdecoder für 6 oder 8 zu schaltende Artikel.*

Nun haben Sie bereits einen kleinen Überblick über die gängigsten Digitalsysteme bekommen. Auf dem Vormarsch ist der DCC-Standart, die Entwicklungen aus den USA werden uns auch in Zukunft noch weiterhin beschäftigen, aber auch hierzulande gehen die Aktivitäten eindeutig in die gleiche Richtung. Roco baut jetzt zunehmend mit Eigenentwicklungen ebenfalls darauf auf. Die Lokdecoder besitzen inzwischen eine gute Qualität mit immer kleiner werdenden Baumaßen, so dass auch N oder TT Fahrzeuge mittlerweile damit ausgerüstet werden können. Dies war aufgrund der minimalen Baumaße bisher die Domäne von Selectrix. Die Kosten der Lokdecoder werden wohl eher stabil bleiben oder sogar etwas fallen. Allerdings gibt es bei den Qualitäten der Decoder untereinander durchaus große Unterschiede. Nicht nur der Preis kann als Gradmesser gewertet werden. Es gibt preiswerte in sehr guter Ausführung aber auch teuere und schlecht aufgebaute Decoder. In regelmäßigen Abständen erscheint daher im MIBA-Verlag ein Digital-Sonderheft, in dem Sie sich über aktuelle Entwicklungen, Preise und Qualitätsprüfungen informieren können. Es ist an dieser Stelle daher nicht zweckmäßig, in diesem Zusammenhang verschiedene Decoder wie beschrieben einzugruppieren, denn dann wäre der Band nur mit Tabellen gefüllt. Die in der weiteren Betrachtung vorkommenden Decoder werde ich ihnen anhand von Fallstudien näher beschreiben. Nicht das teuerste oder das billigste Produkt sollte für eine Kaufentscheidung herangezogen werden sondern der goldene Mittelweg – kombiniert mit Informationen aus der Fachpresse und von den einschlägigen Fachhändlern.

Der digitale Einsteig in die Modellbahnwelt lohnt sich in aller Regel mit dem Erwerb einer entsprechenden Anfangspackung. Diese sind von der Industrie subventioniert um sich so die Nachfolgegeschäfte zu sichern. Dagegen ist eigentlich nichts zu sagen, denn der Käufer hat den Preisvorteil, aber leider sind nicht alle dieser Sets so uneingeschränkt ausbaufähig wie es zunächst erscheint. Alle klassischen und zuvor beschriebenen Systeme sind aber dazu geeignet. Die Startebene bei Märklin wird mit „Delta" bezeichnet. Dabei handelt es sich um eine deutlich reduzierte Vollversion mit nicht besonders überzeugenden Betriebsqualitäten. Sie sollten sich daher bei der Wahl des Motorola-Systems direkt auf die Premium-Sets orientieren, die wirklich preiswert und qualitativ hochwertig sind, wobei es sich aber natürlich immer nur um die Märklin spezifische Ausführung handelt. Fleischmann bietet alle seine Startsets bisher mit dem Twin Center an. Inzwischen sind einige Fleischmann Startpackungen auch mit dem neuen „Lokboss" lieferbar. Dabei handelt es sich um ein Einstiegsset mit 4 Lokadressen, welches sich später als Handregler mit dem Twin-Center verbinden lässt. Damit hat man eine ausbaufähige Basis auf hohem Niveau geschaffen. Bei Trix verfolgt man eine ähnliche Philosophie: Es sind keine vereinfachten Einsteigersets erhältlich sondern nur das ganze Programm, dafür jedoch in bester Qualität. Leider ist das Selectrix System aber immer nur eine Insellösung. Roco dagegen bietet seine Startsets mit der „Lokmaus 2" zu äußerst attraktiven Preisen an. Die ursprünglich mit Lenz zusammen entwickelte „Lokmaus 1" wurde hausintern weiterentwickelt und es stehen derzeit 99 Lokadressen zur Verfügung. Der Regler ist über den Lokmaus Adapter von Uhlenbrock mit anderen LocoNet Zentralen kompatibel. Dadurch ist die Nutzung der vorhandenen, in diesem Fall auch sehr guten, Startkomponenten gewährleistet

Wenn man die Entwicklung aus globaler Sicht bewertet; bedeutet dies heute eine Konzentration auf den DCC-Standard. Wenn Sie Komponenten auswählen, die in dieser Hinsicht uneingeschränkt kompatibel sind, dürfte dies ein sehr guter Weg sein. In allen anderen Fällen handelt es sich aber durchweg um die beschriebenen Insel-Systeme. Einen sehr guten Schritt, um eine Kompatibilität der Systeme untereinander zu schaffen, hat die Firma Uhlenbrock-Elektronik mit der Schaffung der LocoNet Zentrale „INTELLIBOX" erreicht. Mit dieser Multiprotokollzentrale ist es möglich, DCC-, Motorola- und Selectrix-Loks anzusprechen. Dieses gilt vor allem für die Lokdecoder, denn die Selectrix-Weichendecoder können leider nicht angesprochen werden. Ob eine allumfassende Kompatibilität eines Tages erreicht werden kann, bleibt abzuwarten. Dies ist unter Umständen auch gar nicht so sehr wünschenswert, denn jedes Zugeständnis in die Richtung des einen oder anderen Systems ist auch immer wieder ein Kompromiss und keine vollständige Lösung. Dennoch ist mit der INTELLIBOX eine weitgehende Kompatibilität der großen drei Digitalsysteme untereinander gewährleistet.

*Es gibt beim richtigen Aufbau einer Modelleisenbahn viel zu tun - die Preiserlein haben schon mal angefangen...*

# 1.3. Grundsätzliches

Zuerst wurden die grundsätzlichen Schemen und Prinzipien beschrieben. Damit es für Sie weiterhin übersichtlich bleibt, folgen jetzt Begriffserklärungen, welche im weiteren Verlauf immer wieder verwendet werden, damit Sie mit der richtigen Zuordnung keine Probleme mehr haben.

Digitale Steuerungen unterscheiden sich grundsätzlich von anlogen Lösungen. Dabei wird der Motor allerdings in beiden Arten weiterhin mit Spannung versorgt. Deshalb kommen auch die gleichen physikalischen Gesetze zur Anwendung. Ein Getriebe und eine Stromabnahme mit all den damit verbundenen Besonderheiten ist weiterhin ebenfalls erforderlich. Nur in einem ganz entscheidenden Punkt gibt es einen großen Unterschied. Im Analogbetrieb fließt eine von dem Fahrtrafo geregelte Spannung zum Motor und steuert diesen je nach der gewählte Einstellung des Regelknopfes. Grundsätzlich sollten dann alle Loks bei beispielsweise 6 Volt gleich schnell fahren, jedoch das Getriebe, die Betriebstemperatur und die Antriebstechnik sind für die effektive Geschwindigkeit verantwortlich. Sobald der Fahrregler aufgedreht wird, fahren alle Maschinen in dem entsprechenden Stromkreis an. Bei der digitalen Steuerung benötigen Sie auch einen Transformator. Er sollte nicht regelbar sein, da er die Zentrale mit ständig gleicher Spannung versorgen muss, welche bei allen Digitalsystem en immer erforderlich ist und als Sender arbeitet. Empfänger ist der Lokdecoder in dem Modell, der dann wiederum den Motor mit Betriebsspannung versorgt. Bei Weichen ist der Empfänger der Magnetartikeldecoder, der dann entsprechend dem Stellbefehl das Signal oder den Weichenantrieb mit Schaltspannung versorgt.

Viele der Begriffe sind Ihnen sicherlich schon einmal im Zusammenhang mit digitalen Steuerungen begegnet, ohne das sie die Erklärungen dazu kennen. Gehen Sie davon aus, dass für alle Digitalsysteme, auch Einsteigersets, die gleichen Begriffe verwendet werden können, deshalb sind nur in Beispielen Hersteller und ihre Bezeichnungen verwendet worden.

## Die Stromversorgung

Die Zentrale und jeder Booster (Erklärung s.u.) benötigen jeweils für sich eine eigene Stromversorgung im Regelfall von 14 – 16 Volt. Es sollte sich dabei um leistungsstarke Geräte handeln. Die Hersteller bieten konfektionierte Transformatoren in einer Leistung von 45 – 150 VA (Volt / Ampere) an. Sie sollten ausschließlich diese Energiequelle der zugedachten Verwendung reservieren, also beispielsweise keine Bahnsteig- oder Straßenlampen und sonstigen Verbraucher auf der Anlage daran anschließen.

## Grundschema mit digitalem Fahrstrom

(Zweileiter Betrieb)

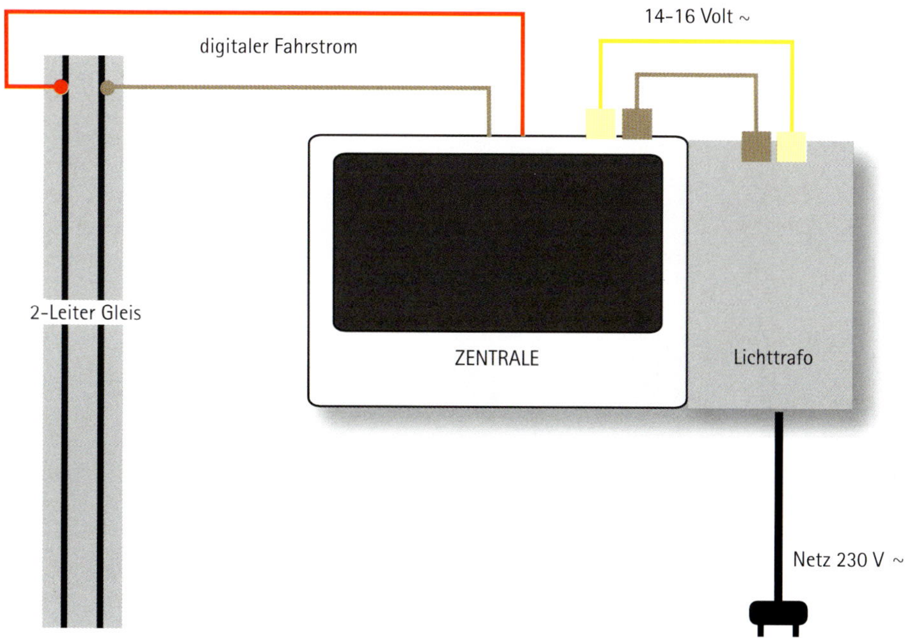


## Grundschema mit digitalem Fahrstrom

(Dreileiter Betrieb - Märklin)

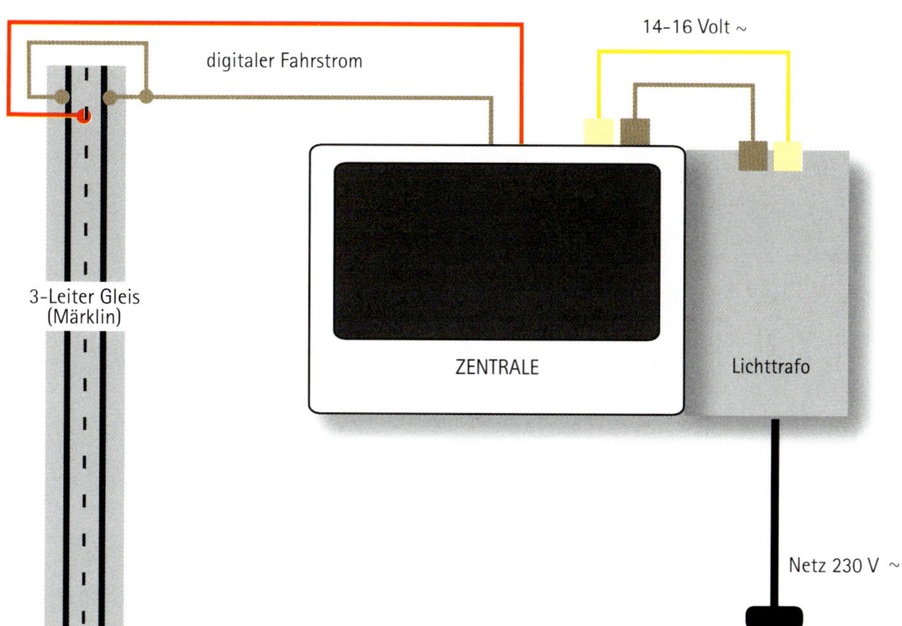

## Grundschema mit digitalem Fahr- und Schaltstrom

(Zweileiter Betrieb)

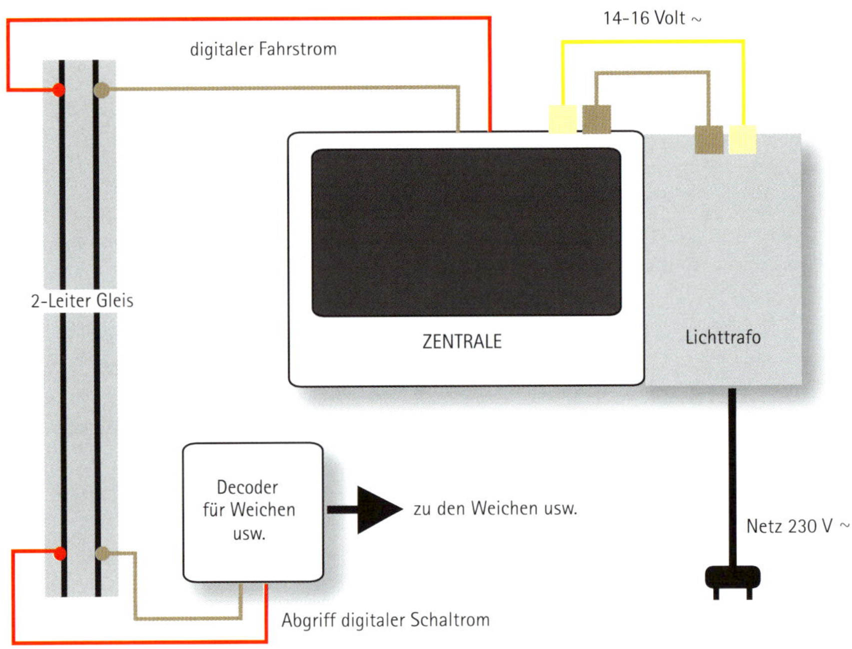


## Grundschema mit digitalem Fahr- und Schaltstrom

(Dreileiter Betrieb - Märklin)

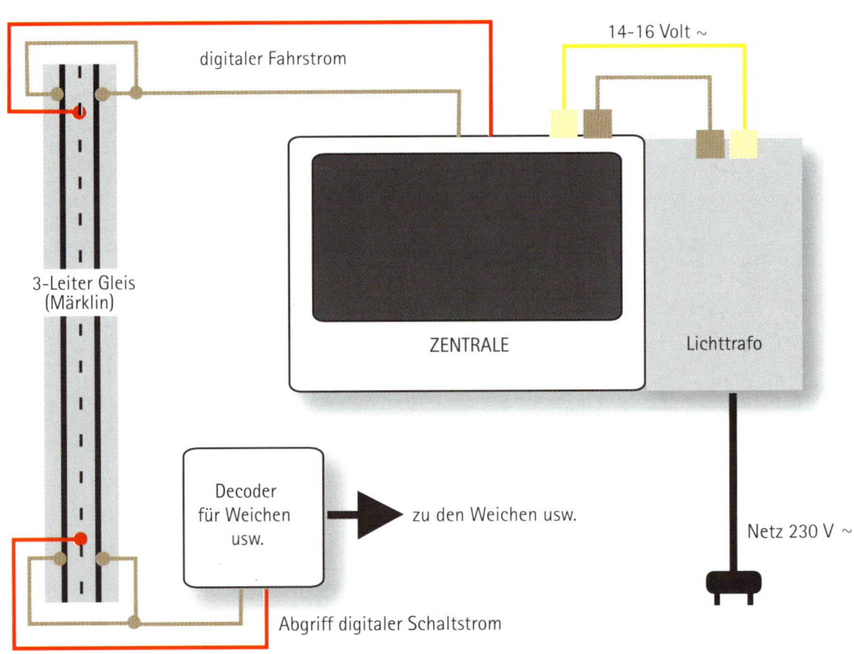

## Die Zentrale

dient als Sender, sie ist der Befehlsausgeber in die Modellbahn. Je mehr Komponenten der Modellbahnanlage, also Stromkreise, Weichen und Signale, sie an die Digitalzentrale anschließen, umso komplexer lässt sich die Anlage dann steuern. Sicherlich kann man digital fahren und die Weichen weiterhin herkömmlich, also analog ansteuern, technisch ist dies aber nicht sinnvoll. Dies trifft vor allem dann zu, wenn Sie eine zugabhängige Steuerung aufbauen wollen. Dann fließen buchstäblich alle „Fäden" im wahrsten Sinne des Wortes an einer Stelle, der Zentrale, zusammen. Bei der Kaufentscheidung gilt es natürlich auch das gewählte System zu berücksichtigen. Es sollte eine ausreichende Adressenauswahl gewährleisten, deshalb sollten Sie nicht unbedingt die kleinste Zentrale aus dem Angebot wählen. In einem Digitalsystem sind die Befehlsempfänger die Digitaldecoder, welche jeweils über eine eigene Adresse verfügen. Das ist genau so wie beispielsweise bei Ihrer Hausnummer. Je mehr Adressen die Digitalzentrale verwalten kann, um so komfortabler und komplexer wird die Struktur Ihrer Anlage sein. Natürlich ist dies auch immer abhängig von der Größe der eigenen Anlage und mit beispielsweise nur acht ansprechbaren Lokadressen ist man sehr schnell am Ende der eigentlichen Möglichkeiten angelangt. Empfehlenswert ist auf jeden Fall eine multiprotokollfähige Zentrale, wie zum Beispiel die „INTELLIBOX" von Uhlenbrock oder das „Twin Center" von Fleischmann. Hier werden die verschiedenen Systeme der Anbieter mit ihren Übertragungsprotokollen, der unterschiedlichen digitalen Sprache der Systeme, zusammengeführt. Diese Zentrale fungiert daher auch als Dolmetscher. Sie sollten sich deshalb das wirtschaftlich günstigste und gleichzeitig das qualitativ beste Produkt aussuchen und verwenden. So sind Sie nicht auf einen einzelnen Anbieter mit seinem System festgelegt und können die Anlage nach eigenen Wünschen und Zweckmäßigkeit ausstatten.

## Fahrregler

Meistens beinhalten die Zentralen bereits einen Fahrregler zur Steuerung der Fahrzeuge. Die INTELLIBOX von Uhlenbrock hat sogar gleich zwei Regler. Damit lassen sich die gewünschten Fahrzeuge über ihre Adressen der eingebauten Digitaldecoder aufrufen und steuern. Daneben stehen auch parallel zur Zentrale separate Regler zur Verfügung. Fast jeder Hersteller bietet solche heute an. Basis ist aber stets die Zentrale, denn ohne sie könnte der Regler

*Die leistungsfähige Zentrale „INTELLIBOX" und die neue Infrarotsteuerung „IRIS"*

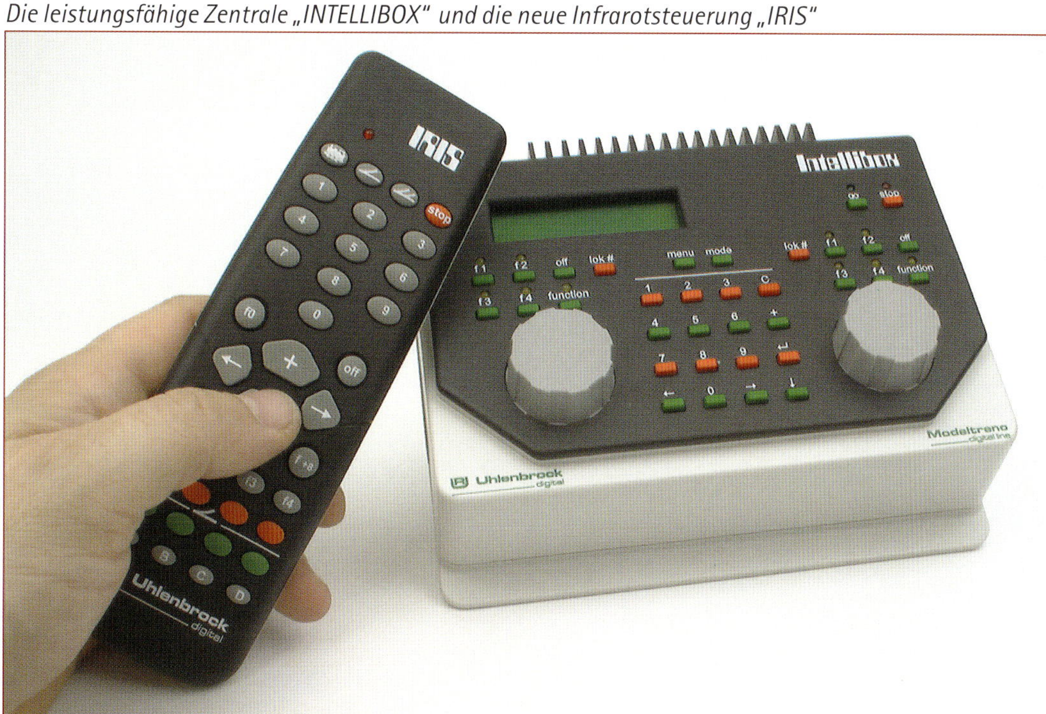

## Grundschema mit verzweigtem Datenbus

(Zweileiter Betrieb)

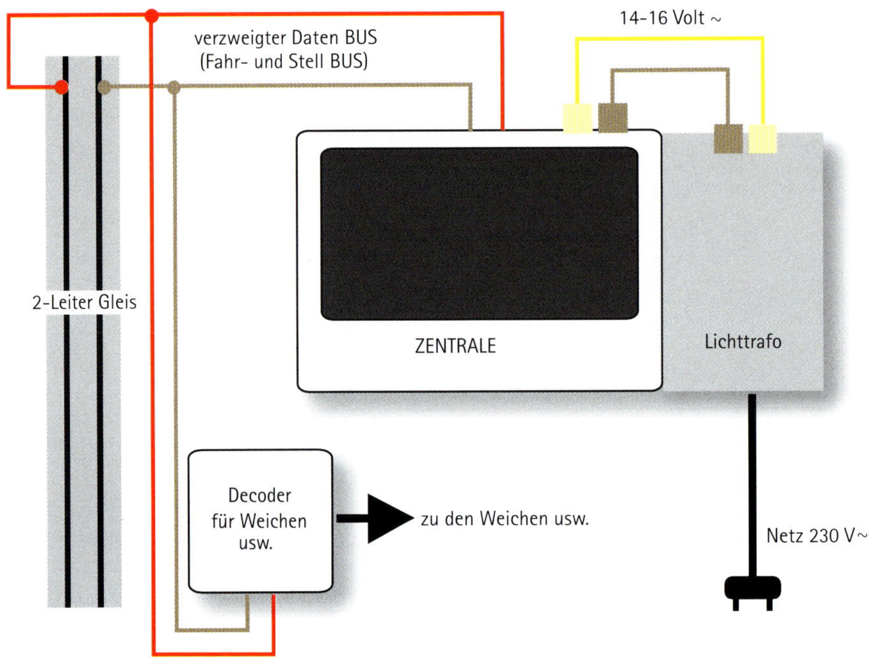


## Grundschema mit digitalem Fahr- und Schaltstrom

(Dreileiter Betrieb - Märklin)

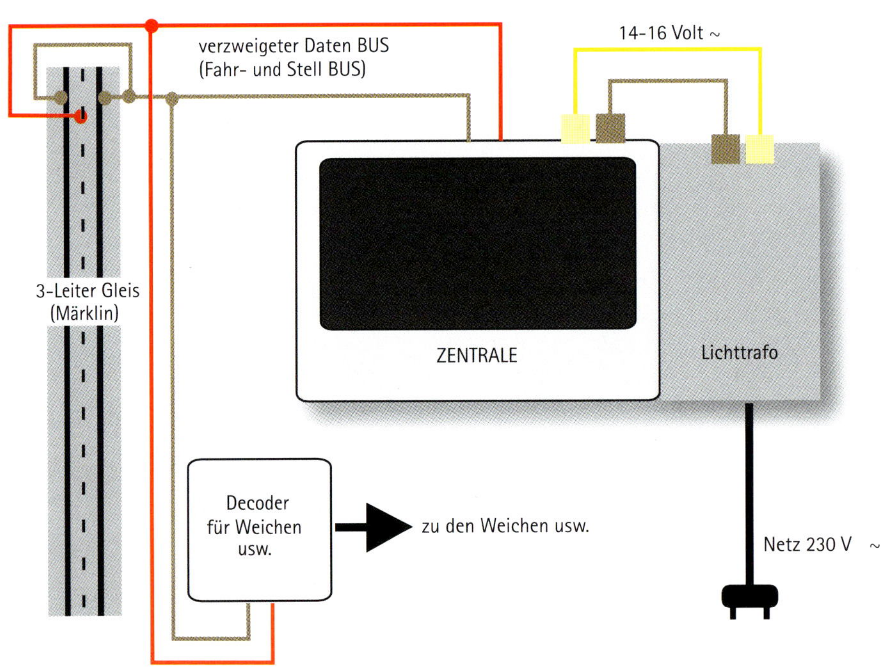

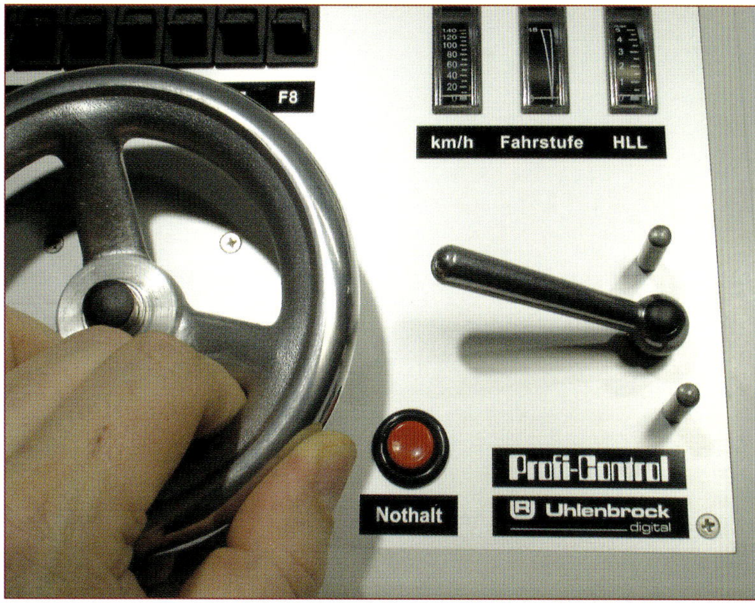


*Keine Zentrale sondern eine interessante Erweiterung: Das Profi-Control. Die Steuerbefehle des Lokführerstandes werden an die Zentrale weitergeleitet und dort verarbeitet.*

nicht funktionieren. Im Trend sind eher kleine Handregler mit einem entsprechend langen Kabel oder, ganz aktuell, drahtlose Einheiten, wie das „IRIS"-Konzept aus dem Hause Uhlenbrock. Die Art der mechanischen Regelung variiert je nach Hersteller vom normalen Dreh- bis zum Schieberegler.

## Booster

sind in aller Regel ab einer gewissen Anlagengröße empfehlenswert. Von der Zentrale aus wird die gesamte Anlage mit Strom versorgt. Dieser dient zum eigentlichen Betrieb, also zum Bewegen der Fahrzeuge genau so wie zur Versorgung der Empfänger (Decoder) mit Daten. Hier liegt die mögliche Problematik, denn wenn viele Fahrzeuge oder beleuchtete Züge unterwegs sind, kann es zu Versorgungsengpässen auf der Anlage kommen. In aller Regel wird sich die Zentrale dann abschalten, weil sie überlastet ist und bis zur Behebung des Problems nicht mehr weiterarbeiten. Mit einem Booster, dabei handelt es sich um einen Verstärker, stellt man genügend Reserven zur Verfügung. Einige Zentralen haben einen Booster bereits eingebaut. Das DAISY-Konzept hat die Funktion „Zentrale" im Handregler direkt eingebaut und verwendet nur externe Booster (POWER 2), auch andere Hersteller haben ähnliche Lösungen im Programm .

Einige Booster können, je nach Einstellung am jeweiligen Gerät, Sonderaufgaben übernehmen. Dies können z.B. Bremsstrecken sein, die im Regelfall vor einem Haltebereich liegen. Wenn sich ein Zug dem auf Halt stehenden Signal nähert, bremst ihn der Booster sanft ab. Im Zweileiterbetrieb kann die vielfach technisch gefürchtete Kehrschleife problemlos realisiert werden. Diese Sonderaktionen funktionieren aber nur bei bestimmten Boostern wie z.B. dem „POWER 3" von Uhlenbrock.

## Interface

Sobald Sie einen Computer anschließen wollen um beispielsweise darüber eine Zugsteuerung zu realisieren, dient das Interface als Koppelmodul zwischen dem Digitalsystem und dem Betriebssystem des Computers. Der Anschluss erfolgt in aller Regel durch die serielle Schnittstelle am PC. Bei einigen Zentralen, wie der „INTELLIBOX" oder dem Twin-Center hat man ein Interface gleich mit eingebaut, während bei anderen Herstellen dies separat beschafft werden muss. Für den Anfang in der digitalen Welt ist es noch nicht besonders relevant, im zweiten Band dieser Reihe wird die Technologie aber eine größere Rolle spielen.

## Display

Das ist wohl ein gewöhnungsbedürftiger Teil der Digitalisierung. Meistens werden Eingaben über eine elektronische Anzeige (Display) angezeigt und es werden dort in der Folge auch Eingaben vom Anwender angefordert. Dazu stehen die entsprechenden Taster auf den Geräten zur Verfügung. Die Akti-

## Kehrschleife im 2-Leiter Betrieb

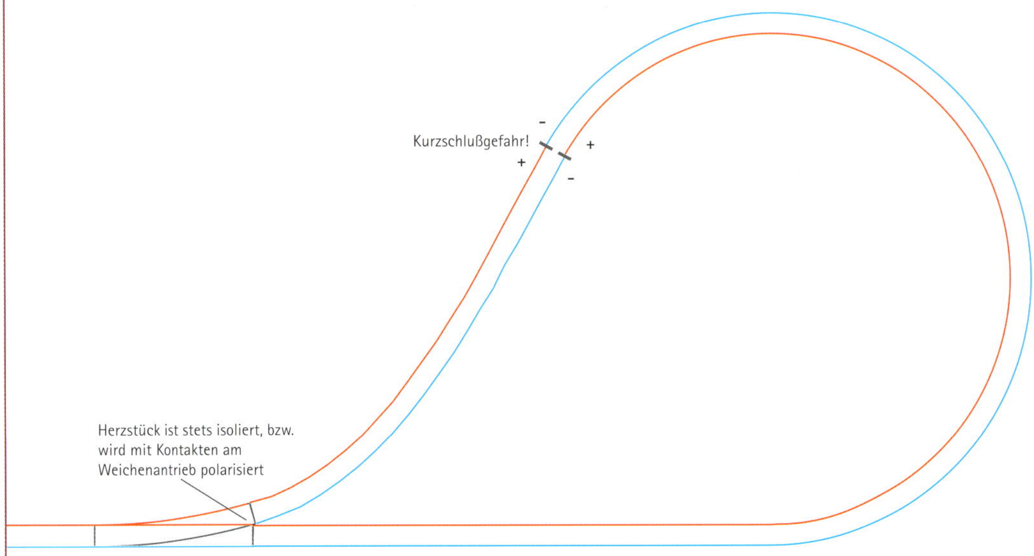


## Kehrschleife im 3-Leiter Betrieb

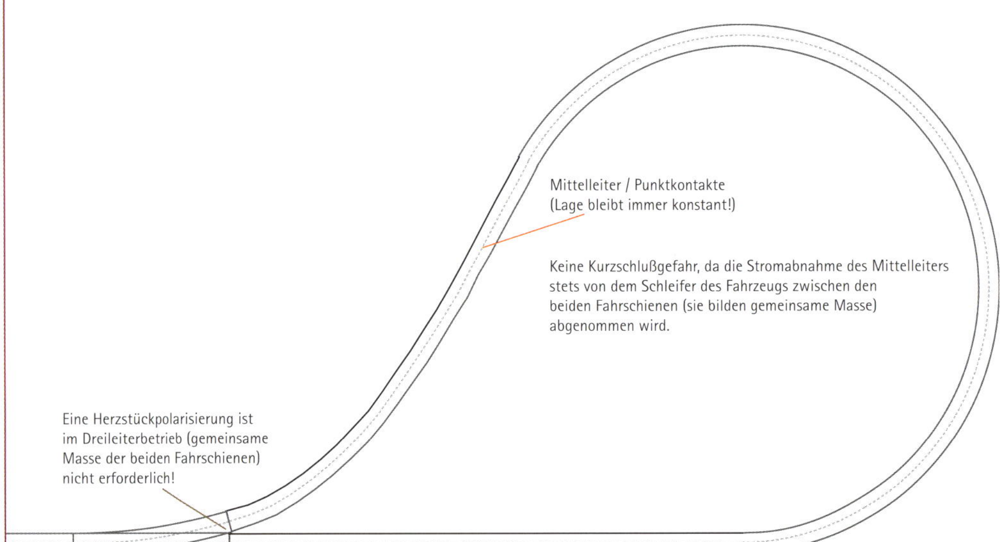

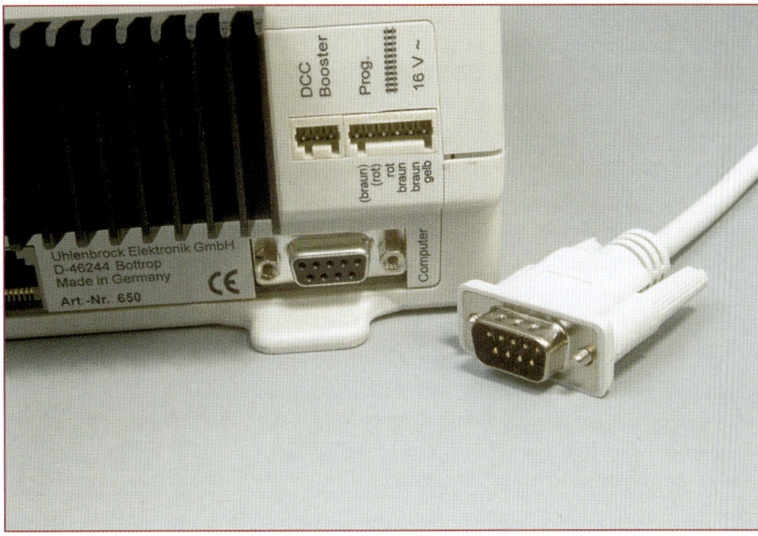


*Für die Verbindung mit dem PC ist eine serielle Schnittstelle an der Intellibox auf der Rückseite vorhanden.*

on wird dann auf dem Display dokumentiert. In den jeweiligen Bedienungsanleitungen sind die Schritte in der Regel gut erklärt und auch meistens bebildert.

## Programmierung

ist ein weiteres Schlagwort aus der digitalen Modellbahnwelt. Bei einer Programmierung, dabei sind die Bedienungsanleitungen der entsprechenden Komponenten absolut relevant, wird der entsprechende Rufname des Decoders – die Decoderadresse – programmiert sowie besondere Einstellungen vorgenommen. Es gibt auch die Möglichkeit, mit kleinen Schiebschaltern, dem „Mäuseklavier", Adresseneingaben z.B. bei Magnetartikel- oder Schaltdecodern vorzunehmen. Märklin setzt diese Technik noch heute bei fast allen Programmiervorgängen ein; obwohl angesichts der Menüsteuerung per Display diese Art und Weise nicht mehr ganz zeitgemäß sein dürfte, wenn aber auch eine gewisse mentale Beständigkeit damit sicherlich gegeben ist.

In den „Baupraxis"-Kapiteln kommt es immer wieder zu Programmiervorgängen, bei denen die verschiedenen Decoder mit erklärt werden.

## Funktionstasten und Sonderfunktionen

Für den Aufruf von Sonderfunktionen, vorrangig bei Lokdecodern, stehen die Funktionstasten zur Verfü-

*Das Display der Intellibox zeigt sämtliche Eingaben und Betriebszustände an. So kann jederzeit die Kontrolle sämtlicher Funktionen erfolgen.*

gung. Das Spektrum kann von der Zuschaltung der Spitzenbeleuchtung bis hin zur Soundoption reichen, wobei 12 Sonderfunktionen (f1 – f12) heute schon möglich sind. Zum Teil kann es je nach Hersteller auch zu Tastenkombinationen für einen entsprechenden Aufruf kommen. Eine Erklärung hierzu finden Sie in den weiteren Kapiteln.

## Keyboard

Das Keyboard ist einfach übersetzt ein „Schlüsselbrett", eigentlich ist es aber das Stellpult für Weichen, Signale und weitere Komponenten. Mit einer entsprechenden Tastatur, sie ist bei den verschiedenen Herstellern recht unterschiedlich konzipiert, werden Magnet- und Schaltdecoder und somit die gewünschten Weichen oder Signale angesprochen.

## Switchboard

Dieser Ausdruck ist ein Wortgeschöpf aus der digitalen Modellbahnwelt. Märklin hat diesen seinerzeit entwickelt und sein Keyboard, also das Stellpult für Weichen usw., für konfektionierte aber auch für Selbstbaustelltische, als Übersetzter ausgerichtet. Damit gelingt es, ganz herkömmliche Taster in das Digitalsystem zu integrieren. Bei Lenz besteht diese Option bereits mit dem Einbau der hauseigenen Magnetartikeldecoder. Hier lässt sich ein Taster zum Umstellen der Weichen direkt anschließen. Die Fa. SES bietet alternativ für das Motorola System ein entsprechendes Switchboard an, da Märklin sein Gerät seit einiger Zeit nicht mehr produziert. Uhlenbrock-Elektronik erkannte ebenfalls diese gravierende Marktlücke und stellt nun mit dem „SWITCH CONTROL" ein adäquates Gerät zum Anschluss des Gleisbildstelltisches oder normaler Stellpulte aus analogen Zeiten zur Verfügung. Den gezielten Einbau im Zusammenspiel mit einer vorbildorientierten Stelltafel (Selbstbau) in die „Elberfeld" Anlage werde ich detailliert im Band 2 beschreiben.

## Steuergeräte

Unter diesem Begriff fassen wir alle Geräte zusammen, welche an eine Zentrale angeschlossen werden können. Dazu zählen Geräte wie das IB-CONTROL oder das DAISY-Regelteil von Uhlenbrock als Handregler.

Passend zu den Keyboards bieten sich Ausgabegeräte für einen zuggesteuerten Betrieb an. Diese greifen dann über durch den Anwender freiprogrammierte Abläufe in den Betrieb ein. In aller Regel sind davon Magnet- und Schaltdecoder betroffen, also die eigentliche Ansteuerung von Weichen und Signalen. Diese wird oft mit dem Begriff „Fahrstraßensteuerung" verbunden, da sich ein bestimmter Fahrweg für einen Zug stets abrufbar speichern lässt. Es kann aber auch eine Blocksteuerung oder der automatisierte Betrieb des Schattenbahnhofs sein. Dazu sind einige Schritte mehr nötig, welche im Band 2 beschrieben werden.

## Decoder

Decoder aller Art empfangen von der Zentrale Befehle, welche dann ausgeführt werden. Sie werden in folgende Gruppen eingeteilt:

*Über die Sonderfunktionstasten können die dem jeweiligen Decoder zugeordneten Funktionen aufgerufen werden. Man hat sozusagen alles in einer Hand.*

*Märklin bietet zum Stellen von Magnetartikeln ein „Keyboard" an. Es handelt sich dabei aber immer noch um eine klassiche „Einzelschaltung" der Antriebe.*

Lokdecoder Ihr Einsatzgebiet: Lokomotivmodelle mit Motor. Der Motor, besser seine Drehzahl, werden von der Zentrale aus über den Decoder gesteuert. Die Sonderfunktionen wie Licht (wird auf Wunsch zugeschaltet und brennt dann gleich bleibend hell bei der Fahrt wie auch im Stand), der Sound (Fahr- und Standgeräusche), die Rangierkupplung (zum fernsteuerbaren Abkuppeln von Wagen auf jeder Stelle der Anlage) usw. werden ebenfalls angesteuert. Eine Besonderheit ist der Lastausgleich. Mit ihm lassen sich die Trägheitseigenschaften der mechanischen Antriebskonzepte wesentlich beeinflussen. Dadurch fährt ein Zug bergauf genau so schnell (oder so langsam) wie den Berg hinunter. Die Parameter eines guten Decoders sollten einstellbar sein, so das Sie die Eigenschaften, wie z.B. die Höchstgeschwindigkeit, die Lokadresse u.v.a.m. universell einstellen können. Die Adresse, die jeder Decoder zugewiesen bekommt, ist der eigene Rufname im System. Das gilt für alle Decodertypen, die im folgenden noch beschrieben werden. Wie ein Decoder montiert und programmiert wird, wird eingehend in einem besonderen Kapitel behandelt.

Funktionsdecoder Ihr Einsatzgebiet: Fahrzeuge ohne Motorausgang. Damit werden Aktionen ausgeführt, für die kein normaler Lokdecoder zur Verfügung steht. Bei einem Triebwagen oder einem Wendezug soll beispielsweise im motorlosen Fahrzeugteil ebenfalls das Fahrlicht brennen, das Horn hörbar sein und die Spitzen- auf Schlussbeleuchtung umgestellt werden können. Der Lokdecoder befindet sich aber bereits im angetriebenen Teil oder in der Lok und verrichtet dort seine Aufgaben. Der Funktionsdecoder kann diesen nun effektiv ergänzen und die andere Zugseite versorgen. Man kann ihn auch auf die gleiche Adresse programmieren, so dass beide Decoder bei einer entsprechenden Ansprache von der Zentrale aus arbeiten. Dabei schaltet der eine beispielsweise die Spitzenbeleuchtung an der Lok an und der andere spricht die Schlussbeleuchtung am Steuerwagen an, dass diese nun zugeschaltet wird. Bei einem Fahrtrichtungswechsel kehrt sich die Aktion dann um. Dafür ist kein zusätzliches Kabel mit Stromkupplungen im Zug erforderlich.

Magnetartikeldecoder Ihr Einsatzgebiet: Weichen und Signale auf der Modellbahn. Hier gilt es zwischen Impuls- und Dauerstromausgängen zu unterscheiden. Normale Magnetspulen, also der klassische Weichenantrieb, schalten mittels Stromimpuls hin und her und lösen somit den Stellvorgang aus. Dies trifft auch für Formsignale mit einem entsprechenden Antrieb zu. Bei Lichtsignalen müsste zum Umschalten der Signalbilder ein geeignetes Relais vorhanden sein. Dies wird dann durch den Decoder umgestellt.

*Lokdecoder für HO und N, mit und ohne Schnittstellenstecker*

Schaltdecoder Ihr Einsatzgebiet: Motorantriebe zum Stellen von Signalen, Schranken und Weichen, sowie in allen anderen Bereichen, bei denen ein gleicher Vorgang erforderlich ist, wie beispielsweise bewegbare Tore an einem Lokschuppen. Ein Vorteil dieser, im allgemeinen aber etwas teuereren Decoder, sind die in aller Regel integrierten Relais. Sie werden intern geschaltet, so dass der Modellbahner diese nicht noch zusätzlich installieren muss. Bei genauer Kalkulation ist diese Variante mit Schaltdecodern sogar preiswerter, weil man zum Beispiel sofort die Lichtsignale (ohne zusätzliches Relais) ansteuern kann. Die beiden zuletzt genannten Decodertypen sind üblicherweise auch mit programmierbaren Adressen (Rufnamen) versehen. Bei vielen Datenformaten wird im Zusammenhang mit der Magnetartikelsteuerung zwischen der Decoderadresse und der Magnetartikeladresse unterschieden. Das gängige Grundschema: der Decoder mit der Decoderadresse 1 beinhaltet die Magnetartikeladressen 1 bis 4, der Decoder mit der Decoderadresse 2 die Magnetartikeladressen 5 - 8 usw. Vielfach werden bei älteren Decodern (Motorola) die Decoderadressen am Decoder eingestellt und nicht die Magnetartikeladressen. Im Kapitel „Baupraxis" werden die Einzelheiten dazu erklärt.

Die zuvor beschriebenen verschiedenen Funktionsweisen der grundsätzlich vier unterschiedlichen Decodertypen werden uns im Weiteren noch öfters begegnen, sie sind nun mit den Grundstrukturen schon vertraut. Decoder sind von ihrer Aufgabenstellung her gesehen die Befehlsempfänger der Zentrale.

*Oben: Gerade bei den kleinen Baugrößen, wie hier bei dieser N 215 von Roco, muss man schon genau prüfen, wie welcher Decoder an einer geeigneten Stelle am besten unterzubringen ist.*

*Links: Mit sogenannten Funktionsdecodern werden Steuerwagen ausgerüstet. So kann unabhängig von der Lok z.B. das Licht zugeschaltet werden.*

## Schnittstellen

Dies ist ein „deutscher" Begriff für eine sehr wichtige technische Innovation seit Einführung der Digitaltechnik. Bis vor kurzem galt der Einbau eines Lokdecoders noch als Herausforderung, weil bestimmte Leitungen im Inneren der Lok mit den entsprechenden Anschlüssen des Decoders verbunden werden mussten. Zudem war es bei fast allen Herstellern üblich, metallische Teile des Modells als gemeinsame Masse für den Motor, die Beleuchtung u.v.a.m. zu verwenden. Beim Einbau eines Digitaldecoders müssen diese Verbindungen aus technischen Gründen zur Motoransteuerung getrennt werden. Wesentlich komfortabler geht dies alles mit „NEM"-(Normen Europäischer Modellbahnen) Schnittstellen. Ein Blindstecker wird dann bei der „analogen" Lok entfernt und durch das einfache Aufstecken des genormten Gegenstücks am Decoder ist in kürzester Zeit die Digitalisierung abgeschlossen, ohne dazu Lötarbeiten ausführen zu müssen. Leider sind die meist älteren Modelle dafür nicht entsprechend vorbereitet oder überarbeitet worden. In den einschlägigen Katalogen sind Schnittstellen oft durch Piktogramme ausgewiesen, man sollte bereits die Auswahl der Modelle auch nach diesem Kriterium ausrichten, damit eine spätere Umrüstung einfach auszuführen ist. Die Decoder lassen sich auch austauschen, wenn Soundoptionen und weitere Funktionen nachgerüstet werden sollen. Schnittstellen halten Ihnen somit die Nutzung weiterer Entwicklungen in der Digitaltechnik stets offen.

*Magnet- und Schaltdecoder haben die meisten Anbieter in ihren Programmen. Hier ist es z. B. ein Zweifach Decoder von Uhlenbrock. Der Anschluß gelingt über die professionellen Schraubanschlüsse perfekt.*

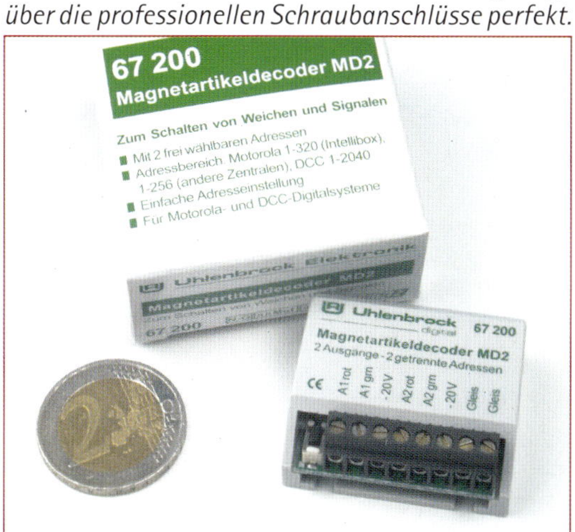


## Fahrzeugmotoren und ihre Besonderheiten

Bei der Auswahl von Lokdecodern sind in erster Linie neben dem verwendeten Digitalsystem auch die Eigenschaften des Motors relevant.

Den **Gleichstrommotor** zeichnen Permanentmagnete aus, welche ein ständiges Magnetfeld unabhängig der anliegenden Betriebsspannung erzeugen. Bei Änderung der Stromrichtung (Umpolen) durch den Motor wird die Drehrichtung geändert. In fast allen Zweileitersystemen findet man diese Motortypen.

Der **Glockenankermotor**: Eigentlich handelt es sich um einen Gleichstrommotor. Zur Optimierung der Arbeitsleistung wird auf den Eisenkern der Ankerwicklungen verzichtet. Stattdessen kommt Kunststoff zum Einsatz. Man spricht daher auch von „eisenlosen" Glockenankermotoren. Damit diese Motoren *verschleißfrei* (!) angesteuert werden können, benötigen Sie eine spezielle Spannungsform, die nur von speziell dafür vorbereiteten Decodern geliefert werden kann.

Der **Allstrommotor**: Dieser ist bei Lokmodellen von Märklin (Anmerkung: Alle HAMO-Modelle haben einen Gleichstrommotor, da HAMO die Märklin Zweileiter-Modelle sind. Hier sind die Allstrommotoren bereits ab Werk mit einem so genannten HAMO - Magneten ohne Feldspule aufgebaut.) oder Hag in der 3-Leiter-Wechselstromtechnik zu finden. Der Motor besitzt Trommel- oder Scheibenkollektoren. Ein Umbau der Motortechnik ist beim Einsatz dafür geeigneter Decoder (z.B. von der Fa. Uhlenbrock) nicht erforderlich, da diese mit der original Feldspule arbeiten.

## Was sollten Lokdecoder leisten können?

Diese sollten, wie schon beschrieben, programmierbar sein, d.h. die persönlich optimalen Einstellungen müssen durch den Anwender umfassend einstellbar sein. Sie sollten einen guten Regelbereich haben, um einen optimalen Fahrkomfort zu bieten. Weitere Eigenschaften, die einen guten Lokdecoder auszeichnen:

## Memoryfunktion

Die Adresse, alle Fahrzustände wie Funktionsausgänge, Geschwindigkeit und Fahrtrichtung werden im Digital- und Analogbetrieb dauerhaft gespeichert. Dies gilt im Besonderen auch für Decoder im Motorola Format, da dies bei älteren Märklin Decodern

*Einfacher Einbau dank der Schnittstelle: Der Stecker (oben) wird auf die Platine der Lok aufgesetzt. Damit ist die Umrüstung schon beendet, Lötarbeiten sind nicht erforderlich.*

nicht immer gewährleistet war und nach einer Stromabschaltung schon nach 30 Minuten alle Parameter gelöscht waren, insbesondere auch die der letzte Fahrtrichtung. Die neuen Decoder von Märklin sind nur bedingt dagegen geschützt, da diese Aufgabe auf das Protokoll verlagert wurde. Da das neue Motorola-Protokoll die entsprechenden, erforderliche Information nun mit ausgibt, was bei dem alten Format nicht der Fall war, ist das Problem nicht mehr so gravierend.

## Lastregelung

Bei Decodern mit Lastausgleich bleibt die Geschwindigkeit in weiten Grenzen konstant, und zwar unabhängig von der Steigung und der Bogenführung der Strecke oder der Anzahl der angehängten Waggons.

## Anfahr-/Bremsverzögerung

Ganz komfortabel lässt sich der persönlich bevorzugte Regelbereich bei der Anfahrt, bzw. während des Bremsvorgangs nach Wunsch einstellen. Das bedeutet, dass Ihr Fahrzeug bei rapiden oder spontanen Geschwindigkeitsänderungen an ihrem Regler homogen beschleunigt oder abbremst. Damit wird praktisch die bewegte aber auch träge Zugmasse des Vorbildes simuliert.

## Rangiergang

Der Rangiergang wird über eine Funktionstaste auf Wunsch zugeschaltet. Dies dient zur Halbierung der Geschwindigkeit über den gesamten Regelbereich. Ein gefühlvolles Rangieren ist somit hervorragend gewährleistet. Bei einem Betrieb mit einer reinen Handsteuerung kann dies zur Erhöhung des Fahrspaßes schon von größerer Bedeutung sein.

## BUS

Wie der Name es schon vermuten lässt ist der BUS ein Verkehrsmittel, in dem man zusteigen kann und zu seinem Wunschziel fährt. Genau so ist das auch bei einer digitalen Modellbahn. Die Verbindung zwischen der Zentrale und den Decodern übernimmt dann der sogenannte BUS. Die Fahrscheine sind beispielsweise bereits der (Fahrstrom-) BUS. Er leitet die entsprechenden Befehle an die Lok- und Funktionsdecoder weiter. Desweiteren gibt es einen BUS zum Stellen der Weichen und anderen Komponenten, den Stell-BUS. Er bindet die Weichendecoder und Schaltdecoder ein. Oft ist es auch ratsam einen, ich nenne diesen einfach „Versorgungs-BUS", vorzusehen. Es gibt Weichen- und Funktionsdecoder, denen ein separater Stellstrom zugeführt werden sollte, damit die Digitalversorgung nicht übermäßig belastet wird. Auch der Beleuchtungsstrom für Formsignale (z.B. bei Viessmann-Modellen zutreffend) lässt sich daraus ableiten. Im Grunde genommen handelt es sich um eine zweipolige Ringleitung mit 14-16V Wechselstrom aus einem möglichst leistungsstarken Netzteil.

Der Booster-BUS bindet die eben beschriebenen Booster an die Zentrale an. Von hier aus erhalten diese dann die entsprechenden Befehle, welche durch den Booster an die Decoder weitergegeben werden. Wichtig ist der Geräte-BUS. Das kann z.B. der LocoNet-BUS sein, welcher noch näher im weiteren Verlauf beschrieben wird. Mit ihm werden verschiedene Geräte zur Steuerung der Anlage an die Zentrale angegliedert. Bei Märklin ist dies beispielsweise eine seitliche Steckerleiste. Hier werden alle in Frage kommenden Geräte zusammenge-

*Zielgenaues Bremsen ist für entsprechend ausgerüstete Decoder Bestandteil Ihres Funktionsumfanges. Allerdings muss diese Funktion separat, z. B. über eine Bremsstrecke oder Bremsgenartor, abgerufen werden. Mit dem neuen „Lissy" System von Uhlenbrock sind diese Eigenschaften jedoch optimal anwendbar.*

schaltet. Der LocoNet-BUS ist aber weitaus flexibler. Weiterhin wäre noch der Rückmelde-BUS zu nennen. Er dient dazu, dass Rückmeldedecoder die Standorte von Fahrzeugen auf der Anlage der Zentrale mitteilen. Damit können dann bestimmte Betriebsabläufe gestartet werden. Dies trifft in erster Linie für Automatiken zu, für eine reine Handsteuerung braucht man dies alles nicht.

Die technischen Besonderheiten, z.B. wie ein Rückmelderdecoder einzubauen ist oder das Fahrzeug erkannt wird und welche Dinge dabei beim Gleisaufbau zu beachten sind, erfahren Sie im Kapitel „Baupraxis". Bei einer komplett ausgestatteten Digitalsteuerung einer Anlage geben die Züge Informationen weiter, Weichen werden darauf geschaltet und Sicherheitsabfragen erfolgen aus einer Hand, ohne das dafür ein unübersichtlicher analoger Schaltschrank aufgebaut werden muss.

## Das Zusammenspiel

Hier tritt der große Vorteil einer digitalen Modellbahnanlage zu Tage; aus der Anlage heraus fließt alles an einer Stelle, der Zentrale, zusammen. Diese verwaltet dann alle Abläufe. Dabei sollten Sie aber über die digitale Arbeitsweise noch einmal nachdenken. Der Funktionsbefehl wird aus der Zentrale über eine Datenleitung an den entsprechenden Empfänger gesandt und dieser quittiert ihn bei richtiger Handhabung mit der gewünschten Funktionsaus-

*Damit das Rangieren so realistisch wie möglich ist, sind Hochleistungsdecoder mit einem Rangiergang ausgerüstet. Nach dem Zuschalten fährt die Lok extrem langsam und feinfühlig steuerbar über die Gleise.*

führung. Dabei werden unrichtige Eingaben als Fehler protokolliert. In diesem Schema liegt aber ein enormes Potential. Wenn man alles richtig bedient hat (Ich muss nochmals darauf hinweisen: Um ein intensives Studium der Bedienungsanleitungen der verschiedenen Geräte kommt man auf keinen Fall herum – sonst summieren sich unter Umständen Fehlbedienungen in einer Kettenreaktion!), kann jeder Empfänger ganz individuell mit Befehlen gefüttert werden wie beispielsweise dem Einstellen der Höchstgeschwindigkeit oder dem Lastausgleich bei einem Lokdecoder. Auf dem selben Weg können auch die anderen Decodertypen mit Informationen und Stellbefehlen versorgt werden. Im Prinzip entspricht die Darstellung genau der Verkaufsphilosophie der einschlägigen Anbieter, die versprechen, dass man Kabel spart, da die Schienen der Gleisanlage kombiniert alle Datenträgeraufgaben übernehmen können, aus denen dann die Loks wie auch Weichen und Signale die Daten entnehmen. Theoretisch ist das richtig und bei einem Oval mit einer Ausweiche ist es praktikabel. In letzter Konsequenz ist eine solche Darstellung aber eine Vorspiegelung falscher Tatsachen. Mit welchen Störungen bei mittleren und größeren Anlagen gerechnet werden muss wird wohlweislich verschwiegen. Diese Problematik wird im nächsten Kapitel behandelt, wenn es um die Planung geht. Durch entsprechende Vorsorge kann man viele Probleme bereits in Vorfeld vermeiden. Grundsätzlich ist aber das Prinzip von Sender und Empfänger bei allen Digitalsystemen gleich. Haben Sie das Grundkonzept erarbeitet, lassen sich die Bedienungskomponenten sehr komfortabel erweitern, wobei es bei der Grundkonfiguration bleibt. Das Problem, was sich ergeben könnte, ist das möglicherweise unterschiedliche Datenformat der drei relevanten Systeme. In den letzten Jahren gab es daher vielerlei Bestrebungen, eine Art Datenaustausch zu entwickeln, wobei die viel beschworene Kompatibilität erreicht werden sollte. Es gibt jedoch Gemeinsamkeiten und wenn man diese richtig nutzt, stehen dem Modellbahner doch einige geeignete, qualitativ hochwertige Komponenten, zur Verfügung.

## DIGITAL 2

Die Firmen Uhlenbrock und Viessmann arbeiteten in dieser Hinsicht den *„DIGITAL 2"* Standart aus. Dabei ging es in erster Linie darum, verschiedene Komponenten, wie Lok- oder Weichendecoder aber auch Zentralen, zu entwickeln, die von sich aus automatisch das DCC und Motorola Signal erkennen können, ohne dass Sie als Anwender aktiv werden müssten. Lernfähige Soft- und Hardware war das Entwicklungsziel, wenn man davon ausgeht, wie unterschiedlich doch beide Systeme sind und nun doch ganz einfach für ein Zusammenspiel motiviert werden können. Die Vorteile liegen für Sie als Anwender auf der Hand. Sie können bedenkenlos solche Bauteile erwerben und einbauen, die diesen Standart erfüllen, ohne sich über die internen Arbeitsweisen in den Platinen Gedanken machen zu müssen. Das ist ein wichtiger Punkt; denn interessiert es Sie wirklich, welche Bauteile an welcher Stelle und zu welchem Zweck in einem Handy implantiert sind? Gehen Sie davon aus, dass mit *„DIGITAL 2"* gekenn-

*Die INTELLIBOX, respektive das Twin Center von Fleischmann, sind hierzulande wohl die gängigsten LocoNet Zentralen. Der Anschluss der BUS Kabel geschieht bequem über konfektionierte Westernstecker. Uhlenbrock bietet auch verschiedene Verzweigungen (im Vordergrund) an.*

## BUS Systeme – Grundschema

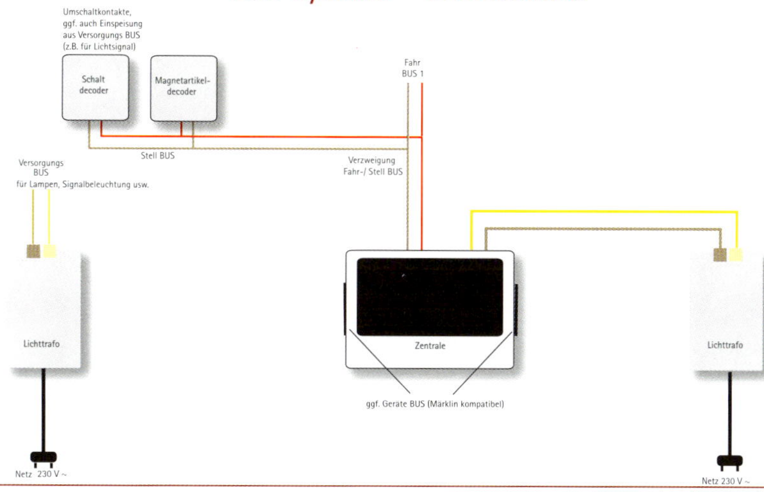


## BUS Systeme – mit Rückmeldung „s88"-kompatibel

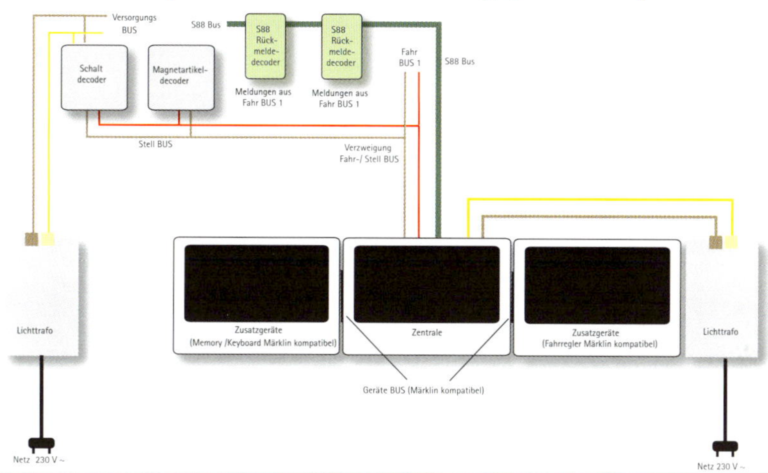


## BUS Systeme – für größere Anlagen

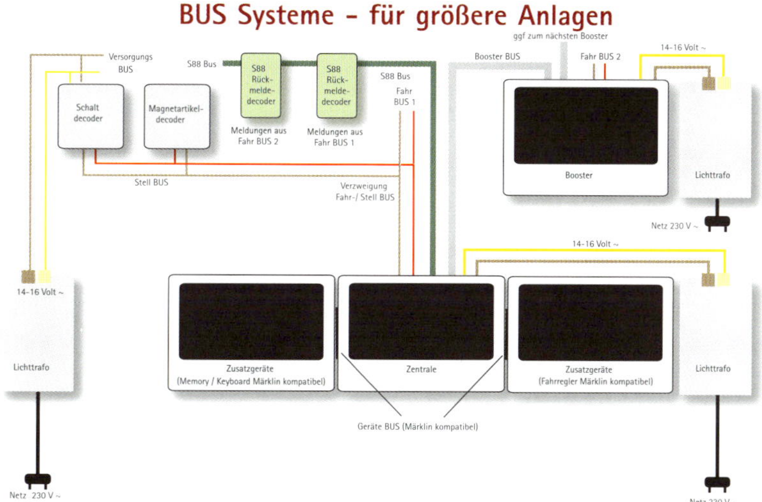

*Mit der DAISY als Einsteigerset kann man schon die gesamte Palette der Modellbahnwelt digital steuern und regeln, wobei wahlweise auch ein koventionell analoger Betrieb möglich ist.*

zeichneten Komponenten miteinander in beiden Formaten harmonieren. *DIGITAL 2* Lokdecoder sind übrigens von der Zentrale aus programmierbar, was gerade bei Motorola Decodern nicht unbedingt üblich war. Märklin bietet noch heute Decoder mit dem sogenannten „Mäuseklavier" an. Dabei handelt es um Mikroschiebeschalter mit denen man die Adresse je nach der Stellung „on" oder „off" codieren kann. Die Speicherung ist zwar als sehr sicher zu bezeichnen, die Technik stammt aber aus der digitalen Anfangszeit. Eine klassische *„DIGITAL 2"* Zentrale ist übriges die INTELLIBOX. Da man mit dieser auch Selectrix Lokdecoder ansprechen kann, hat man sogar die Option, alle drei bekannten Formate zumindest bei den Fahrzeugen vereinen zu können.

Ob diese Entwicklung als abgeschlossen gelten kann oder ob sogar neue Bestrebungen einer weiteren Optimierung des Zusammenspiels zu erwarten sind, wird sicher die nächste Zeit zeigen. *„DIGITAL 2"* ist auf jeden Fall als Fortschritt zu bezeichnen, wenn auch damit das „Ei des Columbus" noch nicht gefunden ist. Zu viele Kompromisse liegen dabei in den Details. Wenn sich die anderen Hersteller nicht anschließen werden, wird das Angebot zunächst einmal auf die beiden Anbieter Uhlenbrock und Viessmann beschränkt bleiben. Es ist aber nun Bewegung in die Sache gekommen und die anderen Hersteller sollten sich nun gut überlegen, ob es sich nicht auch für Sie lohnt, ihre Angebote entsprechend darauf auszurichten. Wie alles dann später zusammen funktioniert ist auch dann immer der individuelle Fall, wie die entsprechende Anlage aufgebaut ist und was alles digital angesteuert werden soll. Ein Patentrezept mit den berühmten „nur" zwei Kabeln und dem noch berühmteren „Ein- Ausschalter" für eine Modellbahntraumwelt wird es wahrscheinlich nie geben und diese Erkenntnis ist jetzt schon, aus meiner Sicht auch subjektiv, als sicher anzumerken.

*Verschiedene Digital 2 Komponeneten: Alle können automatisch das verwendete Signal (DCC oder Motorola) erkennen.*

## BUS Systeme für größere Anlagen – Teilbereiche mit LocoNet

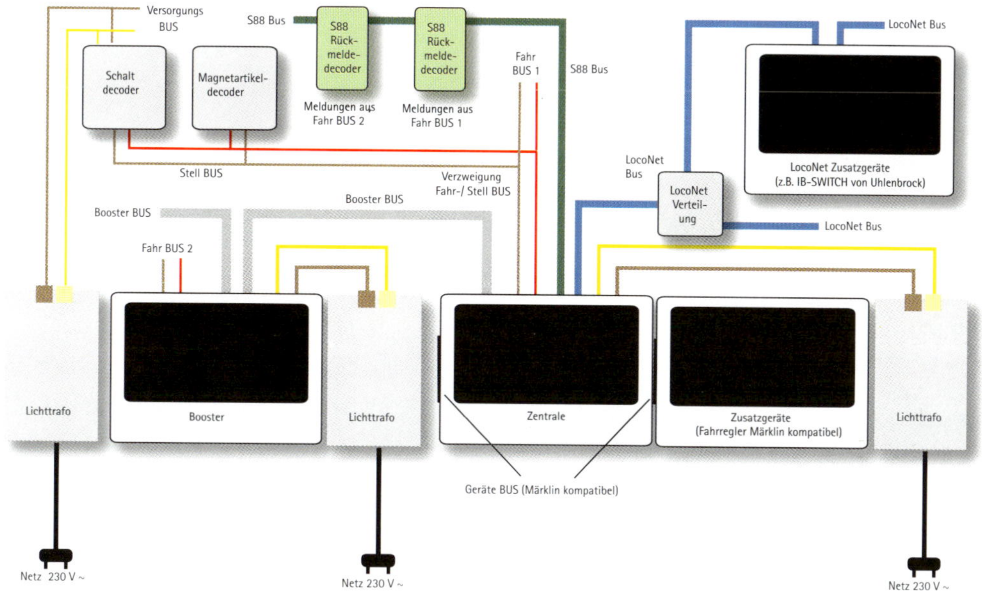


## BUS Systeme für größere Anlagen – Basis mit LocoNet

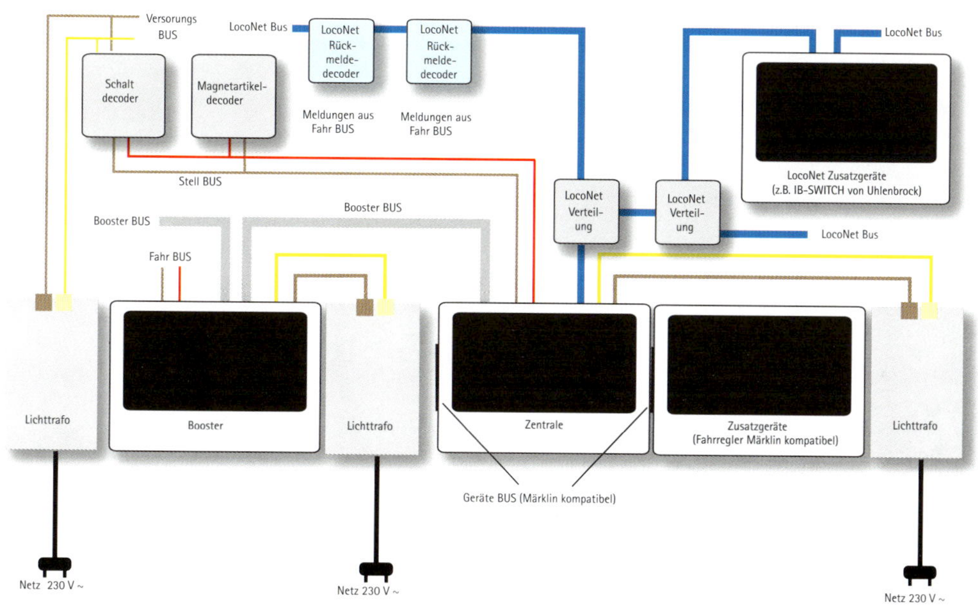

# 2. Grundlagen

## 2.1. Planung muss sein

Es ist heute schon Standard, immer wieder auf die Planungsnotwendigkeit einer Modellbahnanlage hinzuweisen. Insbesondere gerät dabei oft der Teilaspekt in den Hintergrund, wie und mit welchen Elementen die spätere Steuerung bestückt sein soll. Oft heißt es, „...jetzt baue ich erst einmal auf und schaue später nach den nächsten Schritten". Aus Sicht der finanziellen Planung mag das noch zu Begründen sein, aber hinsichtlich des Gesamtkonzeptes eine Nachlässigkeit, welche später mit hohen Kosten verbunden sein kann. Um hier nicht in eine Falle zu treten, soll nun in dem kommenden Kaptitel einiges zur Planung, der Dokumentation als Ergebnis und das geeignete dazu Werkzeug vorgestellt werden.

Zunächst steht bei jedem Modellbahner die Frage im Vordergrund, was er eigentlich wie darstellen möchte.

In einer einschlägigen Fachzeitschrift oder bei dem Vorbild sehen Sie eine ganz bestimmte Situation und es beschäftigt Sie nachfolgend unentwegt der Gedanke: „...ja, das wäre es doch!". Je mehr man sich dann damit beschäftigt, um so mehr Fragen stellen sich - zumindest beim normalen Modellbahner - nach dem Studium zahlreicher Fachliteratur, wobei die Fachpresse anregen sollte. Gefragt ist nun der Mittelweg, auch wenn er zugegeben, recht schwierig zu finden ist. Ein sklavischer Nachbau der realen Verhältnisse, so reizvoll das auch oft sein mag, sprengt jeden Rahmen, egal in welcher Baugröße auch immer. Außerdem, das erscheint mir in diesem Zusammenhang auch für die weiteren Betrachtungen relevant zu sein, kommt es in erster Linie auf die Proportionen und vor allem auf die Stimmung - dem Ambiente - an. Für mich waren dieses Erfahrungen richtungsweisend und flossen ganz bewusst in mein „Elberfeld Projekt" und den Modulbahnhof „Kottenforst" ein. Langjährige Leser der Fachpresse konnten immer wieder Bauberichte von diesen Anlagen verfolgen. Fertig sind beide heute noch immer nicht und es wird auch weiterhin von den nächsten Etappen zu berichten sein. Aber die Grundkonzeption begeistert mich trotz aller notwendigen Selbstkritik noch immer. Diesen Umstand betrachte ich als äußerst positiv und auch als (betriebsinterne) Bestätigung. Bei gelegentlichen Besuchen fertige ich stets einige neue Fotos an, denn immer schneller verschwinden bahntypische Relikte, welche die Szenerien und den besonderen Charme der Bahnlandschaft ausmachen. Das gesamte Gebiet um Wuppertal, sagen wir einmal von „Gruiten" beginnend bis praktisch nach „Hagen", das sind rundweg 30 Kilometer, sind ein absolutes Modellbahnrevier. Hier

*Unverzichtbar für eine technisch gut durchdachte und funktionelle Anlage: Ein exakter Plan!. Dieser hier wurde noch konventionell mit Tusche und Papier angefertigt. Man kann aber auch dafür Planungsprogramme für den PC einsetzten. Wichtig ist: möglichst genau Planen!*

*Farbige Planungsskizzen geben vorab Aufschluss über die spätere Gesamtwirkung der Anlage. Einige Fachverlage bieten sehr ansprechende Lektüre mit derartigen Schaubildern an.*

findet man viergleisige Hauptstrecken, Nebenbahnen aller Klassierungen, Industrieanschlüsse, schwindelerregende Kunstbauten und natürlich Stadtlandschaften mit und ohne Vegetation. Alles kann mit Bildern aus den Epochen belegt und nachvollzogen werden und fast alles ist heute noch vorhanden oder kann zumindest vor Ort rekonstruiert werden. In der Region Wuppertal findet der Modellbahner fast alle Lösungen für seine Darstellungsprobleme, die in aller Regel mit beengten Platzverhältnissen einhergehen und dort ursächlich verankert sind. Die Anlagen „Elberfeld" und auch „Kottenforst" sind praktisch, zum Teil auch ein mehrgleisiges Oval, mit hinterliegendem offenen Schattenbahnhof. Diese Basis ist also von der Betriebsstruktur her ganz ähnlich, auch wenn sich nun beide Projekte grundlegend in ihrer Steuerung unterscheiden werden. Das große Problem ist dabei natürlich die Grundausrichtung einer Anlage. Was will ich denn eigentlich? Viele Modellbahner sind über ein, zugegeben im Regelfall sehr preiswertes, Einsteigerset an die Materie gekommen. Schnell wird deutlich, dass das zur Verfügung stehende System eigentlich nicht alle Ansprüche erfüllen kann. Es ist also sinnvoll, die Digitalausrüstung an dem Projekt auszurichten. Noch besser ist es, sich ein Einsteigerset zuzulegen, dass in dem Projekt später aufgehen kann. Ist das möglich, haben Sie perfekt geplant. Noch einmal zurück zur eigentlichen Anlage. Ein wichtiges Kriterium wird immer die Zugänglichkeit betriebsintensiver Teile sein. Das können z.B. die Weichen im Schattenbahnhof oder einfach das Entkuppeln eines Waggons an einer Ladestraße sein. Falls Sie eine Anlage mit verschiedenen Etagen planen, achten Sie auf die Steigungsverhältnisse. Mehr als 2-3 cm auf einen Meter sollten diese auf keinen Fall betragen. Hier wird im Zweifelsfall auch ein lastgeregelter Lokdecoder nicht helfen können. Übrigens:Je kleiner die Baugröße ist um so kritischer wird die Zugkraft. Ein

*Grundschema einer sinvollen Anlagensystematik. Der Zug fährt von A über B nach C und umgekehrt.*

## Betriebsschema von A über B nach C

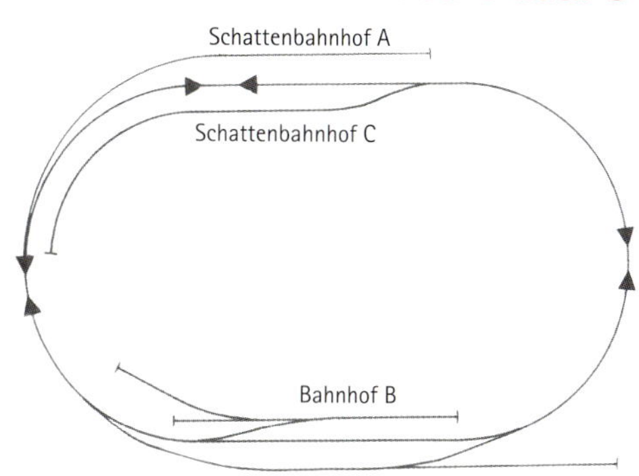

**Ohne eine exakte Planung wären die Bauprojekte „Elberfeld" und „Kottenforst" nicht möglich gewesen:**
*Oben: Der Bahnhof Elberfeld im Rohbaustadium: Auf den Rahmen sind die Gleise und Oberleitungsmasten bereits verlegt, die Digitalisierung und weitere Ausgestaltung kann nun beginnen.*

*Unten: Die gleiche Anlage im fertigen Zustand. Erst das perfekte Zusammenspiel aller Möglichkeiten der Gestaltung, wie aber auch die Digitalsteuerung, ermöglicht die vorbildgerechte Modellbahnsituation.*

*Oben: Der Bahnhof Kottenforst im Rohbaustadium: Die Gleise werden nach Plan verlegt. So ist der problemlose Übergang zwischen den Segmenten gewährleistet. Mit „Daisy" erfolgt die digitale Steuerung.*

*Unten: Die Anlage ist fertig. Der Akkutriebwagen fährt vorbildgerecht, weil digital gesteuert, mit der richtigen Geschwindigkeit auf Gleis 1 ein. Die Reisenden und der Gepäckträger warten schon ungeduldig auf die Ankunft.*

*Ambiente durch Planung: Im Gebiet um Hagen / Wuppertal kann man viele Modellbahnszenen sammeln und in die Anlage durch geschicktes Kombinieren umsetzen.*

zwangsläufig kleinerer und damit leistungsschwächerer N-Motor ist der eine Grund; zum anderen bringen die Baugrößen ab N abwärts das eigentlich erforderliche Reibungsgewicht nicht mehr auf die Schienen. Sie müssen bedenken, das eine H0-Dampflok dem Vorbild nur 87 Mal kleiner entspricht. Würde man diese in das entsprechende Nenngewicht umrechnen, ist dann schnell für das Modell 1 Tonne anzurechnen. Damit wäre zwar genug Reibungsgewicht, zumal auf die Baugröße N umgerechnet, vorhanden, aber physikalisch ist die Rechnung natürlich nicht haltbar, da man Gewichte, genau wie Wasser oder Dampf, nicht maßstäblich verkleinern kann. Wir leben deshalb auf der Modellbahn weiter mit Leichtgewichten. Wichtig ist nur, dass man dies bedenkt und daher nichts Unmögliches von den Maschinen erwartet. Mit dem fehlenden Gewicht ist ein weiterer großer Nachteil verbunden; es geht dabei um die Stromabnahme. Viele Loks besitzen werkseitig bereits Schwungmassen, die dem Antrieb bei Stromaussetzern einen weitestgehenden Weiterlauf gewähren. Im Digitalbetrieb ist eine Stromunterbrechung wesentlich auffälliger. Ein Sounddecoder z.B. setzt dann mit seiner Arbeit (hörbar) aus, das Licht flackert und zuletzt stottert auch die Lok. Eine Schwungmasse kann dies mechanisch, aber nicht elektrisch ausgleichen. Daher ist es grundsätzlich eine Notwendigkeit, die Gleisanlagen regelmäßig zu reinigen. Nichts ist übrigens besser dafür geeignet, als mit der Bahn auch zu fahren. Dies ist

*2 mal ICE, jedoch unterschiedliche Baugrößen in H0 und N. Entsprechend der Leistung müssen die Decoder ausgewählt und eingebaut werden.*

aber bei vielen Hobbykollegen zeitlich nicht immer möglich. Bei Ausstellungsanlagen dagegen konnte ich wirklich diese Erfahrung machen; viel Betrieb, wie 9 Stunden am Tag, hielten die Gleise, vornehmlich auch im Digitalbetrieb, sauber. Morgens wurde einmal mit einem „Rubber" die Profiloberfläche poliert und dann ging es bis abends störungsfrei weiter. Nur hin und wieder mussten Lokräder gereinigt werden, meist waren es dann die Maschinen mit wenigen Stromabnahmepunkten. Auch das ist ein wichtiges Kriterium: Achten sie beim Kauf der Loks schon auf eine gute Stromabnahme. Sie sollte ausreichend viele Stellen aufweisen (bei einer mit 4 Achsen sollten auch 8 Punkte vorhanden sein), meistens hemmen aber Haftreifen aus Gummi zur Traktionsverbesserung die im Grunde wesentlich effektivere Stromabnahme. Der Gummi verteilt sich zu allem Überfluss sehr oft durch den Abrieb auf die Profile und schon hat man zusätzliche Kontaktprobleme; reiben Sie einmal nach einiger Betriebszeit mit der

*Oben: Schon rein optisch wird deutlich, das die große V 100 in Spur I eine andere Leistung benötigt wie ihre kleineren Schwestern in HO oder N. Entsprechend der Größe der Lok sind zahlreiche Decoder mit entsprechenden Leistungs- und Funktionsumfang im Fachhandel erhältlich.*

*Rechts: In N-Lokomotiven lassen sich die gängigen Decoder in der Regel noch recht einfach einbauen, obwohl durch Motor und Gewichte beengte Platzverhältnisse vorherrschen.*

Fingerkuppe darüber und Sie sehen auffällige Ablagerungen. Noch ein Tipp: Fragen Sie beim Kauf nach Pendelachsen. Sie sind prädestiniert für eine sichere Stromabnahme. Lassen Sie sich das Modell vorführen und testen Sie durch Wippen mit den Fingern das Spiel in den Achsen. Ein vorbildlicher Händler führt Ihnen natürlich auch die Lok auf der Testanlage vor. Nicht die gerne demonstrierte Endgeschwindigkeit ist ausschlaggebend, sondern der ruhige Lauf auch bei geringer Geschwindigkeit; zudem sollten auch Weichenstraßen testweise langsam und schnell durchfahren werden.

An die Spielregeln muss man sich stets, egal ob analoge oder digitale Steuerung, halten. Physikalische Gesetzte lassen sich nicht ignorieren. Verherend kann es auch sein, unter dem Hauptbahnhof im Abstand von 10 cm einen umfangreichen Schattenbahnhof vorzusehen. Zum einen müssen Sie immer noch an die Antriebe des Oberdecks herankommen und die Kabelführung entsprechend durcharbeiten und zum anderen können Sie bei derartigen Platzverhältnissen im Untergrund kaum noch im Störungsfall oder auch nur einfach zur Gleisreinigung arbeiten. Der Schattenbahnhof muss gut zugänglich eingeplant werden um größere Weichenfelder von unten her erreichbar zu belassen. Bettungsantriebe sollten von unten einen Ausschnitt in der Trasse erhalten, um sie im Störungsfalle auszutauschen ohne die gesamte Gleisanlage wieder beschädigen zu müssen. Eine digitale Steuerung nimmt Ihnen nicht die Problematik der Modellbahn an sich ab, wie die allumfassende und vermeintlich nie nachlassende Betriebssicherheit. Denken Sie immer daran, dass Sie es mit „Spielzeug" zu tun haben. Falls man einen professionellen Anspruch hat, vergleiche ich das gerne mit der Ampelsteuerung an der nächsten Kreuzung. Für einen Schaltkasten müssen mehrere 10.000 Euro kalkuliert werden. Dafür sind dann aber auch alle Sicherheitsabfragen gleich mehrfach vorhanden, denn es geht hier um Menschenleben im Falle einer technischen Störung. Daher hat dies hinsichtlich der Kosten seinen guten Grund. Derart viel Geld würde man für sein Hobby und dann noch bei der Anlagensteuerung wohl im Regelfall nicht ausgeben, der Preis für einen „Alleskönner" wäre am Markt sicherlich nicht durchsetzbar. Trotzdem lassen Sie sich zunächst einmal von den Bildern und Skizzen animieren; Modellbahn soll Ihnen Spaß machen und damit das später auch so bleibt, wollen wir nun intensiver in die Materie einsteigen.

*Oben: Verschmutzte Räder und verschlissene Stromführungen sind für Funktionsstörungen oft verantwortlich. Nur eine regelmäßige Pflege garantiert einen störungsfreien Betriebsablauf.*

*Links: Vor dem Kauf einer Lokomotive sollte die im Text beschriebene Konstruktionsprüfung der Stromabnahme erfolgen. Sinvoll sind Pendelachsen. Sie gewährleisten eine sehr sichere Stromabnahme aller Kontakte, da Unebenheiten im Gleis ausgeglichen werden.*

## 2.2. Dokumentation ist alles

Im vorhergehenden Kapitel wurden die Grundlagen zur Planung von Modellbahnen behandelt. Dies hat vordergründig noch nicht allzu viel mit der eigentlichen Digitalisierung zu tun, weshalb wir uns nun eingehender mit der Materie auseinandersetzten werden, wobei ab jezt alles auf „Digital" ausgerichtet ist. Vorab muss jedoch erst der Sprung von analog nach digital betrachtet werden. Sie sind vielleicht Besitzer einer analogen Modellbahn und wollen nun von Anfang an digital beginnen? Was müssen Sie bei einem Systemwechsel beachten? Die Dokumentation der bestehenden Anlange ist nun Voraussetzung für die folgende Planung, in wie weit der Umstieg erfolgen und durchgeführt werden sollte. Bei der Durchführung wird in den verschiedenen Kapiteln der „Baupraxis" immer wieder der Bogen auch zur bestehenden (analogen) Anlage geschlagen und entsprechende Lösungsmöglichkeiten aufgezeigt. Viele Schritte davon verlaufen absolut parallel mit einer von Anfang digitalisierten Anlage, einige jedoch nicht. Ist Ihre Anlage bereits weitestgehend aufgebaut, sind die nun folgenden grundsätzlichen Ausführungen zur Planung nicht mehr ganz so interessant. Hinsichtlich der Dokumentation sollten Sie jedoch einiges übernehmen. Wichtig wäre für Sie dabei die ganz persönliche Frage zu klären, inwieweit Sie eine Digitalisierung wollen. Die Kosten dürften sicherlich eine entscheidende Rolle spielen, aber dennoch rate ich grundsätzlich, letzendlich eine Komplettausstattung anzustreben.

In der Folge sollen neben den Modellbahnanlagen „Kottenforst" und „Elberfeld" auch noch ein großes N-Projekt Berücksichtigung finden. Bei den drei Anlagen werden sehr unterschiedlichen Steuerungskonzepte angewendet., die mit der Art der Bedienung und des eigentlichen Fahrbetriebs sehr viel zu tun haben. „Elberfeld" war grundsätzlich analog ausgerichtet, wegen der komplexen Steuerungstechnik wurde die Ausführung jedoch nie begonnen. Eine schwierige Hürde waren die verschieden eng beieinander verlaufenden Richtungsgleise mehrerer Haupt- und Nebenstrecken. Diese betrieblich untereinander mit einer Teilautomatik zu versehen, dürfte schon eine gewaltige Herausforderung sein. Ein Schaltschrank mit hunderten Relais und zahlreiche unüberschaubare Kabelbündel wären unvermeidlich gewesen. Deshalb habe ich von der Ausführung der analogen Steuerung abgesehen und auf die sich rasch entwickelnden Digitalsteuerungen gesetzt, was sich ausdrücklich gelohnt hat. Für eine ähnliches Projekt dürfte bei ihnen mit einer Digitalisierung ebenfalls eine deutliche Optimierung verbunden sein, wenn Sie sich für diesen Schritt entscheiden. Wie Sie vorgehen müssen, erkläre ich in den Kapiteln der „Baupraxis" und vor allem im Folgeband dieser Reihe. Dann wird es u.a. auch um die Ansteuerung der Anlage mittels Interface und PC-Programmen gehen. Bei den angesprochenen drei Projekten werden unterschiedliche Typen von Zentralen, das Herz der Anlagensteuerung, verwendet. Nun aber einige Tipps zur Erstellung der Planungsunterlagen.

Sie haben Ihr Ziel regelrecht vor Augen, aber noch nicht auf Papier gezeichnet, welches Sie auf jeden

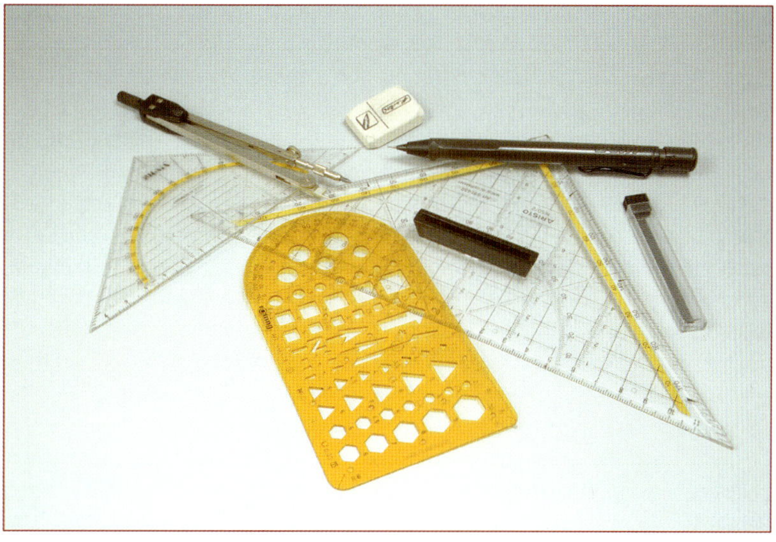

*Für eine übersichtliche Dokumentation sind die gängigen Hilfsmittel eines Technischen Zeichners ratsam.*

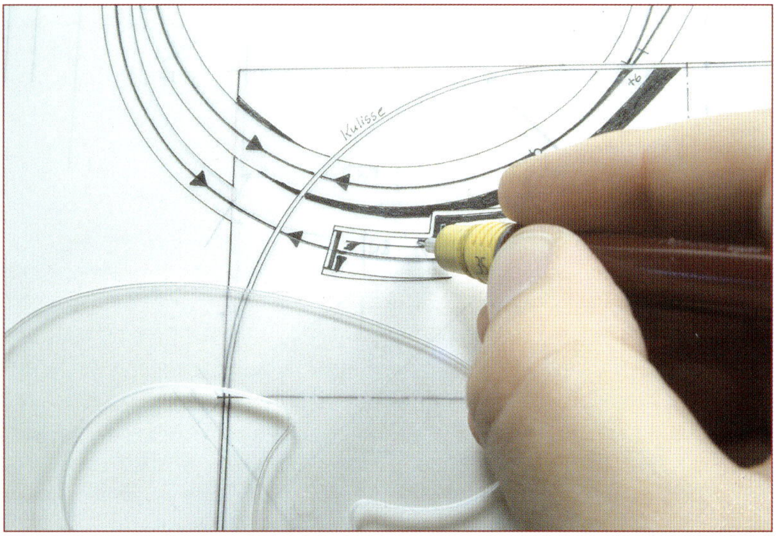


*Die Bleistiftzeichnungen werden mit dem Tuschestift abgepaust. Höhenbestimmungen der Trassen sollten jetzt schon markiert werden.*

Fall brauchen. Sie können natürlich auch einschlägige Grafik- oder gar spezielle Gleisplanprogramme auf dem PC nutzen. Aus meiner persönlichen Sicht fehlt aber zunächst einmal die Option, größere Formate als die bei den Druckern üblichen Papiergröße von DIN A 4 verwenden zu können. Für einen Rohentwurf ist das noch in Ordnung, da man die Einzelseiten zusammenkleben kann. Auf der Reinzeichnung der Anlage, teilweise sogar in Farbe, stören diese Klebekanten dann doch recht heftig wie auch die eingeschränkte Ansicht auf dem Bildschirm. Obwohl man „scrollen" kann, erhält man nie einen schön anzuschauenden Gesamtüberblick. Wenn man die Wiedergabegröße auf dem Monitor verkleinert, gehen auch noch Details, zumindest optisch, verloren. Daher sind Tuschestifte und Transparentpapier für mich wichtige Hilfsmittel. Die Planungen, so wie Sie diese von mir bereits kennen, basieren genau auf dieser Technik. Für die Dokumentation der Steuerung der Anlage ist der PC inzwischen jedoch bei mir nicht mehr wegzudenken. Ein Bekannter, der in der Computerbranche tätig ist, bestätigte mir ebenfalls, dass der PC niemals einen Handplan künstlerisch ersetzen kann. Für die reine Technikdarstellung arbeitet allerdings die menschliche Hand zu ungenau. Kunst und Technik müssen bei der Planung von Modellbahnanlagen im Grunde vereinigt werden. Betrachten Sie sich daher als dreidimensionaler Maler oder Zeichner. Ihre Zeichnung ist der Entwurf für das spätere Bild, auch in technischer Hinsicht. So haben Sie jetzt noch die Möglichkeit, die Ausführungen ohne größere Probleme zu ändern. Bei der gebauten Anlage würde das später viel komplizierter sein.

Die Grundausrüstung besteht zunächst aus einem soliden, gut in der Hand liegenden Druckbleistift, wie er für alle Planungen verwendet wird. Er besitzt im Schaft einen Speicher für die Minen (0,5mm HB), die durch Druck auf die Kappe am Ende vorgeschoben werden. Daneben sollte das bekannte Geodreieck, der Zirkel und ein Radiergummi nicht fehlen. Der Vorentwurf entsteht auf einfachen Papier in Bleistifttechnik. Danach kann dieser mittels Transparentpapier abgepaust werden. Dazu verwende ich Tuschestifte mit entsprechenden Kartuschen der Firma „Rotring" aus der Produktlinie „Rapidograph". Sie haben den Vorteil, so gut wie gar nicht bei normalen Gebrauchszyklen einzutrocknen. Sollte es dennoch passieren, kann man die Spitzen unter warmen Wasser auswaschen und durch leichtes ausklopfen auf die Schachtseite wieder gängig machen. Die Spitzen gibt es in gebräuchlichen Stärken, 0,5 mm sind durchaus als „dick" zu bezeichnen. Ich verwende auch solche mit 0,35 oder 0,14 mm „starker" Spitze. In der Bildfolge können nun einige Zeichentechniken verfolgen. Ich gehe stets nach dem Muster (gilt vorrangig für H0) zuerst ein 1:20 – und dann der 1:10 Plan vor. Bei dem kleineren Entwurf werden Platzverhältnisse und Raumcharakter mit der Modellbahn in Einklang gebracht. Dabei sind besonders Fenster, Pfeiler, Heizkörper, Türen und dergleichen zu berücksichtigen. Genau so relevant sind besonders Dachschrägen, welche die Anlage später optisch erdrücken können. Bei dieser Gelegenheit trauen Sie bitte keiner noch so schönen Architektenzeichnung, da unter Umständen bei der Umsetzung durch die Handwerker Abweichungen entstanden sind. Nehmen Sie daher bitte nochmals selbst Maß im ausgesuchten Hobbyraum. Übrigens: Nicht alles was wie ein rechter Winkel aussieht ist auch ein solcher! Gehen sie also bei Raummaßen auf Nummer sicher und reizen sie auf gar keinen Fall maximale Längen auf den letzten Millimeter aus. Bei der Zeichenplatte brauchen Sie natürlich keine Profi-Zeichenmaschine, um einen guten Plan zu verwirklichen. Bei längeren Anlagen benutze ich als Unterlage eine normale, resopalbeschichtete Spanplatte aus dem Baumarkt, die man dort auf sein benötigtes Maß rechtwinklig zuschneiden lassen kann. Aus dem Hause „Rotring" stammt mein doppelseitiges Lineal mit 40 cm Schenkellänge. Auf einer Seite hat es einen Anschlag, womit man an der Holzkante entlangfahren kann. Für Winkelanrisse ist das Geodreieck überall ansetzbar und dabei frei beweglich. Auf diese Art und Weise können Sie gerade längere und schmale Entwürfe problemlos bewältigen. Der 1:10 Plan entsteht natürlich zuerst in Bleistiftmanier und wird dann auf das Transparentpapier in Paustechnik übertragen. Der Maßstab hat sich gerade für die Baugröße H0 als ideal herausgestellt und ist besonders dann hilfreich, wenn man eine Konstruktionszeichnung des Unterbaus anlegt, um später danach das Holz zu bestellen. Zudem eröffnen sich mit dem Transparentpapier auch noch die Möglichkeiten der Ebenendarstellungen. Dabei wird jede neue Etage auf die untere passgenau gelegt und somit lassen sich gezeichnete Besonderheiten problemlos übertragen. Nichts ist später unangenehmer, als das Bauteile, wie Antriebe o.ä., in der Praxis stören. Diese und andere Probleme kann man so jetzt schon weitestgehend eingrenzen. Noch ein kleiner Tipp in Sachen „Ästhetik": Eine technische Zeichnung bleibt meistens recht nüchtern. Um aber jetzt schon die „künstlerische" Note einfließen zu lassen, versehen Sie doch Elemente mit Schatten. Stellen Sie sich vor, dass Licht kommt stets für den Darstellungsmoment von einem Fixpunkt. Bei mir ist dieser eigentlich immer oben links angesiedelt. Alle Elemente, die in irgend einer Weise erhaben sind, können nun durch das Anfügen des Schattens transparent und damit schon fast dreidimensional dargestellt werden. Durch die Länge des Schattens kann man stilistisch auch die Höhe des Objekts bestimmen. Sie werden sich wundern, was diese kleine Übung ausmacht! Natürlich muss sich dies alles nachher auch in der Anlage selber realisieren lassen, doch dafür machen Sie sich ja die Gedanken. Entscheiden Sie mit Bedacht, was Sie machen wollen und setzten Sie dies dann konsequent um. Man lernt nie aus – dies kann gerade bei der Modellbahn „zum Fluch werden", wenn man ständig mit Unvorhersehbarem konfrontiert wird. Bleiben Sie sich deshalb und Ihren Vorsätzen treu - ich versuche es zumindest jeden Tag!

Die fertigen Anlagenpläne sind nun die Basis für die technische Dokumentation. Diese wiederum legt auch die Anschaffung verschiedener Steuerungskomponenten, der Gleise, Gebäude u.v.a.m. fest. Genau so wichtig ist dabei aber auch der eigentliche Anlagenbau. Besonders im Untergrund müssen jetzt schon sehr viele Dinge bedacht werden, wie und wo beispielsweise welche Kabel verlegt werden. In den Spannten und Trennstellen sowie Segment- oder Modulkopfstücken sollten auch Bohrungen vorge-

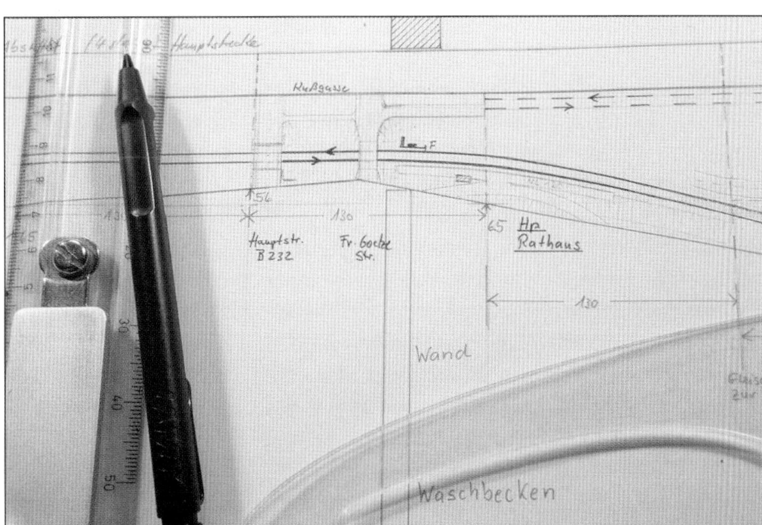


*Nichts wird dem Zufall überlassen: Die Raumgeometrie wird ebenso berücksichtigt wie die genaue Vermaßung der Anlage.*

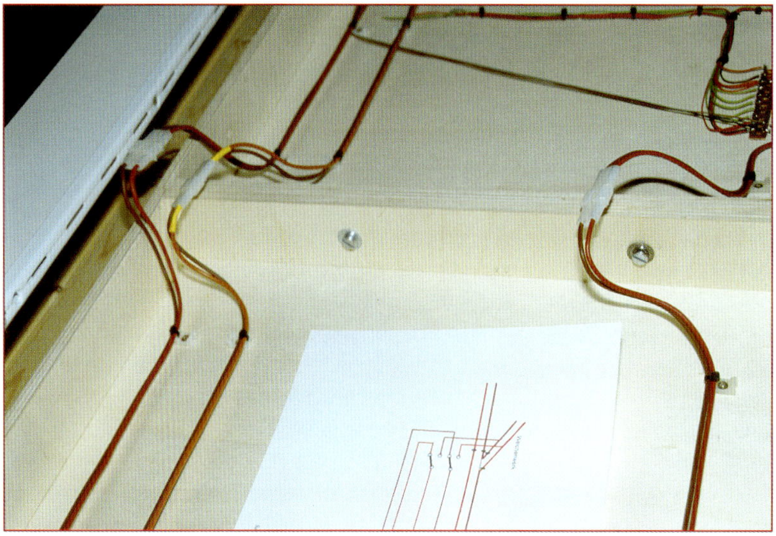

*Die Kabelführung wird wesentlich übersichtlicher, wenn vorher Löcher in die Spanten vorgesehen werden, um die Kabel dann hindurchzuführen.*

sehen werden, um das Verlegen der Kabel zu erleichtern. Nun ist es sinnvoll, alles in den PC mittels eines Planungsprogrammes einzugeben. Zum einen erhalten Sie eine Kontrolle der Handzeichnung sowie Stücklisten für die Materialzusammenstellung als auch eine Darstellung der beiden Fahrkanten; den „Gleisprofilen". In Wirklichkeit sind das meistens die Außengrenzen eines Gleisstücks, aber für uns stellen sie tatsächlich die Profile dar. Bei Märklin-Gleisen wird dies etwas schwieriger, weil der Mittelleiter nicht dargestellt wird. Die andere Möglichkeit kann in Form eines Schemaplanes erfolgen. Dieser wird mit der Hand oder auch mit einem umgänglichen Grafikprogramm auf dem PC erstellt. So bilden Sie ihre Basis für die Beschriftung. Sie können diese als Strich oder Doppellinie anfertigen. Bei Doppellinien ist die Markierung von Trennungen offensichtlicher, besonders bei Märklin-Gleisen. Bei der Beschriftung halte ich mich persönlich an den ursprünglichen DB Standard, dabei handelt es sich um eine Norm zur Anfertigung von Gleis- und Signalplänen. Spätestes bei den Signalbezeichnungen trifft man auf die Relikte des Vorbildes wie beispielsweise „N1" oder „A". Einige Hersteller wie Viessmann oder Brawa haben ihren Modellen schon entsprechende Schildchen beigegeben. Nach den Signalen werden die Gleise und Weichen sowie die sonstigen Elemente rund um den Gleisplan bezeichnet. Am Beispiel des Modulbahnhofes „Kottenforst" (Abb. Seite 46-47) wird dieses einfache Schema beschrieben. Er ist sehr übersichtlich und damit ist das Konzept der Norm gut nachvollziehbar.

Wir beginnen an einer Bahnhofsseite mit der Weichenummer 1. Diese gibt nun alle weiteren Beschriftungsentwicklungen vor. Die Ziffern steigen von Rechts nach links an. Dies liegt an der Platzierung des Fahrdienstleiterstellwerks. Begeben Sie sich ganz virtuell in das Gebäude hinein. Wenn Sie aus dem Fenster schauen, liegt die Weiche 1 links von Ihnen und die Beschriftung verläuft üblicherweise von links nach rechts. Vom Stellwerk ausgehend erhält nun das erste Gleis am Hausbahnsteig die Nummer 1. Alle parallel dazu verlegten Gleise steigen in den Bezifferungen auf. Etwas aus der Norm ist beim Beispiel Kottenforst die Bezeichnung der Stumpfgleise links und rechts von Gleis 3. Statt 5 hätte dort eigentlich 23 und bei 4 dann 13 stehen müssen, weil zur Weiche 1 werden alle Zweiggleise nach links mit einer ungeraden Zahl (mit 1 beginnend) bezeichnet, nach rechts hin wird eine gerade Zahl (mit 2 beginnend) dem Stammgleis vorausgestellt. Sollten sich auch mehrere Gleisabschnitte in einer Richtung befinden, steigen die geraden oder ungerade Zahlen weiter an. In „Elberfeld" ist das in der sichtbaren Ausfahrt gut nachzuvollziehen. In Kottenforst bin ich von einer alten Reichsbahnbezeichnung ausgegangen. Im Grunde sind beide Variationen richtig, aber nach der DB Norm hat man im weiteren Verlauf bei der Planung der Anlage eine einheitliche Ausrichtung. Die Bezeichnung der Signale ist abhängig von der Weichenbezeichnung. Zur Weiche 1 gehört das Einfahrsignal A, da man bei den Zahlen und im Alphabet eigentlich immer am Anfang beginnt. Die Einfahrsignale auf dieser Bahnhofsseite können von

A bis E bezeichnet werden. Das ist dann erforderlich, wenn mehrere Strecken dort einmünden. Auf der anderen Seite werden die Einfahrsignale von F aus aufsteigend bezeichnet, sozusagen im Anschluss an die letzte Weiche. Die Ausfahrsignale unterliegen ebenfalls einem speziellen Beschriftungsszenarium. Zur Weiche 1 hinweisend wird allen Bezeichnungen ein P vorangestellt, dem dann die Gleisnummer nachgestellt wird. In Kottenforst ist es dann in Richtung Schranke das Ausfahrsignal „P 2". In Elberfeld gibt es natürlich mehr davon. Ist nun eine Kombination mit eine Gleissperrsignal vorhanden, dieses gibt es bei Form- wie auch Lichtsignalen, werden diese mit römischen Zahlen bezeichnet. Die eine Richtung wird mit der Gleisnummer und „I" (rechts Richtung Weiche 1) und die andere erhält die Gleisnummer mit „II". Bei Anlagen mit Tageslichtsignalen, der sogenannten Dr-Technik, werden Gleissperrsignale vor spitz befahrenen Weichen (von den Zungen in Richtung Herzstück gesehen ) auch mit der Weichennummer bezeichnet. In Elberfeld wäre das z.B. das Sperrsignal „W 20" im Vordergrund. Bei Lichtsignalen, also eine Ausrüstung mit Spurplanstellwerk, variieren zum Teil die Bezeichnungen. Kleine, sogenannte Zwergsignale, sind bei einer DrS 60 in reichlicher Zahl vorhanden. Sie sichern als Besonderheit die Rangierfahrstraßen und dienen auch den allgemeinen Zugfahrten. In einem Fahrweg müssen dann bei Freigabe der Fahrstraße alle Zwergsignale mit zwei von links nach rechts aufsteigenden Optiken weiß aufleuchten. In Ruhestellung zeigen sie ein waagrechtes Doppelrot. Die Sperrsignale tragen bei meinen Signalplänen vorneweg stets ein „Ls"; dadurch ist eine augenfällige Bezeichnung gegenüber den Formsperrsignalen gewährleistet. Die Lichtausfahrsignale haben in aller Regel ein Sperrsignal im Mastschild integriert. Das Doppelrotlicht zeigt normalerweise Hp00, also Zug und Rangierhalt. Für eine Rangierstraße erlöscht ein rotes Licht und die beiden von links nach rechts aufsteigenden Weißen werden sichtbar. Bei Zugstraßen wird entweder Hp 1 mit einem grünen Licht oder Hp 2 mit einem grünen und einem gelben darunter angezeigt. Die Stellmöglichkeiten des entsprechenden Signals sind bereits auf dem Strukturplan ersichtlich. Im Plan „Elberfeld" wird dies besonders deutlich. Das Lichtsperrsignal wird immer als Quadrat mit einem Querstrich dargestellt. Das Formsignal dagegen ist rund mit einem Balken. Weiterhin hat das Lichtsignalsymbol entweder einen oder zwei Kreise oberhalb. Haben letztere rechts einen senkrechten Strich, handelt es sich um ein gekoppeltes Ausfahrsignal, was nun entweder Hp00 oder nur Hp 2 (Langsamfahrt) zeigen kann. Ist der Strich nicht vorhanden (z.B. bei P 1) kann das Signal alle drei Bilder aufzeigen (Hp00, Hp 1 und Hp 2). Die Entscheidung, welches Signal was zeigen darf, liegt in dem Gleisplan begründet. Werden stets alle fraglichen Weichen von Zügen gerade befahren, muß es Hp 1 (Normale Fahrt) sein. Müssen jedoch Weichenstraßen mit abzweigenden Strängen passiert werden, muß das Signal Hp 2 zeigen. Im Gleisplan kann man dies schon bestimmen und zuord-

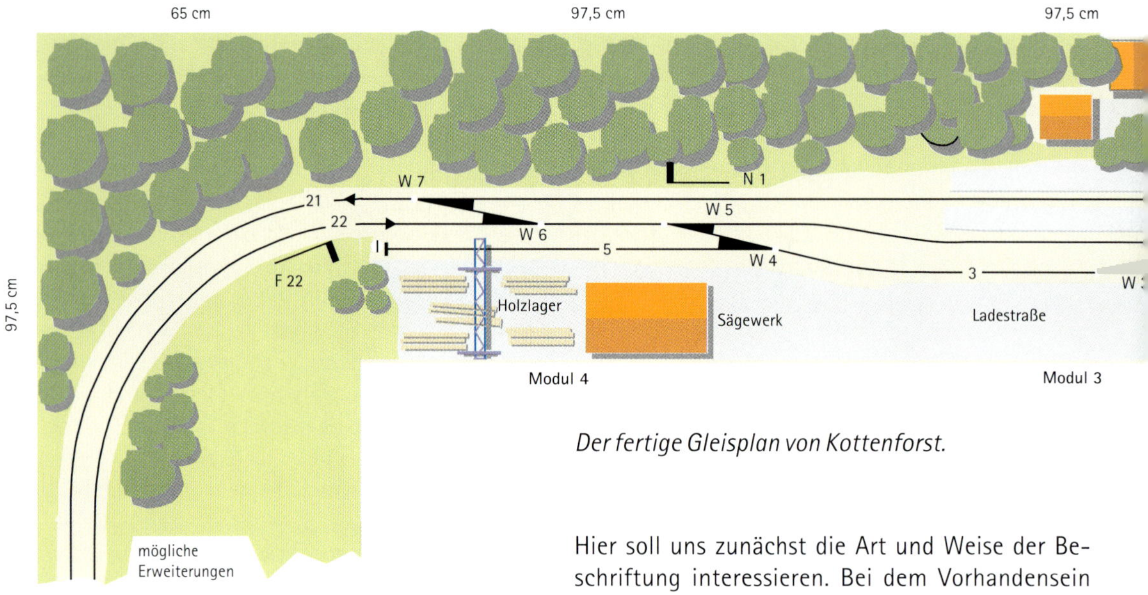


*Der fertige Gleisplan von Kottenforst.*

nen. Sinnvoll ist es auch, alle Bezeichnungen einer Signalkombination zu vermerken. Im „Elberfeld" Plan ist dies noch nicht ganz vollendet. Lediglich die Hauptsignale sind beschriftet und die integrierten Sperrsignale bekommen noch die entsprechende Gleiszahl mit den römischen I und II Zusätzen, ganz so wie die Richtungen zugeordnet sind. Im „Elberfeld" Plan sind viele der Variationen bereits dargestellt und gut nachvollziehbar. Gleissperren werden ebenfalls den Gleisen zugeordnet und erhalten eine römische Zusatznummer, z.B. Gs 2 II. Damit wäre dann die Gleissperre in Gleis 2 auf der linken Seite angesprochen; dies war jetzt aber nur ein Beispiel ohne Bezug auf ein Anlagenprojekt. Zudem dürfte auch nur im Einzelfall ein Modellbahner ein solches Modell funktionsfähig vorsehen. Weinert bietet übrigens eine funktionsfähige Gleissperre an. Die Bezeichnung der Streckengleise kann man mit den weiterentwickelten Zahlen aus dem Bahnhof versehen, bei Blockabschnitten folgt eine besondere Zählweise. In der einen Richtung sind die Zahlen gerade und in der Gegenrichtung ungerade. Man kann somit mit Bk (Block) 1 usw. bei Formsignale beginnen. Handelt es sich um einen Selbstblocksystem, dabei sichert sich der Zug mittels Kontakten selber, ist die Zählweise identisch, den Signalen wird aber ein „Sbk" (Selbstblock) vorangestellt. Dieses Prinzip ist für die meisten Modellbahnen typisch. Das dies auch mit einer digitalen Steuerung uneingeschränkt möglich ist, wird ganz ausführlich im Folgeband unserer Reihe vorgestellt.

Hier soll uns zunächst die Art und Weise der Beschriftung interessieren. Bei dem Vorhandensein mehrerer Bahnhöfe sehe ich dreistellige Zahlen vor. Der Hauptbahnhof wie z.B. Elberfeld, ist ganz normal beschriftet. Die Strecken weisen teilweise die blocktypischen Merkmale auf und der große Schattenbahnhof hat allen Elementen eine 1 00 vorangestellt. Es sind dies dann alles hunderter Nummern. Die nächste Betriebstelle erhält dann 2 00, also zweihunderter Bezeichnungen. Bei dem Abzweig Wichlinghausen (hinter der Kulisse) ist das übrigens der konkrete Fall. In Richtung Herbede folgen dann dreihunderter und in Richtung Blankenstein vierhunderter Nummern. Das kann in dieser Art und Weise beliebig fortgeführt werden. Diese Zählweise wird betrieben, um, wenn Sie unterhalb an Ihrer Anlage arbeiten sollten, Ihnen sofort klar ist worum es sich handelt, wenn Sie auf entsprechende Hinweise stoßen. Bei der Fehlersuche ist es außerdem sehr dienlich, wenn der hilfsbereite Hobbykollege sofort weiß, worüber man redet.

Wichtig ist im Grunde immer die umfassende Bezeichnung der anzusteuernden Komponenten; die Gleise, Weichen und Signale sind bereits schon erfasst. Dazu zählen dann auch die Rückmeldeabschnitte, wenn diese elektronisch überwacht werden sollen. Bei Automatiken, wie z.B. einem Blockbetrieb oder einem überwachten Schattenbahnhof, ist das unabdingbar. Selbst wenn man im Moment noch nicht daran denken möchte, ist jetzt in der Planungsphase genau die richtige Zeit, sich darüber Gedanken zu machen. Zunächst muß man aber wissen, wie so etwas in der Praxis aussieht. Die praktische Umsetzung ist im Kapitel „Baupraxis" detailliert

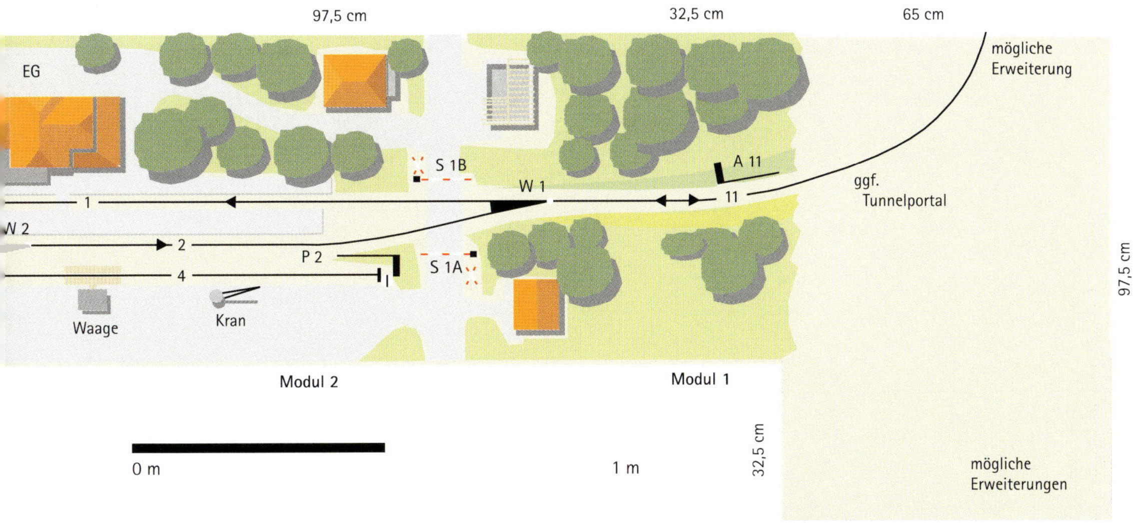


nachzuvollziehen. Bei „Rückmeldungen" ist es ganz ähnlich wie bei analogen Anlagen, bei denen ein Fahrzeug eine bestimmte Stelle im Gleisverlauf passiert und durch einen angesteuerten Kontakt eine Aktion auslöst. Wenn Sie bereits in einer solchen Anlage Gleisbesetztmeldungen eingebaut haben, sind diese aber unter Umständen nur bedingt für eine digitale Auswertung tauglich. In aller Regel sind direkte Gleiskontakte galvanisch, also durchgängig elektrisch leitend. Typische Gleisbesetztmelder, welche aufgrund eines Stromverbrauchers über eine Elektronik das Fahrzeug erkennen, dürfen keine digitalen Rückmeldedecoder haben. Falls Sie „Reed-Kontakte" benutzen, das sind Kontakte (z.B. in der Gleismitte montiert) welche mit einem am Fahrzeug montierten Magnet geschaltet werden, sind durch Ihre Bauweise bereits von Haus aus getrennt. Der Kontakt wirkt wie ein einfacher Schalter, den man an oder aus macht. Genau das soll eine Gleisbesetztmeldung ja auch nicht bewirken. Reedkontakte sind außerdem von eingeschränkter Lebensdauer und die Montage der Magneten ist vor allem bei kleineren Baugrößen aus Platzgründen und aufgrund einer notwendigen dauerhaften Fixierung problematisch. Daneben gibt es noch diverse weitere Arten einer Kontaktauslösung. Bei Fleischmann H0 ist dies der Pilzkontakt. Er ist asymmetrisch anbracht und mittels Kontaktschienen kann man sogar fahrtrichtungstypische Aktionen auslösen. Es werden noch

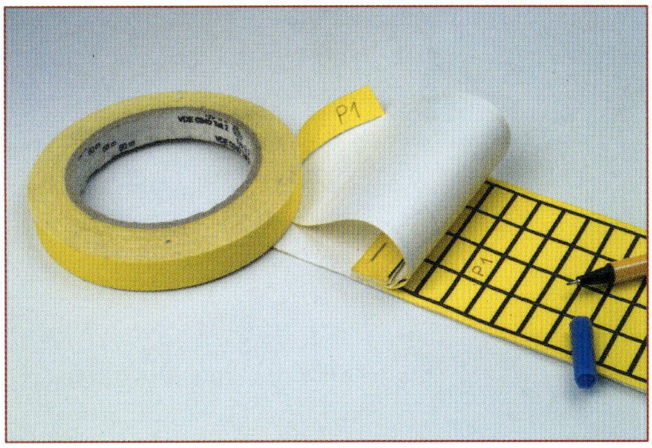

*Wichtiges Zubehör für eine effektive Beschriftung:*
*Oben: der Dymomat, ein Schreibautomat.*
*Mitte: auffällige Klebeetiketten und Filzschreiber.*
*Rechts::Ordnung unter der Anlage muss sein!*

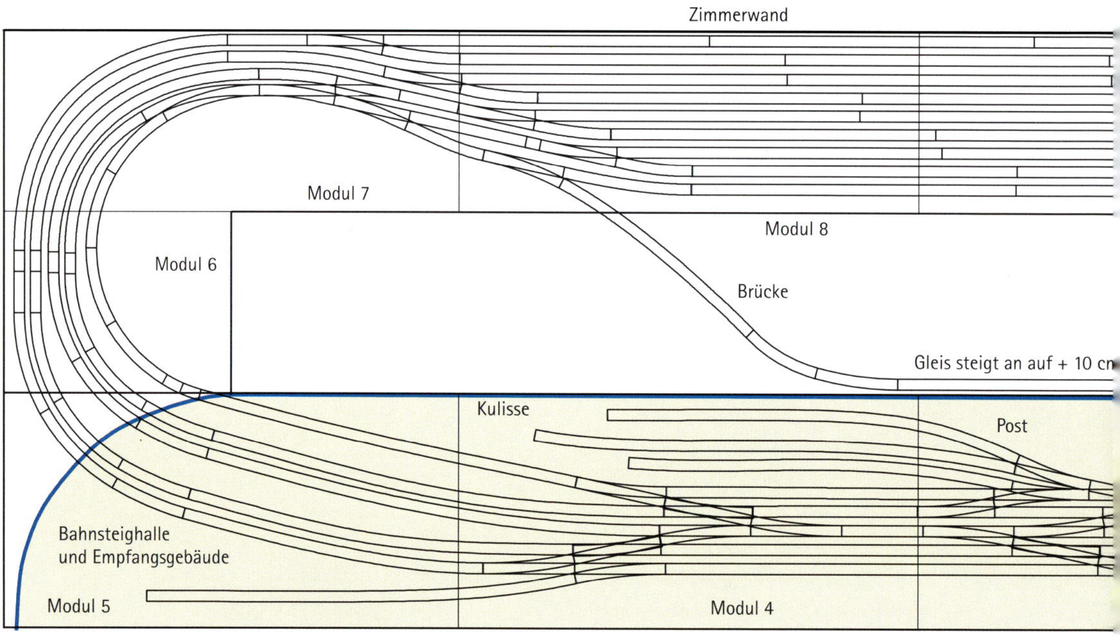


## Strukturgleisplan „Elberfeld“

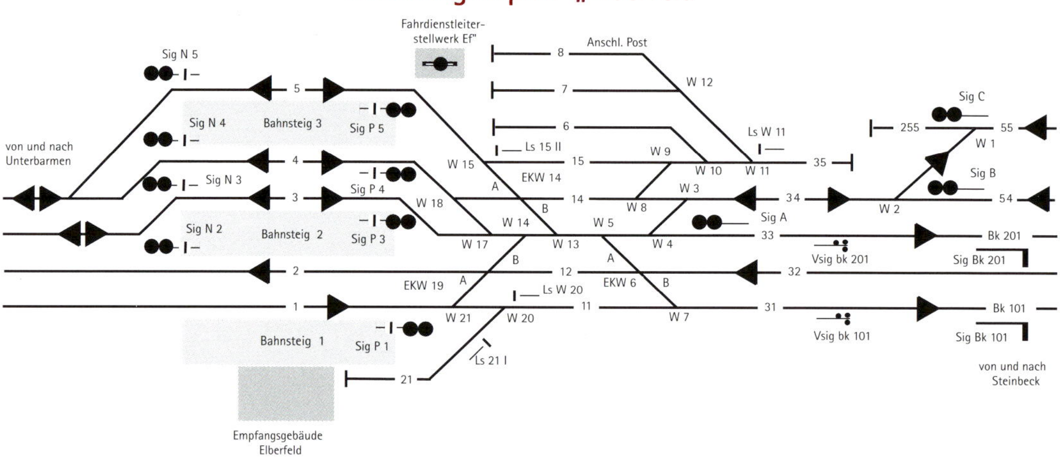


## Strukturgleisplan „Steinbeck/Unterbarmen“"

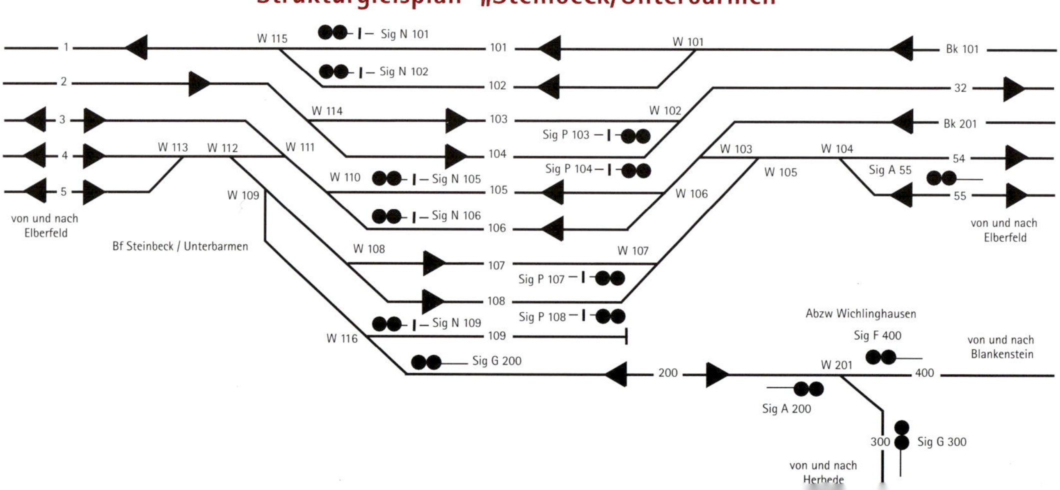

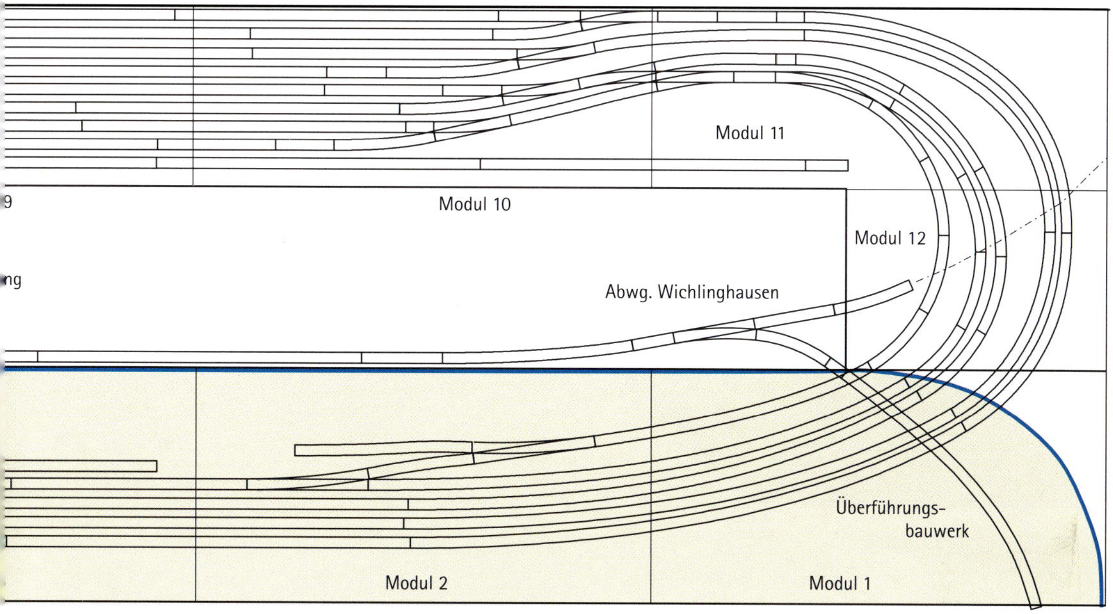


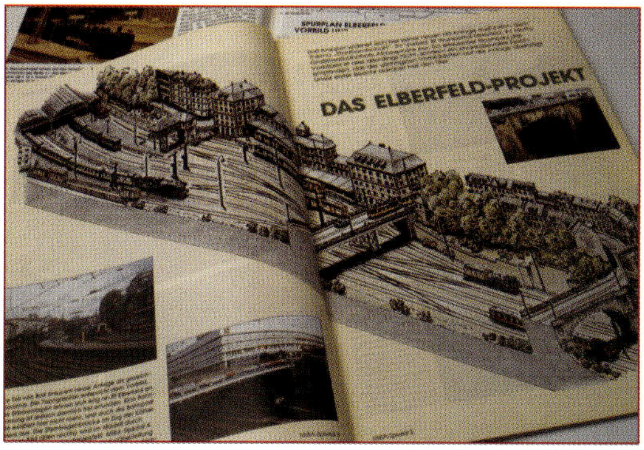


*Das Projekt „Elberfeld" im Planungstadium. Anhand dieser Unterlagen wird die digitale Ausrüstung der Anlage festgelegt. Grundstruktur: DCC und Intellibox. Magnet- und Schaltdecoder von Uhlenbrock. BUS-System: LocoNet.*

*Statt der zuerst angedachten Besetztmelder über Stomfühler wird wohl das neue „Lissy" System von Uhlenbrock mittels Sensortechnik und LocoNet-Vernetzung eingesetzt werden. Speziell können Sie das dann im Band 2 nachlesen.*

weitere mechanisch funktionierende Gleiskontakte und Lichtschranken u.v.a.m. von verschiedenen Firmen angeboten. Eine komfortable Erkennung ohne besondere Montage von irgendwelchen Teilen bei den Fahrzeugen oder mechanischen Auslösungen durch diese selbst lässt sich am elegantesten über Stromfühler, also einer elektronischen Gleisüberwachung, erreichen. Eine Ausnahme bildet dabei allerdings das Märklin Dreileitergleis. Hier kann der üblicherweise leitende Radsatz zwischen beiden Masseschienen (Fahrschienen) als Schalter wirken und den Rückmeldedecoder einfach als solchen ansprechen. Beim Zweileiterbetrieb mit seinen unterschiedlichen Potentialen in beiden Fahrschienen geht das leider nicht. Hier muss ein Stromfühler angeschlossen werden, der dann wiederum dem Rückmeldedecoder den entsprechenden Zustand (Fahrzeug mit Stromabnahme ist vorhanden oder nicht) auf dem Gleis meldet und zur weiteren Auswertung an die Zentrale schickt. Es gibt verschiedene Systeme der Hersteller zur praktischen Umsetzung. Bei allen ist aber die Isolierung einer Fahrschiene erforderlich. Solange sich ein Stromverbraucher auf einem isolierten Abschnitt befindet, kann er ausgelesen werden. Gleichzeitig fließt aber auch über die Elektronik des Stromfühlers Fahrstrom in den isolierten Abschnitt, damit die Fahrzeuge weiterhin unter Spannung stehen. Hier zeigt sich die eingangs beschriebene Problematik; denn der Stromfühler muss mit dem Digitalstrom zusammenarbeiten. Dies ist bei den einschlägigen Anbietern wie bei Trix für Selectrix, Uhlenbrock für LocoNet, Lenz bei seinen hauseigenen oder LDT (Littfinski Datentechnik) für den s88 (Märklin Standart) kompatibelnen Rückmel-

*In den Sparren sind die Bohrungen für die spätere Kabelführung schon vorgesehen. Die Öffnungen in der unteren Trasse gewährleistet einen späteren Zugriff auf die noch folgende Ebene darüber. Auch hier müssen noch Kabel verlegt werden!*

*Wichtig ist die richtige Berechnung der Trassenhöhen und die Zugänglichkeit für Wartungsarbeiten. Ein langer Wagen dient zur Überprüfung des sog. lichten Raums. Nirgendwo darf es zu Berührungen kommen!*

dedecoder berücksichtigt. Bei der Planung gilt es daher, bereits schon die isolierten Gleisabschnitte zu markieren. Zur einfacheren Umsetzung trenne ich dafür stets die eine Gleisseite zur Kulisse, der Anlagenrückseite, weisend auf. Wo die Trennungen im einzelnen platziert sein sollten, richtet sich nach der entsprechenden Gleislage. Die Ausführung der Trennung wird im folgenden „Baupraxis"-Kapitel eingehend beschrieben. Denken Sie bei der Zweckbestimmung bitte immer daran, was Sie später bewirken wollen, denn jeder Meldeabschnitt kann eine Aktion auslösen. Bei den Herstellern stehen verschieden Geräte im Angebot. Bei Roco ist das beispielsweise das „Route Control" oder bei Märklin das „Memory". Uhlenbrock bietet mit dem IB Switch eines der komfortabelsten Steuergeräte an. Es beinhaltete die Weicheneinzelschaltung wie auch zuggesteuerte Aktionen. Ich komme aber nun zurück zur Planung. Es ist immer ratsam, einen Isolierabschnitt mehr als zu wenig anzulegen. Im Idealfall überwacht man alle Abschnitte, wobei Gleisstrecken und Weichenstraßen jeweils separat isoliert werden müssen. Ein gut ausgeführter und übersichtlich dargestellter Gleisplan lässt bereits im „Papierstadium" dafür schon Gedankenspiele offen. Spätere Löt- und Bohrarbeiten am Gleis in der fertigen Anlage sind meistens mit Beschädigungen verbunden.

Die Decoderadressen von Weichen usw. sollte man ebenfalls einer Systematik entsprechend bezeichnen. Bei kleineren Anlagen könnte man die direkten Nummern zuordnen, da hier die Übersicht noch eher gewahrt ist. Bei größeren Anlagen hingegen verliert

*Bei Segmentanlagen muss auf saubere Trennungen der Übergänge geachtet werden.*

man schnell den Überblick bei der Zuordnung einer bestimmten Nummer. Was würde beispielsweise die Zahl 31 sagen? Es könnte entweder ein Signal oder eine Weiche irgendwo auf der Anlage sein. Ist die Weiche dann tatsächlich mit der Bezeichnung „W 31" gekennzeichnet, findet man diese sehr schnell auf dem Papier und noch viel schneller auf der Anlage wieder. Man muss daher eine Art Übersetzungsliste anfertigen, in der man alle Komponenten katalogisiert und direkt die Art und Anzahl festlegt. Angesprochen sind bei den Magnetartikeln vorrangig die entsprechenden Decoder. Wichtig ist an dieser Stelle tatsächlich die buchmäßige Erfassung. Dadurch kann man präzise sagen, in welchen Teilen der Anlage die entsprechenden Decoder ihren Platz finden sollen. Wirtschaftlich sollte man stets eine Vollauslastung anstreben. Bei teilbaren Anlagen ist das unter Umständen nicht einfach. Im Zweifelsfall sollte ein Decoderplatz frei bleiben, als ein zusätzliches Kabel (bei Weichen sind es sogar davon drei) zu verlegen. Uhlenbrock bietet übrigens einen Decoder mit nur zwei Plätzen an. Dadurch ist immer eine maximale Auslastung gewährleistet. Der neue Magnetartikeldecoder von Roco besitzt acht Eingänge (oder Ausgänge) - da wird es schon wesentlich schwieriger, diesen ohne lange Kabelwege wirtschaftlich auszunutzen. Es kommt immer darauf an, wie viele Elemente konzentriert angeschlossen werden müssen. Dieses Thema wird später noch eingehend beim Leitungsaufbau und der Wahl der Decoder behandelt. Wichtig ist an dieser Stelle auf die korrekte Beschriftung aller zu steuernden Komponenten und der entsprechende Gleise hinzuweisen.

Bei den Gleisen ist eine Kennzeichnung nach der geschilderter Methode ebenfalls erforderlich. Stromeinspeisungen, also die Kabelzuführungen zu den Schienen, bzw. Mittelleiter beim Märklin 3-Leiter System, werden somit übersichtlich erfasst. Auf der Unterseite der Anlage sollte jede Einspeisung konform des Planes beschriftet werden. So hat man nun einen guten Überblick, wie die Anlage vor allem hinsichtlich der Weichen und Signale aufgebaut ist.

Der nächste Schritt ist die Planung der genauen Ausrüstung der digitalisierten Anlage. Hier wird nun über den Einsatz der zukünftigen Komponenten entschieden. Bei der Wahl der Zentrale spielt dabei eine entscheidende Rolle, ob Sie bei einem einzigen System bleiben oder ein multiprotokollfähiges bevorzugen wollen. Sie müssen festlegen, ob Sie viel Zugverkehr vorsehen wollen und ob dazu automatische Vorgänge stattfinden. Da alle Fragen auf einmal gar nicht beantwortet werden können, sind Sie immer gut beraten, schon jetzt den höchstmöglichen Stand der Technik für das Projekt in allen Überlegungen einzubeziehen, auch wenn zuerst noch nicht alle Komponenten, zum Teil auch aus Kostengründen, eingebaut werden. Die Grundausstattung einer digitalen Modellbahn unterliegt im Grunde einigen gut nachvollziehbaren Regeln. Deren Einhaltung garantiert Ihnen später mit hoher Wahrscheinlichkeit auch den größtmöglichen Spielspaß. Die Märklin-Philosophie, zwei Kabel zur Anlage reichen, hat sich mit Sicherheit in der Praxis nicht bewährt. Auf dem Oval der Anfangspackung können Sie noch sicher fahren, bei der nächsten Ausbaustufe kann es schon zu ersten Störungen kommen. Auch wenige Weichen in einer überschaubaren Gleisfigur lassen sich noch mittels im Weichenantrieb eingebauter Decoder und dem Gleis als Busleitung bedienen. Nur 2 Kabel – und das reicht; das hat z.B. auch Roco bei seinen Einsteigersets konzipiert. Umfangreiche Funktionen sind aber dann meistens nicht mehr möglich. Denken Sie bitte auch an zusätzliche Bedienelemente, wenn es komfortabel und übersichtlich sein soll. Nicht für jeden ist eine Menü-Steuerung, wie man sie vom Handy kennt, geeignet. Trotzdem ist das Roco Digital-Set ein brauchbares Startset, da man später die Lokmaus 2 mittels LocoNet in eine entsprechende Zentrale als Fahrregler integrieren kann. Die INTELLIBOX kann dies im Zusammenspiel mit dem Mausadapter. Die Entscheidung zur DCC Welt bietet sicherlich die weitreichensten Möglichkeiten. Motorola und Selectrix sind da mehr in sich selbst abgegrenzt, aber auch miteinander verknüpfbar. Es wird daher bei der Planung von größeren Projekten sinnvoll sein, von Anfang an eine komfortable Zentrale vorzusehen. Von dieser aus sollte ein separater Fahrbus, also die Zuleitung zum Gleis, ausgehen. Der Stellbus, er versorgt die Weichendecoder mit Steuerbefehlen, ist direkt ab der Zentrale zusätzlich zu verlegen, obwohl die Hersteller angeben, das immer nur zwei Kabel genügen! Im Prinzip stimmt das, aber denken Sie bitte an die zuvor beschriebene „Ampelkreuzung". Die angebotenen Systeme können nicht alle Störfaktoren, welche sich alleine schon aus dem „Elektrosmog" ergeben, beseitigen oder ausfiltern. Wenn sie dies könnten, wären sie im Hobbybereich praktisch unbezahlbar. Außerdem werden die hochempfindlichen Datenleitungen von für sie „brachialer elektrischer Urgewalt" in Form des Rad/Schiene Prinzips geradezu „traktiert". Jedes Staubkorn, was zu Kontaktschwierigkeiten führt, stört auch sofort den Datentransfer. Oft merkt man diese Aussetzer im Fahrbetrieb gar nicht , obwohl sie trotzdem stattgefunden haben. Unerklärliche Erscheinungen der „*digitalen Art*" können dann im schlimmsten Fall bis zum Nothalt der Zentrale führen. Um dies vor Anfang an einzudämmen, ist es wirklich aus meiner Erfahrung ratsam, bereits ab der Zentrale, unabhängig welches Fabrikat man einsetzt, den Datenbus zu den Weichen separat zu verlegen. Bei Selectrix verläuft dieser in dem systembedingten Sammelbus. Bei den Motorola- und DCC-Zentralen ist in aller Regel die Möglichkeit geboten, dies bereits beim Aufbau zu berücksichtigen. Wenn Sie das auch bei Einstiegszentralen, wie die Lokmaus 2, Lenz Compact oder Uhlenbrocks „Daisy" berücksichtigen, sind Sie immer auf der sicheren Seite. Grundsätzlich sollte man sich beim Digitalbetrieb stets auf die Strom- und Datenübertragung der Lokdecoder auf die Schienen beschränken und die Magnet- und Schaltdecoder mit einer eigenen Speiseleitung ausstatten. Im Zweileiterbetrieb dienen die beiden Profile rechts und links und im 3-Leiter Betrieb (Märklin) der Mittelleiter als ein Pol und die beiden Außenschienen als gemeinsame Masse zur Versorgung der Lokdecoder. Es hat übrigens absolut keinen Zweck, eine möglicherweise vorhandene Oberleitung funktionell mit einzubinden, außer als sinnvolle Dekoration. Man muß sich für eine Form der Datenübertragung entscheiden und da ist die Gleisbasis mit Sicherheit am besten geeignet, da der Modell-Pantograph ein sehr gro-

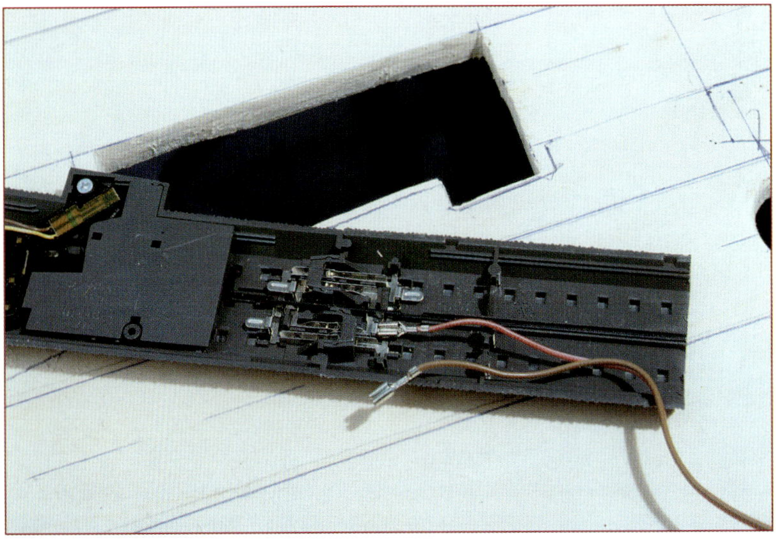

*Am C-Gleis werden die Kabeleinspeisungen mittels Schuhen aufgesteckt. In der Trasse ist eine Öffnung für den Bettungsantrieb vorgesehen.*

## Lageplan Bahnhof Kottenforst

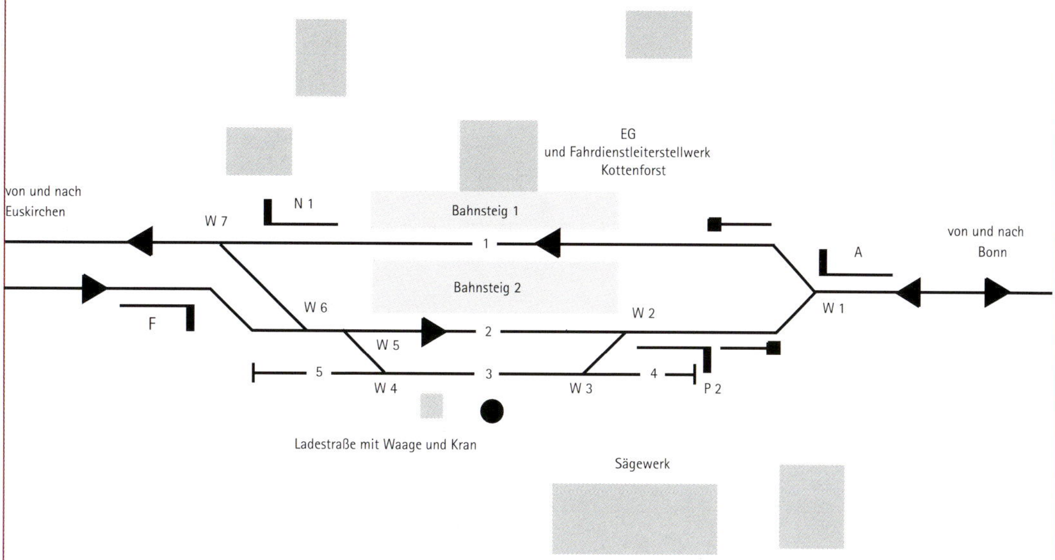


## Struktur Märklin H0 3-Leiter Anlage Kottenforst

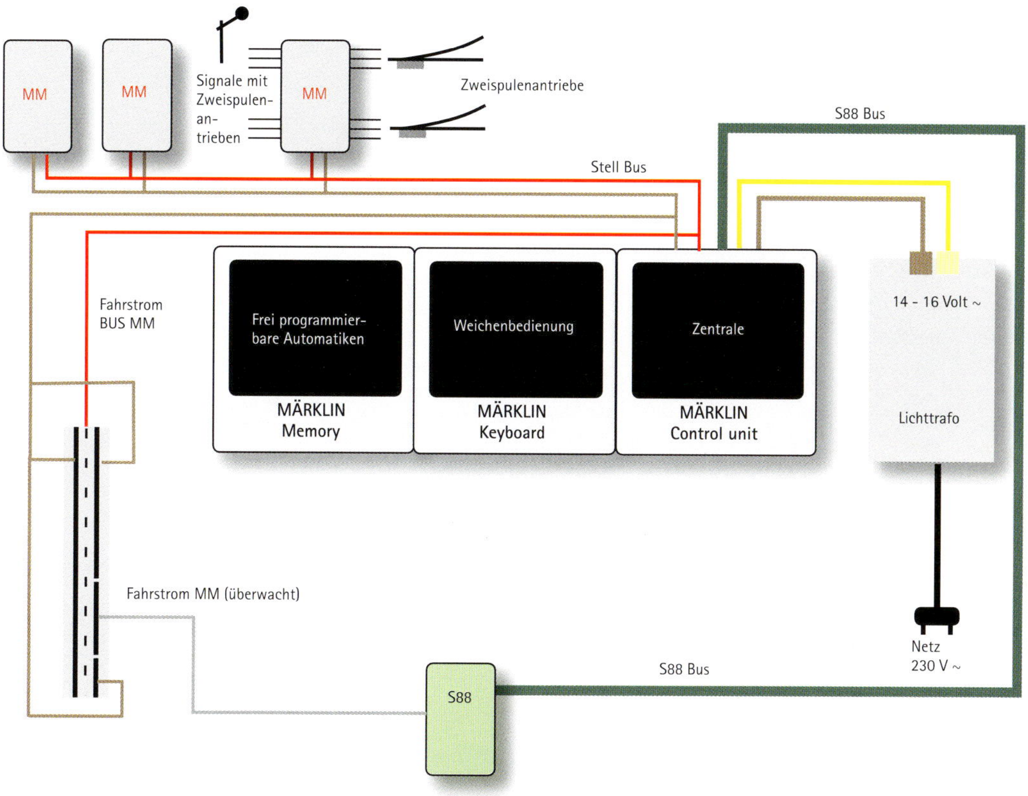

## BUS Struktur „Kottenforst"

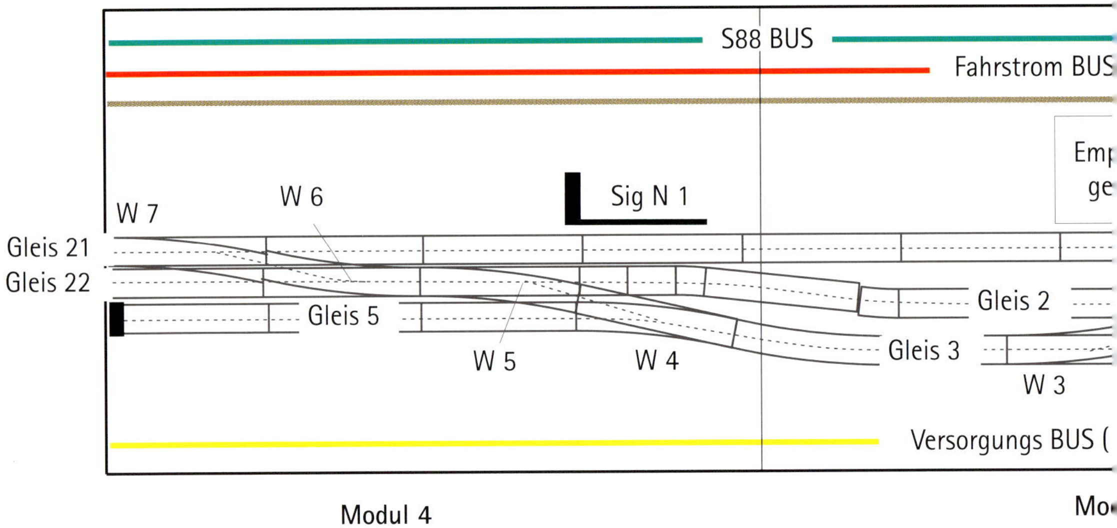


ße elektrisch / mechanisch Schwachstelle ist. Außerdem sollte man Datenleitungen für eine Zuordnung (Fahrbus) nicht aufsplitten. Allein aus der Tatsache heraus, das Sie Rückmeldungen einbinden wollen, bleibt nur die Entscheidung zur gleismäßigen Stromabnahme. Fassen wir also noch einmal zusammen: Die Stromversorgung der Gleise und die Busleitung zu den Weichendecodern sollten stets getrennt sein. Die Ausnahme: Systeme mit einem Bus nach dem Muster Selectrix. Allerdings ist dabei die Fahrstrom- und damit auch Dateneinspeisung stets separat ausgeführt. Im Selectrix Bus ist außerdem die Möglichkeit der Boosteransteuerung und Rückmeldung mit eingebunden, das Fahren selbst aber nicht. Zudem ist es ratsam, einen Versorgungs-BUS mit einzuplanen. Damit ist eine reine Wechselstromleitung mit 14 – 16 Volt Ausgangsspannung gemeint. Die klassischen „Lichttrafos" mit reichlich Reserve sind ein gute Wahl. Diese Leitung „versorgt" Signale mit Licht oder geeignete Funktionsdecoder mit zusätzlicher Stellspannung für den Weichenantrieb; damit der reine Digitalstrom nicht belastet wird. Über dessen Aufbau und der zu verwendeten Kabelquerschnitte können Sie gleich mehr lesen.

Der Rückmeldebus, z.B. in Form des S88 oder Loconet, wird ab der Zentrale ebenfalls besonders durch die Anlage geführt. Empfehlenswert sind auch Weichendecoder mit einer besonderen Einspeisung für

## Signal- und Gleislage Struktur „Kottenforst"

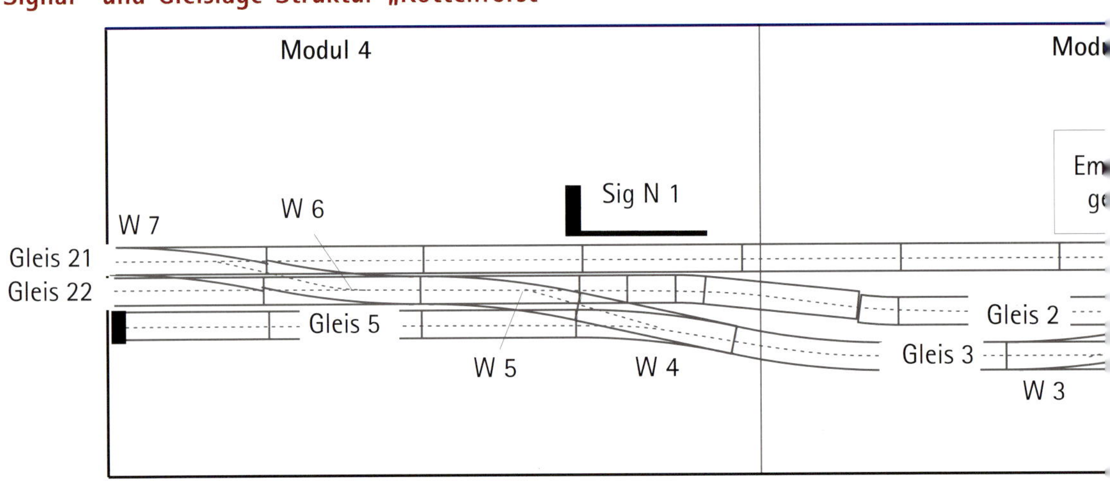

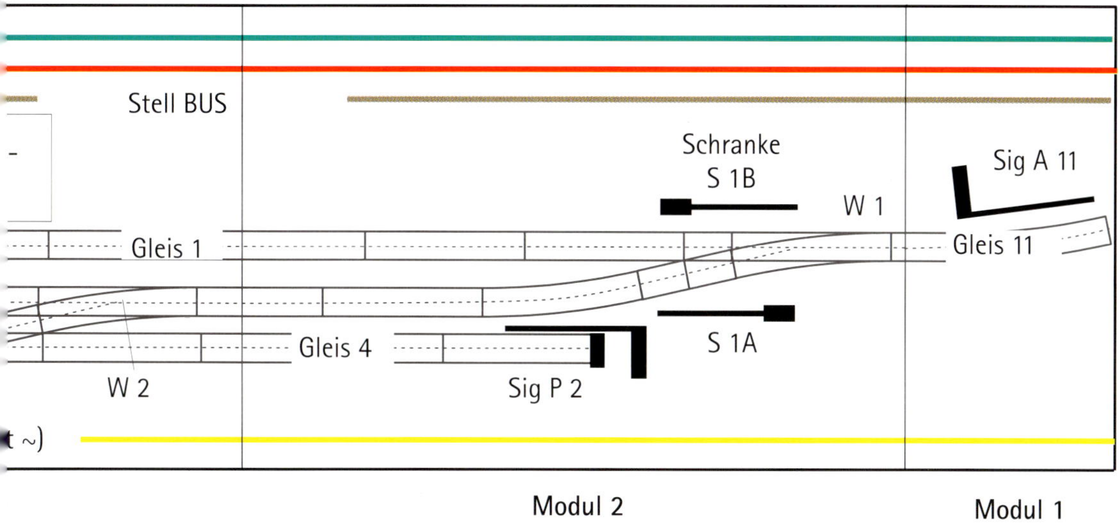


normalen Wechselstrom zum Stellen der Antriebe. Sehen Sie am besten eine Ringleitung vor, die eine Wechselspannung von 14 – 16 Volt führt.

Das wären zunächst einmal die vier wichtigen Daten- und Stellleitungen für eine komfortable digitale Grundausrüstung. Details dazu werden in diesem Buch später behandelt. Wichtig ist hier zunächst einmal die Grundausstattung. Im „Kottenforst" war als Standardausrüstung die Zentrale von Märklin mit Keyboard vorgesehen mit einer Rückmeldung auf „s88"-Basis. Im Lauf des Projektes kam dann von Uhlenbrock die Einsteigerzentrale „Daisy" auf den Markt. Es lag natürlich auf der Hand, diese für unser Modulprojekt vorzusehen. Die Ausrüstung der eigentlichen Anlage kann in diesem Falle unverändert bleiben, da Daisy multiprotokollfähig ist und so das Motorola und DCC-Format verstanden wird. Die Rückmeldung über den „s88"-Bus ist mit Daisy jedoch nicht möglich. Gehen wir aber zunächst von der Grundausrüstung hinsichtlich der Datenleitungen aus. Da das besagte Projekt noch recht übersichtlich ist steht noch nicht fest, wie viel Automatik später hinzukommen wird. Im zweiten Band unserer Reihe wird das aber optimal ausgenutzt und auch die Möglichkeit einer Steuerung mit dem PC wird eingeplant. In diesem Falle kommt man dann aber ohne eine komplexe Rückmeldung hinsichtlich eines überwachten Zugbetriebs nicht mehr aus.

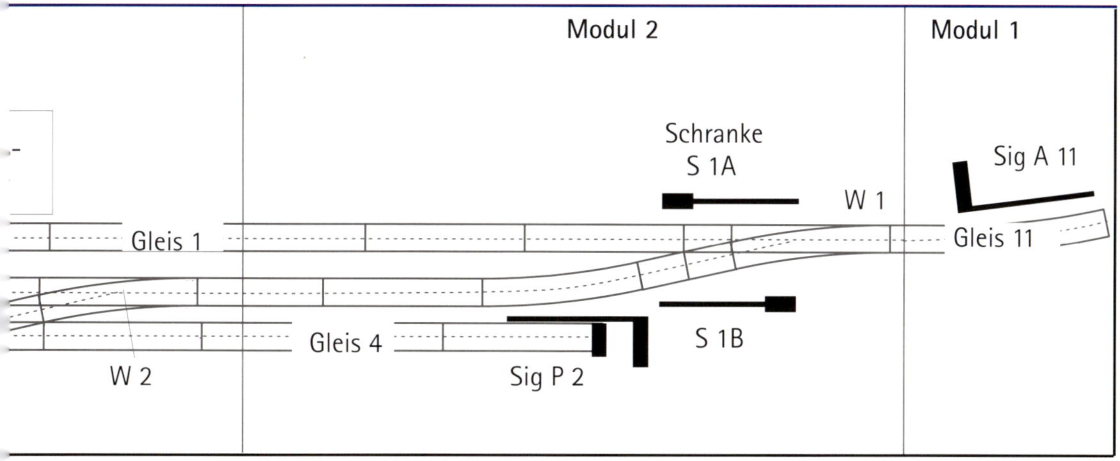

## Struktur mit INTELLIBOX H0 3-Leiter Anlage „Kottenforst“

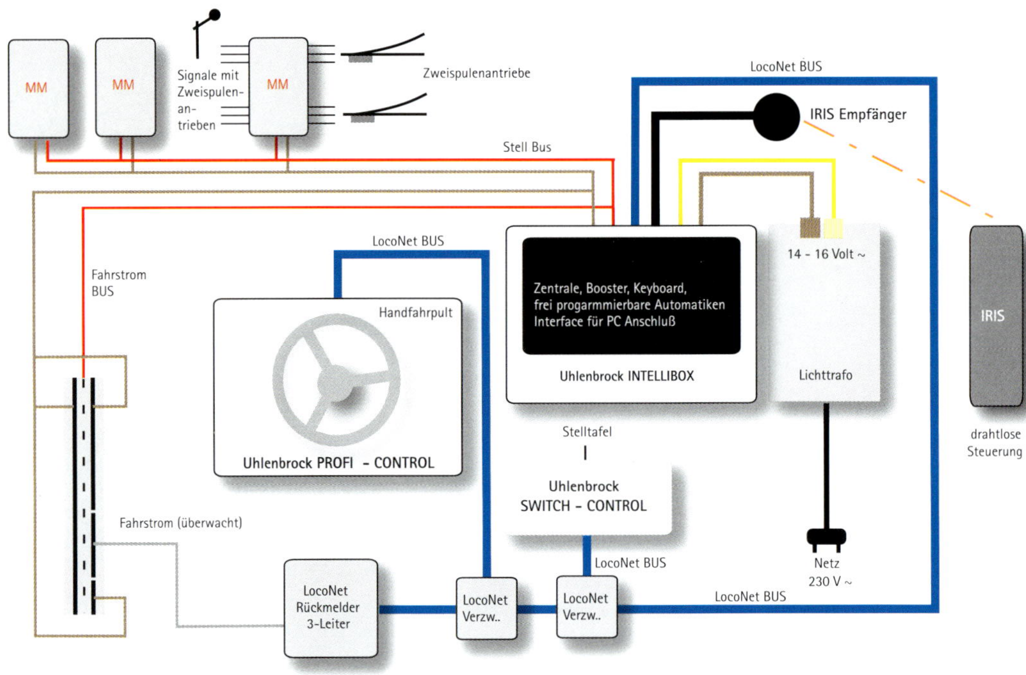


## Struktur mit DAISY H0 3-Leiter Anlage „Kottenforst“

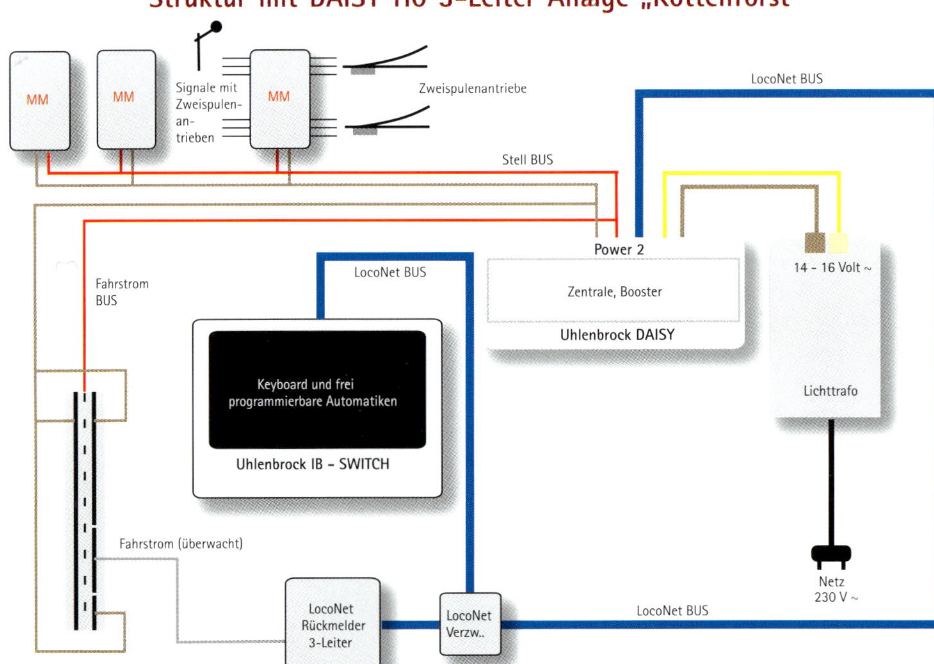

Bei dem Projekt „Elberfeld" sind schon aufgrund der zahlreichen Betriebsmöglichkeiten eine Fülle von zusätzlichen digitalen Steuerelementen sinnvoll. Natürlich könnte man mit einer Lokmaus fahren, aber sehr schnell würde dies bei einem Mehrzugbetrieb zu Stress ausarten, da man eben nicht mit der Hand (und den Augen) steuern und händeln kann. Deshalb sind hier Rückmeldungen erforderlich. Sie müssen dabei stets davon ausgehen, dass eine Zentrale nur das berücksichtigt, was sie auch erkennt oder ihr befohlen wird. Ohne Ihre Eingaben oder Information aus dem Betriebszustand der Anlage über Rückmeldungen reagiert die Zentrale in der Tat nicht. Trotzdem ist es gut, dass die Rechner und Maschinen uns nichts alles aus der Hand nehmen. Gerade bei der Modellbahn will der Anwender bestimmen, wie weit er automatisieren und was er noch mit der Hand steuern möchte, wie zum Beispiel das Rangieren im Anschlussgleis. Mit der Digitaltechnik stehen Ihnen hier heutzutage ganz andere Möglichkeiten zur Verfügung.

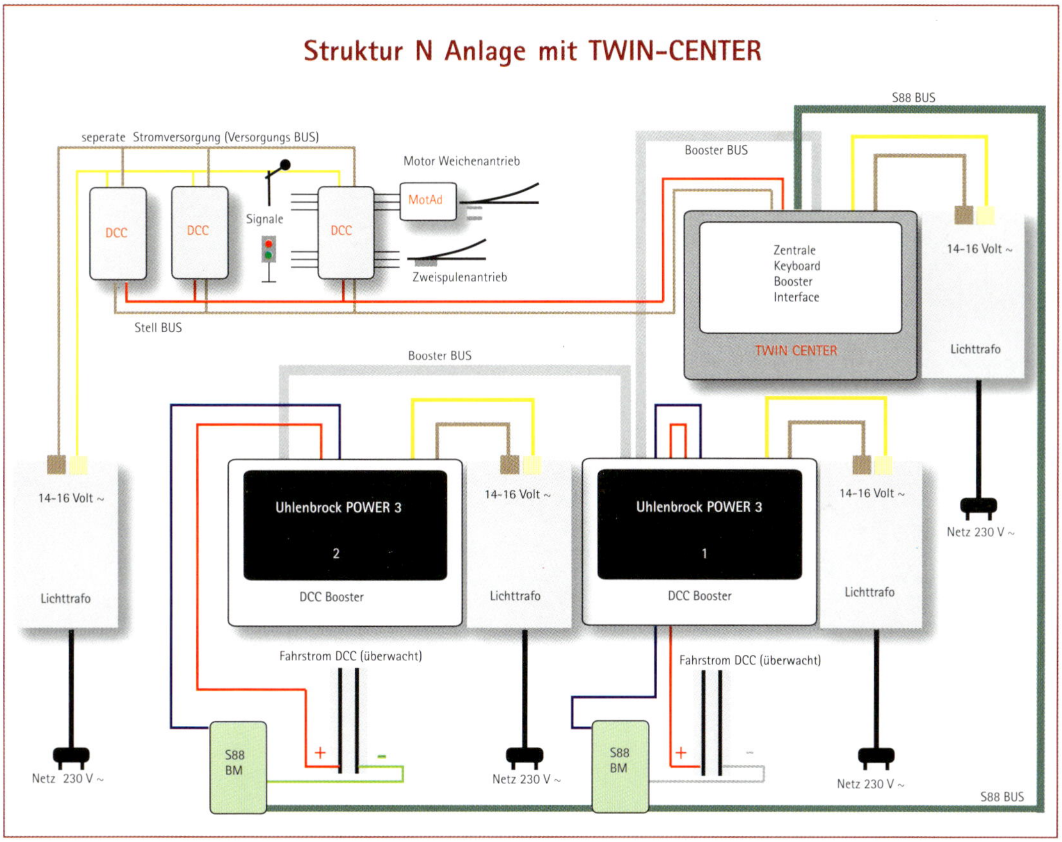

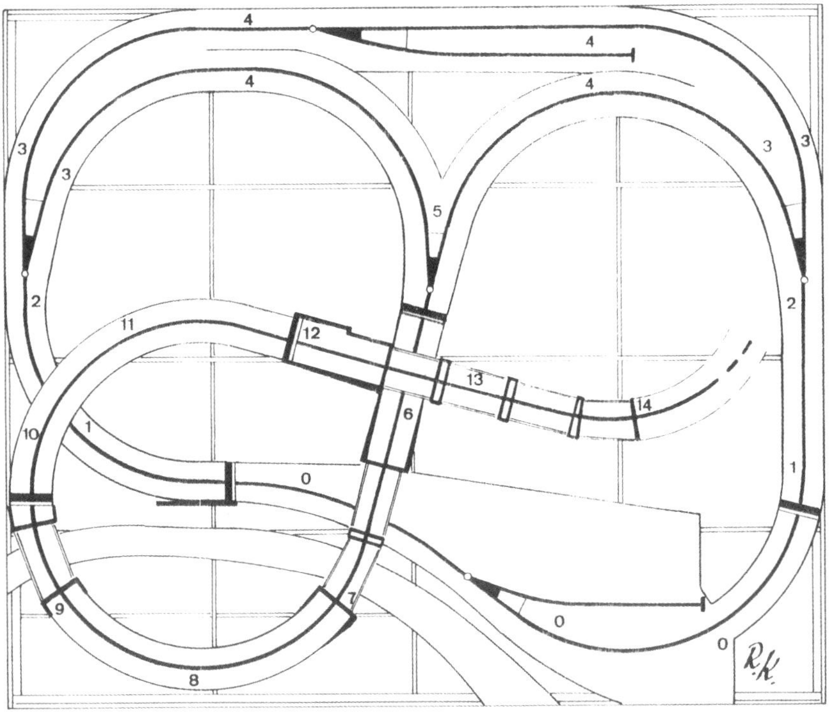


*Gleisverlauf im Untergrund*

*Eine Kompaktanlage mit der Problemstellung: Der Trassenplan macht die Steigungsverhältnisse dramatisch deutlich. Hier wurde an die Grenzen des Machbaren herangegangen. Lange Züge hätten nicht nur wegen der enormen Steigung, sondern auch aufgrund der relativ engen Radien Probleme diese zu bewältigen. Ein Decoder mit Lastausgleich könnte hier fast nichts mehr ausrichten. Grundsätzlich nicht mehr als 3 cm Steigung auf einem Meter vorsehen; dann klappt es auch mit dem Zug!*

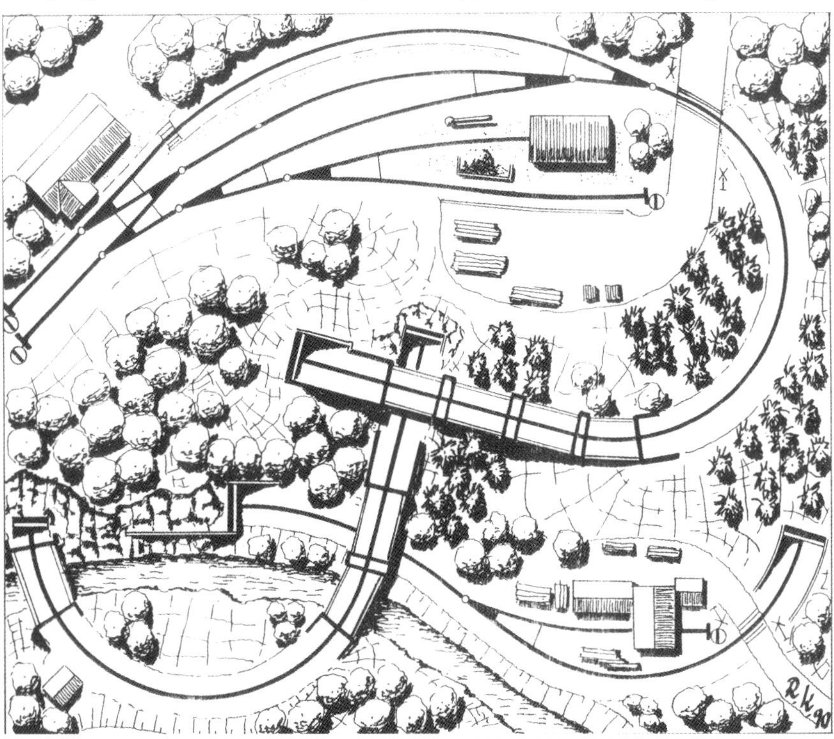


*Vogelansicht der Anlage und Landschaft. Die Szenen der Steigungsstrecken und die der Brücken dürften im Modell ihren Reiz haben.*

## 2.3. Richtiges Werkzeug ist die halbe Arbeit

Das Verdrahten einer Modelleisenbahnanlage, sowohl analog als auch digital, setzt ein einwandfreies handwerkliches Arbeiten voraus. Ansonsten ist der Spaß an der Technik nur von kurzer Dauer oder es vergeht schnell der Spaß am Bauen und im Betrieb. Jeder, der schon einmal etwas mit Farbe angestrichen hat weiß, dass ein billiger Pinsel beim Streichen Borsten verliert, und so das neue Bild des Anstrichs trübt. Genauso deckt eine billige Farbe nicht beim ersten Mal komplett ab. Mühseliges Nachbessern oder ein Zweitanstrich sind hierbei die unvermeidlichen Folgen. Sparen sie nicht beim Werkzeug *und* beim Material! Auch bei der Verdrahtung einer Modelleisenbahnanlage sollten Sie diesen Grundsatz anwenden. Teure Komponenten der Digitaltechnik können ihren Dienst versagen, nur weil der Anwender billige und falsche Werkzeuge verwendet oder falsch bemessenes Material verbaut hat. Handwerklich einwandfreies Arbeiten kann man nach kurzer Zeit mit gutem Werkzeug erlernen und auch als Laie anwenden. Thomas Knipper, Bruder des Autors und Ausbildungsmeister im Elektrohandwerk, erläutert nachfolgend wichtige interessante Grundsätze.

In diesem Kapitel soll das benötigte Elektrowerkzeug und deren Handhabung beschrieben und erklärt werden. Diese Werkzeuge brauchen Sie nicht nur für den Bau, sondern später auch für Wartungs- und Erweiterungsarbeiten. Und ganz nebenbei kann man diese Werkzeuge auch bei vielen Renovierungsarbeiten im ganzen Haus und in der Wohnung gut gebrauchen.

### Was wird für die Verdrahtung benötigt ?

Schraubendreher :

Sie dienen z.B. zum Anschrauben von Klemmen, von Sockeln, zum Öffnen von Bauteilen oder einfach nur für das Eindrehen oder Lösen von Befestigungsschrauben. Eine falsche, bzw. zu kleine Klinge führt zur Zerstörung des Schraubenkopfes. Deshalb sollte man für alle bei einer Modellbahn verwendeten Schrauben passende Klingengrößen bereit halten. Das führt natürlich zum öfteren Wechsel der Schraubendreher. Aber so lässt sich dafür auch jeder Schraubanschluss beliebig oft lösen und wieder befestigen, ohne das dabei die Güte der Befestigung nachlässt. Das Bild zeigt eine geeignete Auswahl von unterschiedlichen Schraubendrehern. Neben der „Schlitzklinge" benötigt man auch die „Kreuzklinge". Für Einstell- und Justierarbeiten braucht man häufig einen Schlitzschraubendreher, während man bei Befestigungsschrauben häufig „Spax - Schrauben" und somit Kreuzschraubendreher einsetzen muss.

*Schraubendreher im Überblick.*

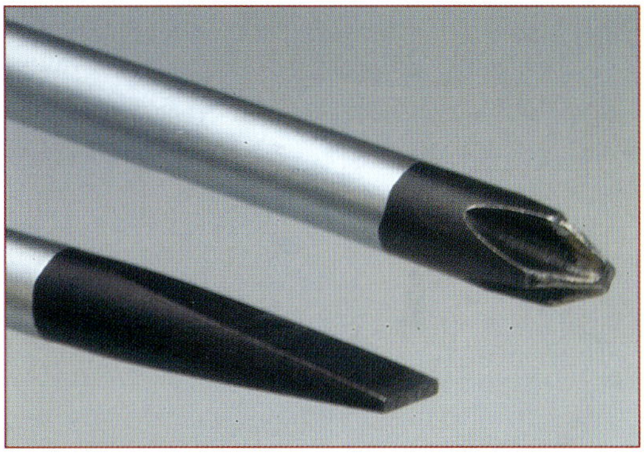

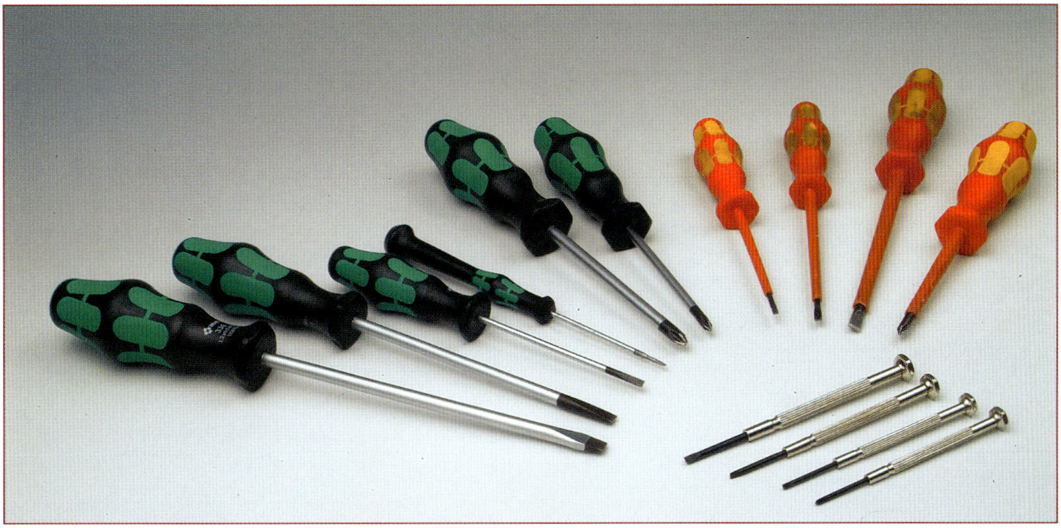

Bei der Auswahl ist auf eine stabile gehärtete Klinge zu achten. Gute Schraubendreher kosten pro Stück je nach Größe zwischen 3,- und 10,- Euro. Schraubendrehersätze für 5,- Euro; sie bestehen meistens aus 6 bis 8 unterschiedlichen Schraubendrehern, sind in der Klinge meistens weich und verschleißen schon nach wenigen Umdrehungen an einer Schraube. Hier sollte man bei der Beschaffung wirklich nicht sparen.

### Seitenschneider

Sie dienen zum Abschneiden und zum Ablängen von elektrischen Leitungen, und wirklich *nur* dafür. Stahldraht oder harte Profile sollte man mit der Schneide einer Kombizange oder mit einem ausrangiertem Seitenschneider zerteilen. Ansonsten entstehen an der Klinge regelrechte „Marken" und das Abschneiden sehr dünner Kupferlitzen ist dann oftmals nur noch sehr schwer oder gar nicht mehr möglich. Das gleiche gilt natürlich auch bei den Seitenschneidern. Eine zu weiche Klinge wird schnell stumpf und damit unbrauchbar. Man sollte für das Schneiden von dünnen Einzelleitungen einen kleineren Seitenschneider benutzen als bei dickeren und mehradrigen Leitungen. So unterscheidet man den „Elektronikseitenschneider" (bis max. 0,5 mm$^2$) von dem „Seitenschneider" und dem „Kraftseitenschneider".

### Spitz- und Flachzangen, Pinzetten

Spitz- und Flachzangen ( auch Pinzetten) dienen u.a. zum Biegen und Festhalten dünner Drähte und Leitungen. Sie werden ferner zum Einsetzen kleinster Teile bei der Montage von elektronischen Baugruppen oder Bauteilen benutzt. Beim Arbeiten an elektronischen Bauteilen sollte man auf die Ableitfähigkeit der Zangenschenkel achten. Denn nur so können statische Entladungsströme nicht auf das Bauteil übergehen; was später beim Einbau von Lokdecodern sehr wichtig ist! Die Greifflächen dieser Zangen sind teilweise mit Rillen versehen. Sie dienen einer verbesserten Griffigkeit des zu fassenden Bauteils. Nachteilig verursachen sie aber auf der Oberfläche einer Leitung und deren Isolation Einkerbungen, die den optischen Eindruck schmälern. Gerade bei massiven Drähten fördern sie an den Kerbstellen die Bruchgefahr. Deshalb haben gute Flach und Spitzzangen neben einer gerillten Oberfläche auch im hinteren Bereich des Zangenschenkels gerade geschliffene Flächen. Diese sollte man vor allen Dingen beim Biegen benutzen.

### Abisolierzangen

Abisolierzangen dienen, das sagt der Name schon aus, zum Entfernen der Leitungsisolation. Elektrische

*Oben: Flachzangen sind beim Kabelaufbau praktisch die „dritte Hand". Man sollte darauf achten, daß die Isolierung aufgrund zu starkem Drucks nicht beschädigt wird.*

*Links: Seitenschneider in verschiedenen Größen dienen zum trennen von Drähten und Litzen .*

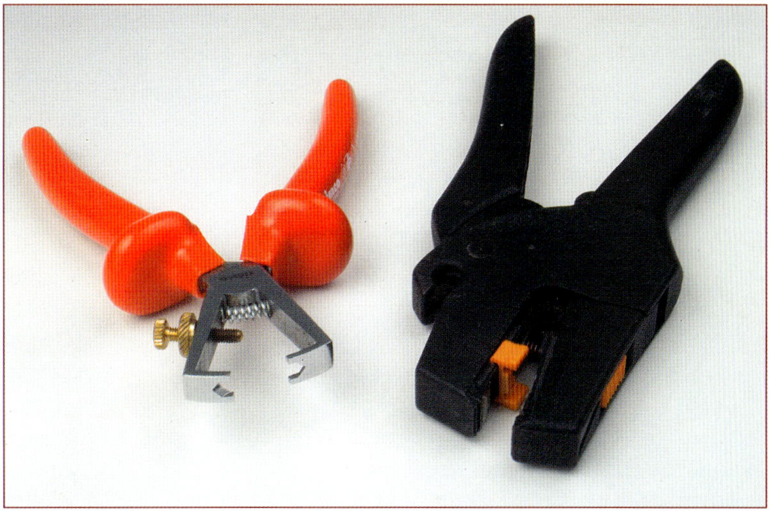

*Abisolierzangen für verschiedenen Anwendungen, vorallem unterschiedlichen Kabeldurchmessern, sind für die weiteren Arbeiten unverzichtbar.*

Leitungen besitzen zum Schutz vor Kurzschlüssen, aber auch zum Schutz vor gefährlicher Berührungsspannung eine Isolation. Sie ist in der Regel aus PVC, also aus einem Kunststoff. Sie wird vom Hersteller im heißen Zustand auf das Leitungsmaterial aufgebracht. Nach dem Abkühlen klebt sie förmlich am blanken Leiter fest. Sie sauber und fachgerecht zu entfernen ist relativ problematisch. In der Vergangenheit wurden oft Messer benutzt. Diese Methode ist jedoch sehr stark von der Geschicklichkeit des Anwenders abhängig. Auch der Einsatz von Seitenschneidern oder den Zähnen des menschlichen Gebisses wurde schon des öfteren beobachtet. Aber alle bis jetzt beschriebenen Methoden sind sehr unsicher. Speziell für diesen Zweck entwickelte Zangen, die so genannten Abisolierzangen, bieten ausschließlich ein gutes Arbeitsergebnis. In neuerer Zeit werden selbstregulierende Abisolierzangen angeboten. Sie stellen sich automatisch auf unterschiedliche Leitungsdicken und Isolationsdicken ein. Ihre Handhabung ist, im Gegensatz zu einstellbaren Abisolierzangen, kinderleicht und bei Abisolierarbeiten unersetzlich. Der einzige Nachteil dieser Zange ist ihr relativ hoher Preis. Während in Baumärkten und auf „Schnäppchenseiten" solche Zangen schon ab 5,- Euro angeboten werden, sollte man für eine vernünftige Abisolierzange schon etwas mehr Geld ausgeben. Bei den Billiganbietern handelt es sich oft um einfache Nachbauten guter Zangen. Sie halten in der Regel nur eine kurze Zeit. Qualitativ gute Abisolierzangen halten bei entsprechender Handhabung ein Leben lang, kosten aber auch zwischen 40,- und 80,- Euro. Wenn man dagegen aber die Vielzahl von Abisolierungen bei einer größeren Modellbahnanlage vergleicht (mehrere Tausend Betätigungen), dann ist hier sicherlich jeder Euro gut angelegt. Was passiert, wenn beim Abisolieren einer Decoderleitung oder einer Anschlussleitung eines Antriebs der ganze Draht abreißt? Wenn man ihn nicht erneuern oder wieder anlöten kann, führt eine solche Fehlbedienung der Zange zum Totalschaden einer Baugruppe. Die dann notwendige Ersatzteilbeschaffung übersteigt schnell die Anschaffungskosten einer solchen Zange.

Auf unterschiedliche Kupferstärken stellt sich die schon beschrieben Abisolierzange automatisch ein. Die Isolierdicken kann man von Hand über einen Einstellschieber einstellen. Die Stellung „Dicker Punkt" bedeutet hierbei die Einstellung für eine dicke Isolierung und ein dünner und kleiner Punkt zeigt die Einstellposition für dünne Isolierungen. Sollten die Zangenschneiden einmal über die Isolierung nur rutschen bzw. kratzen, kann man durch manuelles Einstellen des Schiebemechanismus die Isolierdicke und damit auch die Andruckkräfte der Schneiden erhöhen.

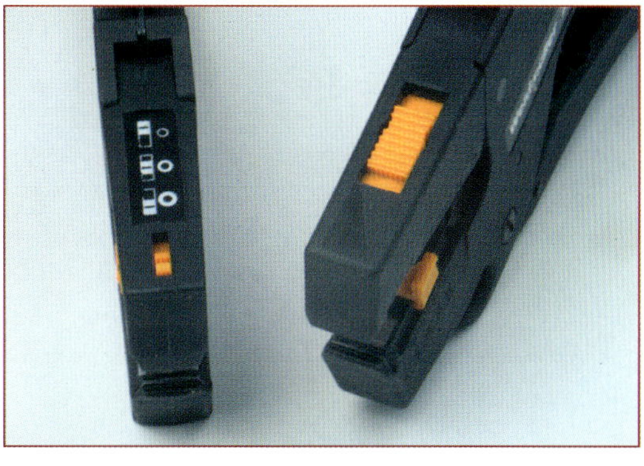

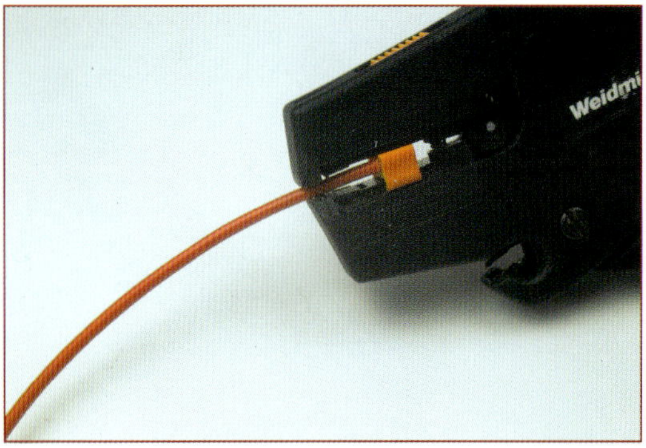


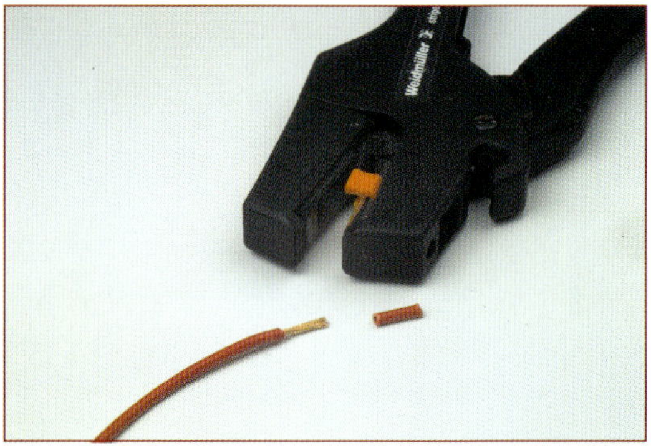


*Oben: Das perfekte Abisolieren mit den speziellen Werkzeugen ist keine Zauberei.*

Die Zuleitungen von Miniaturlampen oder Spulendrähte besitzen meistens eine transparente Tauchlackisolierung. Sie lässt sich mit speziellen Lackabziehpinzetten oder auch mit unserer „guten Abisolierzange" perfekt entfernen.

### Lötkolben, Lötstation, Lötzinn, Flussmittel

Beim Verdrahten einer Modelleisenbahnanlage werden die benötigten Anschlussleitungen entweder über Klemmen angeschraubt bzw. aufgesteckt, oder sie werden angelötet. Gelötete Anschlüsse gelten in der Verbindungstechnik als „unlösbare Verbindungen", da ein Lösen mit dem Lötkolben die vorhandene Verbindung auflöst, bzw. zerstört. Beim Löten mit einem „Lötkolben" werden zwei oder mehrere Metallteile (z.B. Kupferleitungen) durch schmelzen eines anderen Metalls (Lötzinn) verbunden.

Entscheidend beim Löten ist zunächst einmal die richtige Temperatur. Beim Löten mit elektrisch betriebenen Lötkolben oder Lötstationen werden Temperaturen von 60° C bis 450° C erzielt. Der Fachmann spricht bei solchen Temperaturen vom „Weichlöten". Im Gegensatz zum „Hartlöten" mit der Flamme kommt beim Weichlöten nur ein Lot (ein Metall mit einem geringen Schmelzpunkt) zum Einsatz. Bei diesem Metall handelt es sich um eine Verbindung aus Zinn mit Zusätzen. Nach einer neuen EU-Richtlinie darf Lötzinn keine Bleianteile mehr enthalten. Die Oberflächen der Lötverbindungen wirken daher matt und porös, trotzdem ist der dauerhafte Kontakt ohne Einschränkugen gegeben. Dieses Lot schmilzt schon ab 180 °C. Bei einer Lötverbindung ist es wichtig, dass nicht nur das Lot diese Temperatur erreicht, sondern auch das zu verlötende Leitungsmaterial die entsprechende Temperatur annimmt.

## Die richtige Löttechnik

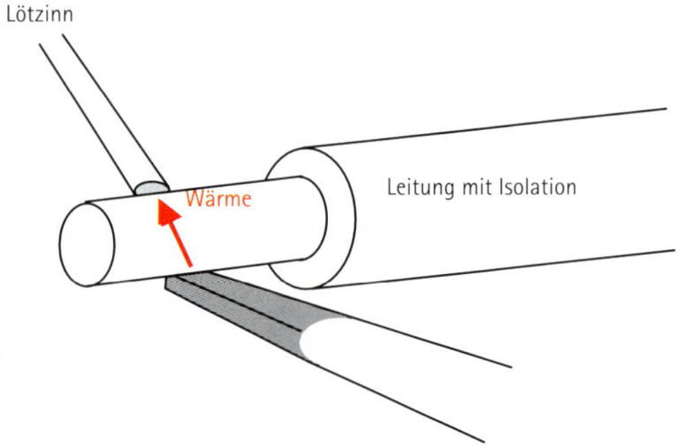


Die durch die Lötkolbenspitze zugeführte Wärme muß nicht nur das Lötzinn sondern auch die Leitung auf die richtige Arbeitstemperatur bringen. Dazu benetzt man zuerst die Spitze des Lötkolben mit ein wenig Lot und hält sie dann von unten an die Leitung. Das Lot führt man gegenüber an die Leitung heran. Wenn das Kupfer der Leitung die richtige Temperatur hat, so schmilzt das Lot und geht eine richtige Verbindung mit dem Kupfer der Leitung ein.

## Die richtige Temperatur beim Löten

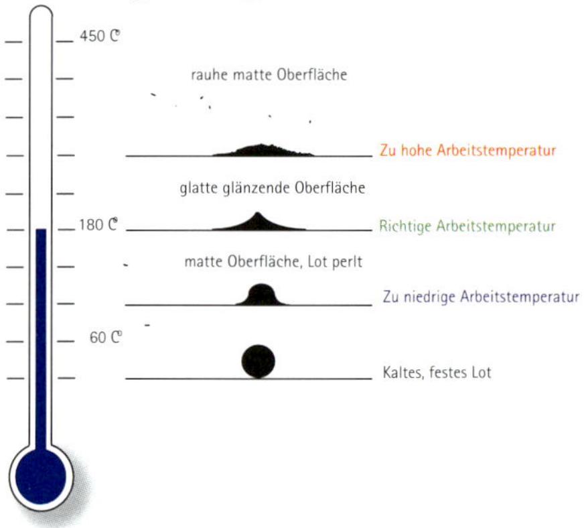


An Hand der Oberfläche kann man Lötstellen beurteilen. Gute Lötstellen sind immer glatt und glänzend. Matte und rauhe Lötstellen sind beim Lötvorgang entweder zu heiß oder nicht warm genug geworden. Bei zu niedriger Temperatur perlt das Lot.

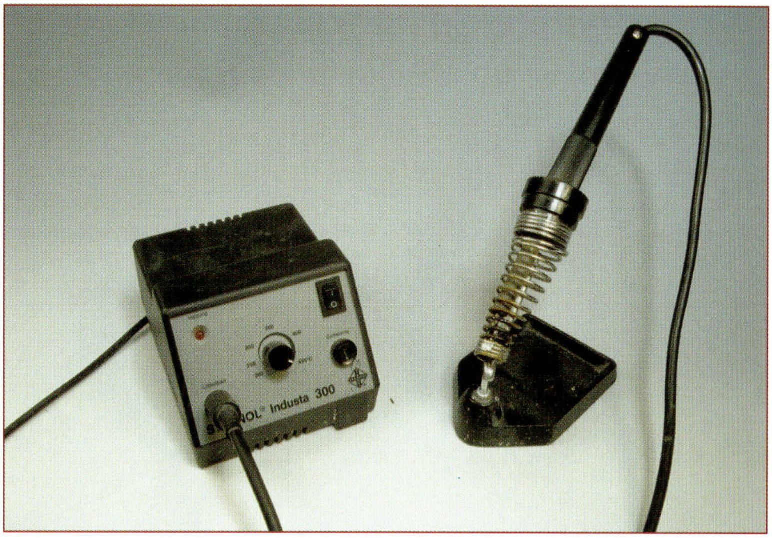


*Bei Elektronikhändlern und -Versendern kann man recht günstige und geeignete Lötstationen erhalten.*

Nur wenn alle Teile diese Temperatur erreichen, kommt es zu einer sauberen, elektrisch einwandfreien Verbindung. Bei einer zu niedrigen Temperatur perlt das Lot am Leitungsdraht ab. Der Fachmann spricht vom „Kleben" oder einer „kalten Lötstelle". Bei einer zu hohen Temperatur verdampft das Lot. Die Folgen in beiden Fällen ist eine raue matte Oberfläche des Lotes. Bei einer richtigen Lötverbindung muss die Oberfläche des Lotes glatt und glänzend aussehen.

Die passende und notwendige Temperatur beim Löten erreicht man durch längeres oder kürzeres Anhalten des Lötkolbens. Hilfreich ist hierbei auf jeden Fall eine von der Temperatur her einstellbare Lötstation. Hier kann man bei filigranen Lötstellen eine niedrigere Temperatur vorwählen als es z.B. bei dickeren Leitungsmaterial notwendig wäre. Das Isolationsmaterial der Leitungen reagiert sofort auf falsche Temperaturen. Wenn die Temperatur zu hoch war, schmilzt und schrumpelt die Isolation weg. Wer nur einen Lötkolben mit einer festen Leistung und Temperatur wählt, sollte vor Beginn der eigentlichen Lötarbeit erst einmal ein paar Lötübungen machen. Bei Lötkolben mit fester Leistung haben sich für Modellbahner 30 W oder 50 W (Watt) Kolben als sinnvoll ergeben. Bei Lötstationen sollten schon 50 W an der Lötspitze erreicht werden können.

Das Lot sollte bei einer Lötverbindung immer in einer geringfügigen Entfernung von der Lötkolbenspitze aufgebracht werden. Denn nur so kann man das erreichen der richtigen Temperatur erkennen. Hält man das Lötzinn direkt an die Lötspitze, so würde es sofort schmelzen. Beim Lötvorgang dringt das geschmolzene Lot nur wenige Mikrometer in die Oberflächenvertiefungen eines Metalls ein. Dabei entsteht ein Mischkristall aus Lot und aus z.B. dem Kupfer einer Leitung. Diesen Vorgang nennt man Diffusion. Nur bei einer Diffusion erhält man eine mechanische sowie auch elektrisch einwandfreie Verbindung! Der beschriebene Vorgang lässt sich jedoch nur erfolgreich ausführen, wenn die notwendige Temperatur erreicht wird.

Außerdem muss die Oberfläche des Metalls sauber und fettfrei sein. Letzteres ist meistens nicht der Fall. Deshalb muss man beim Löten noch ein so genanntes „Flussmittel" benutzen. Es hat die Aufgabe, die zu verlötenden Oberflächen vor und während des

**Zwei metallische Leitungen und deren Oberflächenrauhigkeit stark vergrößert**

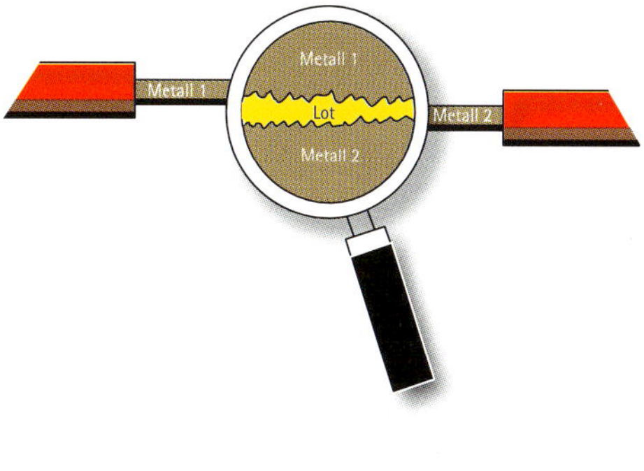


Das geschmolzene Lot dringt wenige Mikrometer in die Rauhtiefen der Metalloberflächen ein. Neben der richtigen Temperatur benötigt man deshalb auch eine saubere und fettfreie Oberfäche. Ansonsten würde das Lot nur lose an der Oberfläche haften (kleben) .

## Chemische Reinigung der Oberfläche durch Flußmittel

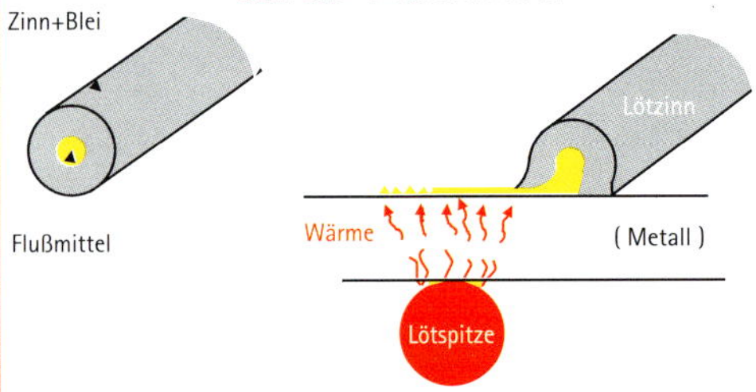


Das dünnflüssigere Lötfett schwimmt wie ein Film vor dem eigentlichen Lot aus Zinn und Blei her und reinigt die Oberfläche des Metalls.

Lötvorgangs chemisch von Fett- und Oxidschichten zu befreien. Viele Lote haben das Flussmittel schon als Paste im Inneren (Seele) des Lötdrahtes eingebracht. Mann kann aber auch das „Lötfett" mit einem Pinsel vor Beginn der Arbeiten auf alle Teile aufbringen. Durch die Temperatur des Lötkolbens schmilzt das Fett zu einer dünnflüssigen Substanz und fließt so schneller als das zähflüssigere Lot. So werden die Oberflächen immer einen kurzen Augenblick eher mit dem Flussmittel als mit dem flüssigen Lot benetzt.

Die Rückstände dieses Reinigungsprozesses setzen sich oftmals als bräunlicher Film über die blanke Lötstelle ab. Diese Ablagerungen schaden aber nicht der Verbindung. Sie sehen optisch lediglich nicht schön aus.

### Messgerät

Spätestens bei der ersten Inbetriebnahme, aber meistens auch schon bei der Erstellung einer elektrischen Anlage, ist es von Vorteil, mit einem Messgerät die anstehenden elektrischen Signale und Größen messen und prüfen zu können. Hauptsächlich die physikalischen Größen der Spannung, des Stroms und des elektrischen Widerstandes sollte man überprüfen können. Bevor ich über die Handhabung und die Leistungsmerkmale eines elektrischen Messgeräts spreche, will ich zunächst einmal die späteren Messgrößen beschreiben. Oftmals werden nämlich die Begriffe „Strom" und „Spannung" durcheinander geworfen. Und wie will man dann eine solche Größe messen, wenn man gar nicht genau weiß was man misst? Die hier beschriebene „Physik der elektrischen Energie" müssen Sie zwar nicht unbedingt beherrschen, sie zu verstehen erleichtert jedoch das gesamte Verständnis elektrischer Zusammenhänge. Wenn Sie die Zusammenhänge schon verstehen überspringen Sie einfach das nun folgende Thema „Physikalische Grundlagen der Elektrotechnik".

### Elektrischer Strom

Der Strom ist eine Mengenangabe und wird in Ampere (A) angegeben. Es ist die Menge an freien Elektronen, die zeitgleich durch die Fläche eine Leitung fließen. Man kann den Strom auch im weitesten Sinne mit dem Wasser einer Wasserleitung vergleichen. Auch hier wird die Menge die durch die Leitung fließt pro Zeiteinheit angegeben (z.B. 100 Liter pro Minute). Wenn man den Strom messen will, misst man eine Elektronenmenge - die Menge freier Elektronen.

Freie Elektronen bilden sich selbständig und bevorzugt in Metallen. Sie stammen aus der äußeren Schale eines Atoms. Kupfer bildet fast so viele freie Elektronen wie Atomkerne vorhanden sind. Deshalb ist Kupfer ein guter elektrischer Leiterwerkstoff. Der Kunststoff PVC bildet dagegen keine freien Elektronen und ist somit kein elektrischer Leiter. Daher benutzt man das PVC zur Isolation.

### Elektrische Spannung

Damit das Wasser fließen kann, braucht man entweder ein Gefälle oder einen Druck. Eine Pumpe drückt z.B. das Wasser durch ein Wasserrohr. Auch

## Vergleich von Wasser und Strom

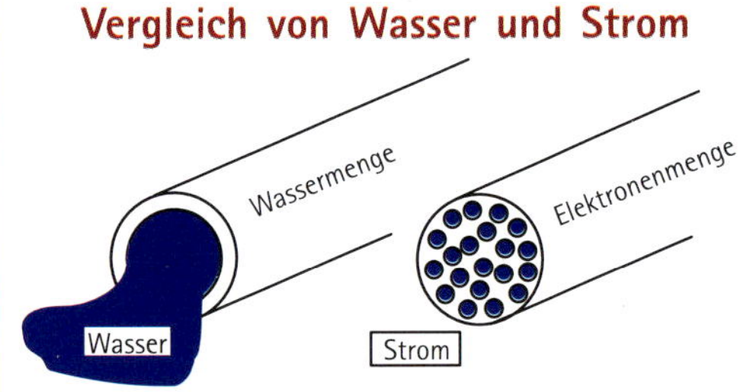


Bei einer Wasserleitung fließt bekanntlich Wasser durch das Rohr. Die Mengenangabe erfolgt dabei in Liter (z.B. Wassermenge 12 L). Bei einer Stromleitung fließen Elektronen durch die Leitung. Die Mengenangabe erfolgt hierbei in Ampere (z.B. Strommenge 16 A).

Elektronen brauchen einen Druck, damit sie „fließen" können. Diesen Druck nennt man in der Elektrotechnik „Spannung". Er wir in Volt (V) angegeben. Wenn eine Steckdose in der Wand eine Spannung von 230 V führt, so herrscht hierbei ein hoher Druck. Wenn dagegen ein Trafo eine Spannung von 16 V ausgibt, ist das ein niedriger Druck. Der Druck (die

## Entstehung freier Elektronen

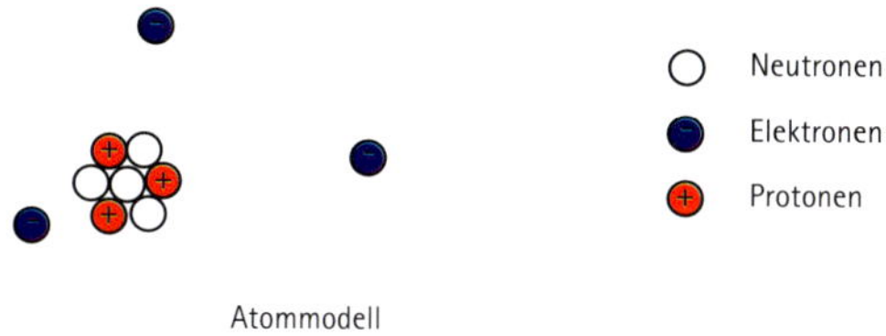


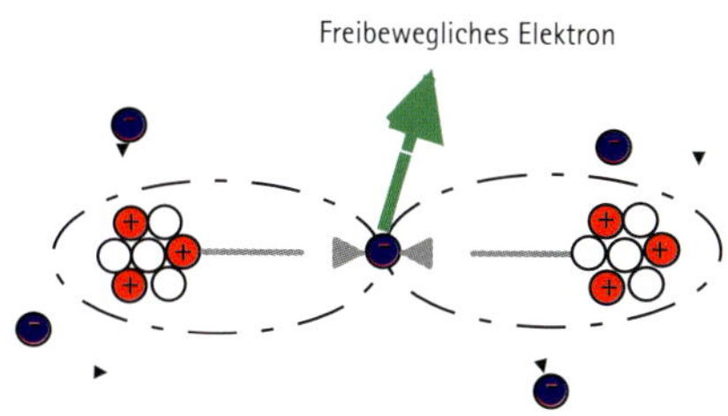


Um einen Atomkern bewegen sich auf mehreren "Schalen" die Elektronen. Sie werden vom Atomkern angezogen. Gelangt dabei ein Elektron auf der äußersten Schale so weit vom eigenen Kern weg, dass dabei die Anziehungskräfte des eigenen Kerns genauso groß sind wie die des benachbarten Atomkerns, so heben sich diese Anziehungskräfte auf. Das eben noch gebundene Elektron wird zu einem frei beweglichem Elektron.

## Strom, die Bewegung freier Elektronen

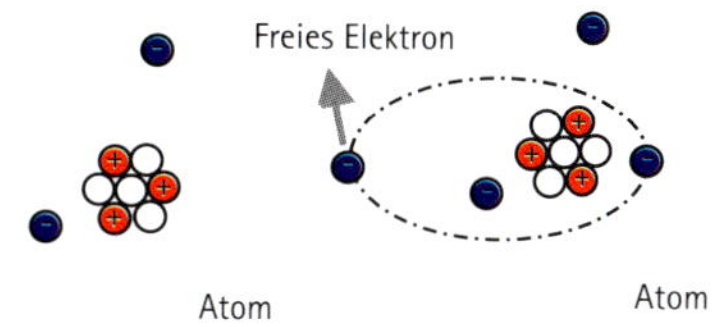


Vereinfachte Darstellung von 2 Atomen mit einem freien Elektron

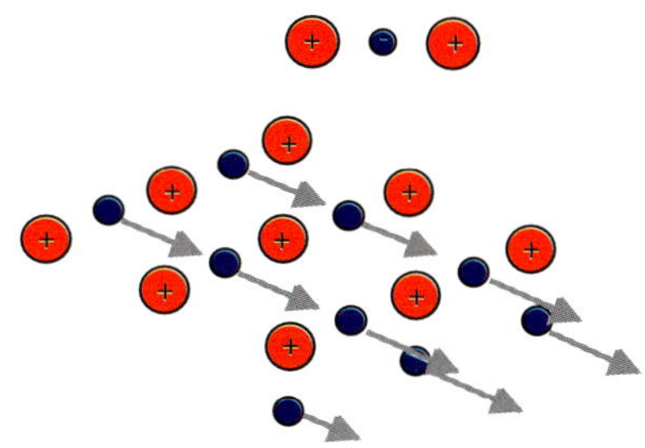

Wenn die freien Elektronen sich durch das Zuführen einer fremden Energie in eine Richtung bewegen, spricht man von einem Strom bzw. Stromfluß. Dabei stoßen sie auch auf andere Atomkerne. Durch dieses Anstoßen kommt es in einer Leitung zu Reibungsverlusten, die eine Wärmebildung verursacht. Fließt ein hoher Strom, so erwärmt sich eine Leitung stärker. Deshalb leiten dicke Leitungen den Strom besser als dünne Leitungen.

Spannung) ist die Ursache für den Stromfluss, also für die Bewegung von Elektronen. Durch die Spannung bewegen sich aber nur freie Elektronen durch eine metallische Leitung. Wenn man die Spannung messen will, misst man im Grunde den Druck. Es ist hierbei jedoch der Druckunterschied zwischen den beiden Polen einer Spannungsquelle.

Damit die freien Elektronen nicht auf einen Schlag durch die Leitung fließen können, muss man die Bewegung etwas abbremsen. Beim Wasser würde man einen Wasserhahn nur etwas öffnen, damit nur eine bestimmte Menge an Wasser fließen kann. Bei einem Stromkreis muss dafür ein Widerstand in das Leitungssystem eingebaut werden. Er verhindert das schlagartige fließen aller freien Elektronen. Für den Fall, das alle Elektronen auf einmal fließen, spricht der Fachmann hierbei von einem Kurzschluss. Bei einem Kurzschluss fließen alle zur Verfügung stehenden freien Elektronen auf einmal durch eine Leitung. Dadurch reiben sich die Elektronen aneinander und es entsteht dabei eine so große Wärme, das Isolationen schmelzen und Kupferleitungen durchglühen können. Einen Widerstand in einem Stromkreis kann man also mit einer Verengung (Verjüngung) im Leitungssystem von Wasserrohren vergleichen, wodurch die Durchflussmenge reguliert wird.

Der elektrische Strom kann nur in einem in sich geschlossenen Leitungssystem fließen. Einen elektrischen Stromkreis kann man mit dem Wasserkreislauf einer Zentralheizung im Haus vergleichen. Eine Umwälzpumpe bewegt das Wasser. Dabei fließen unterschiedliche Wassermengen durch die einzelnen Heizkörper und Rohre. Je dicker ein Rohr ist, desto mehr Wasser kann hierbei fließen. Es geht aber kein Wasser verloren. Wenn das warme Wasser die Heizkörper durchflossen hat, strömt es zurück zum Heizkessel und wird dort neu erwärmt und der beschriebene Vorgang beginnt von vorne.

## Bildlicher Vergleich einer Leitung mit Widerstand

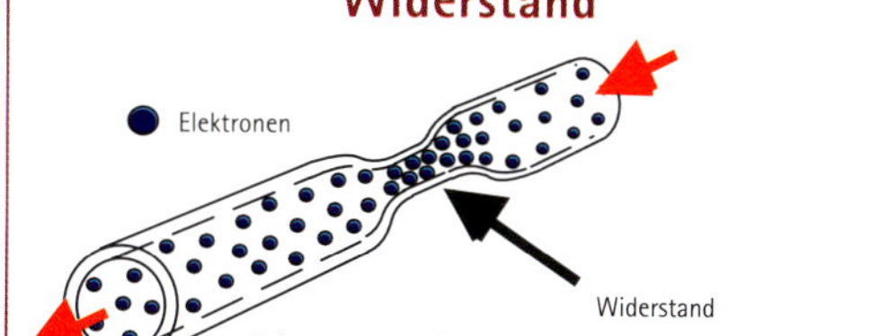


Bildlich gesehen verhält sich ein elektrischer Widerstand wie ein Leitungswiderstand, der durch eine Verjüngung erzielt wurde.
In der Wirklichkeit besteht ein elektrischer Widerstand aus einem anderen Material. In diesem Material befinden sich weniger freie Elektronen als im Leitungsmaterial..

Bei einem Stromkreis werden die freien Elektronen in einer metallischen Leitung von dem Pluspol einer Spannungsquelle angezogen. Es strömt aber zeitgleich die verloren gegangene Menge an freien Elektronen vom Minuspol der Spannungsquelle nach. In einer elektrischen Leitung ist dadurch immer die gleich Menge an Elektronen vorrätig, es wird also nichts verbraucht. Die von der Spannungsquelle angezogenen freien Elektronen wandern durch die Spannungsquelle und werden hier wieder von ihren Atomen getrennt. Und der beschriebene Vorgang beginnt von vorne. Für das Trennen von freien Elektronen in einer Spannungsquelle benötigt man Energie. In der Batterie benutzt man dafür z.B. die chemische Bindungsenergie, während man beim Generator oder Transformator mechanische beziehungsweise magnetische Energie einsetzt.

Neben dem gewollten Widerstand in einem Stromkreis gibt es auch ungewollte Widerstände.

Neben den Verunreinigungen am Gleis gibt es noch den Leitungswiderstand. Genau wie bei einem Was-

## Prinzip eines Stromkreises

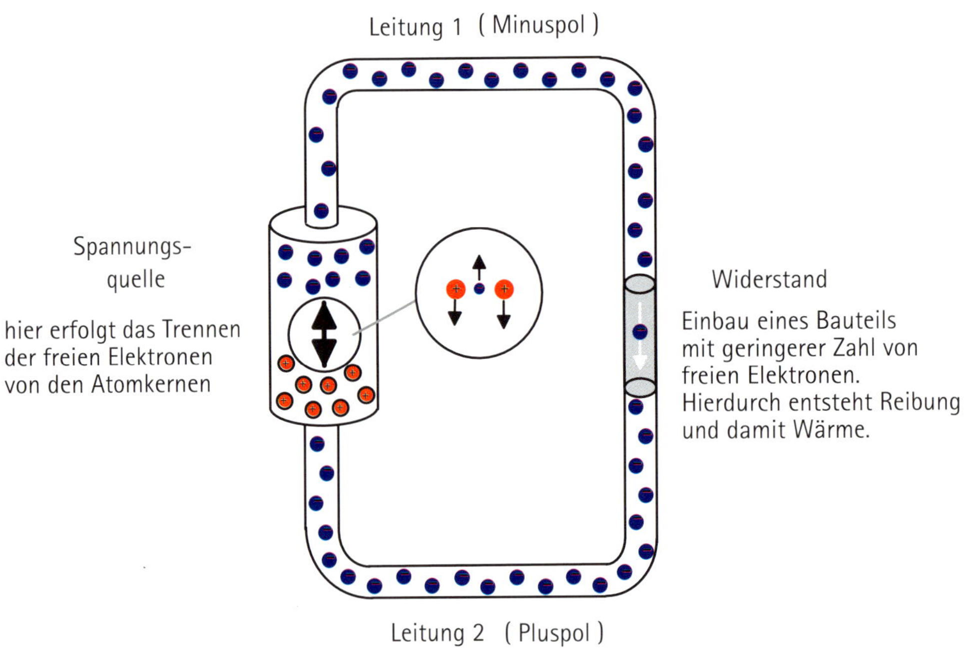


Durch das Trennen der freien Elektronen von den dazugehörigen Atomkernen erfolgt ein natürliches Bestreben dieser beiden Teile sich wieder zu vereinigen und sich damit elektrisch auszugleichen. Je mehr Atome von seinen freien Elektronen getrennt werden, umso höher ist das Ausgleichsbestreben zwischen den positiv geladenen Atomen und den negativ geladenen Elektronen. Diese Anziehungs- und Ausgleichskräfte nennt man Spannung. Diese Spannung ist die Ursache für einen Stromfluss (Elektronenfluss). Die in der Kupferleitung befindlichen freien Elektronen werden vom Pluspol der Spannungsquelle angezogen. Dadurch wandern stoßartig die freien Elektronen über die Leitung 1 und 2 sowie über den Widerstand vom Minuspol zum Pluspol. Je kleiner der Widerstandswert ist, umso mehr Elektronen (Strom) können fließen.

serschlauch, wo das durchströmende Wasser dem Reibungsverlust der Schlauchwände unterliegt, verursacht eine metallische Leitung einen Reibungswiderstand für die Elektronen. Man spricht jedoch hierbei nicht von einem Druckabfall, sondern von einem Spannungsabfall. Je dünner eine Leitung ist, desto schwerer haben es die freien Elektronen sich flussartig zu bewegen. In einer dicken Leitung, unabhängig von der Form, können sie sich dagegen ungehinderter bewegen. Deshalb gibt man bei elektrischen Leitungen immer die Querschnittsfläche an, und nicht wie bei Wasserrohren, den Durchmesser.

In der Elektrotechnik unterscheidet man die Wechselspannung von der Gleichspannung.

Die Wechselspannung ist einfach und kostengünstig herzustellen. Deshalb hat sie sich in der Energiewirtschaft gegenüber der Gleichspannung durchgesetzt. Klassische Modelleisenbahnen fahren mit der Wechselspannung (Märklin) genauso gut wie mit der Gleichspannung (z.B. Roco, Fleischmann usw.). Die Gleichspannung wird hier durch eine gleichgerichtete Wechselspannung erzeugt. Eine Wechselspannung erzeugt man durch ein sich bewegendes Magnetfeld an einer Kupferspule.

Bei der Wechselspannung fließen die freien Elektronen, je nach der Ausrichtung des Nord- und Südpols vom drehenden Magneten, in einer Leitung periodisch hin und her. Bei einer Gleichspannung fließen sie dagegen nur in eine Richtung.

Außer der Wechsel- und Gleichspannung unterscheidet man ein elektrisches analoges Signal von einem digitalen Signal. Wenn man diese Größen mit einem Messgerät messen will, so muss man deren Signalverlauf kennen. Messgeräte unterscheiden bei der Spannungs- und bei der Strommessung diesen Sachverhalt. Ein analoges elektrisches Signal kann mit Gleichspannung oder mit Wechselspannung erzeugt werden. Analog bedeutet in unserem Zusammenhang, dass die Spannung jeden Zwischenwert von 0 % bis 100 % annehmen kann. Ein digitales elektrisches Signal kann das nicht. Hierbei gibt es nur zwei Werte. Entweder ist das Spannungssignal mit 100 % vorhanden, oder eben nicht. Es gibt zwar je nach technischer Erzeugung auch Toleranzen, jedoch wird für das Verständnis nur mit zwei Werten gearbeitet. „*High* and *low*" nennt der Fachmann die Signalzustände, was soviel wie hoher und niedriger Wert bedeutet. Bei der Programmierung nennt man diese Werte auch „logisch 1" oder „logisch 0". Ein

## Erzeugung einer Wechselspannung

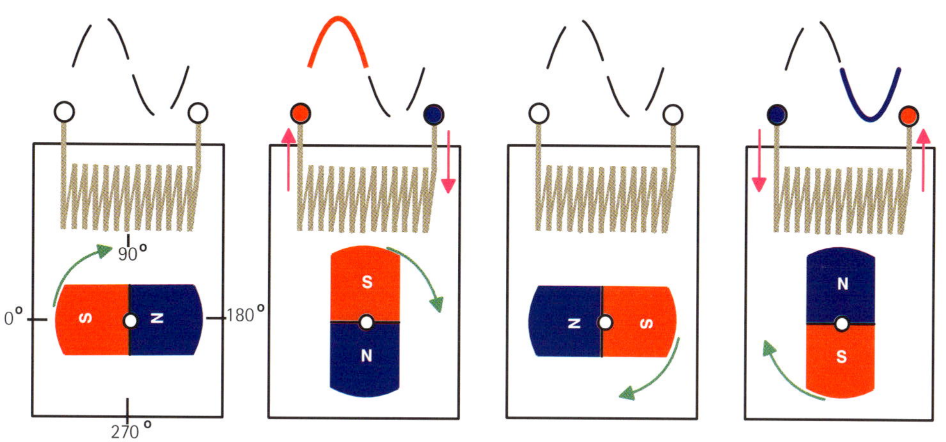


Südpol bei 0 Grad

Dadurch das Magnetfeld die Spule nicht durchströmt, werden keine freien Elektronen bewegt und somit keine Spannung erzeugt.

Südpol bei 90 Grad

Durch das Magnetfeld wird die Spule vom Südpol durchströmt. Dadurch werden die freien Elektronen in der Kupferspule von rechts nach links bewegt und somit eine positive Spannungswelle erzeugt.

Südpol bei 180 Grad

Dadurch das Magnetfeld die Spule nicht durchströmt, werden keine freien Elektronen bewegt und somit keine Spannung erzeugt.

Südpol bei 270 Grad

Durch das Magnetfeld wird die Spule vom Nordpol durchströmt. Dadurch werden die freien Elektronen der Kupferspule dieses Mal von links nach rechts bewegt und somit eine negative Spannungswelle erzeugt.

## Wechsel- und Gleichspannung im Vergleich

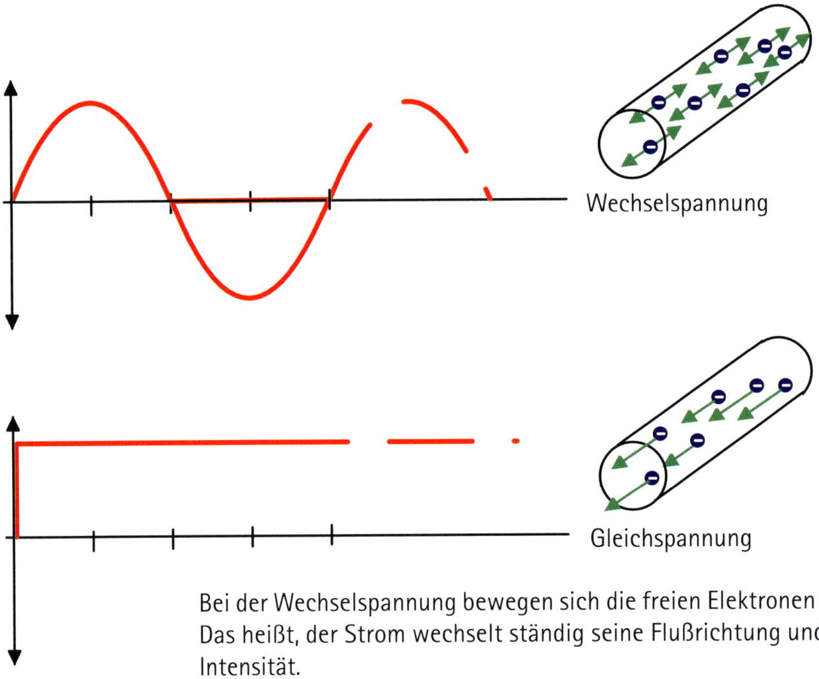


Bei der Wechselspannung bewegen sich die freien Elektronen hin und her. Das heißt, der Strom wechselt ständig seine Flußrichtung und auch seine Intensität.

Bei der Gleichspannung bewegen sich die freien Elektronen immer nur in eine Richtung bei gleicher Intensität.

digitales Signal ist also ein 2-wertiges Signal (binär) während analoge Signale mehrwertig sein können.

Eine Digitale Spannung kann sowohl eine Gleichspannung mit unterschiedlichen Impulsen wie auch eine Wechselspannung mit überlagerten Impulsen sein. Durch die Impulslängen und die Impulshäufigkeit kann man elektrische Signale so codieren (verschlüsseln), dass jedes Signal eine andere Form hat. Diesen Sachverhalt nutzt man auch bei einer digital gesteuerten Modelleisenbahn aus.

Bei analog gesteuerten Modelleisenbahnen kann man die Fahrspannung stufenlos mit einem Drehknopf am Fahrtrafo einstellen. Jeder Zwischenwert ist dadurch möglich. Bei einer digitalen Modelleisenbahn kann man zwar auch mit einem Drehknopf die Fahrspannung verstellen, aber jede Fahrstufe kann hierbei nur ein- oder ausgeschaltet werden. Wenn ein Trafo beispielsweise 28 Fahrstufen digital einstellen kann, erscheint die Beschleunigung für den Betrachter zwar auch (fälschlicherweise) stufenlos, nur hier sind die z.B. 16 Volt Fahrspannung in beispielsweise 28 Teile unterteilt. Jede Fahrstufe schaltet demnach die Spannung um jeweils 0,57

## Analoges und digitales Signalbild

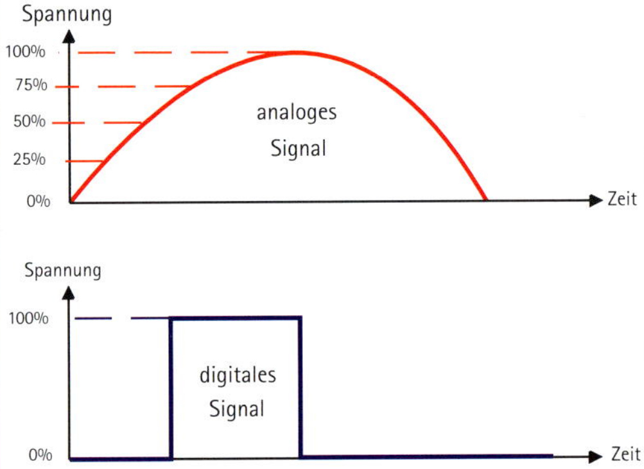


Wie man bei den dargestellten Kennlinien eines analogen und eines digitalen Signals sehen kann, besitzt das digitale Signalbild nur zwei Signalzustände. Entweder ist die Spannung voll, also zu 100% oder garnicht, also 0% vorhanden. Ein alaloges Signal kann dagegen jeden Wert von 0 bis 100% annehmen.

## Prinzip eines digitalen Schaltbefehls

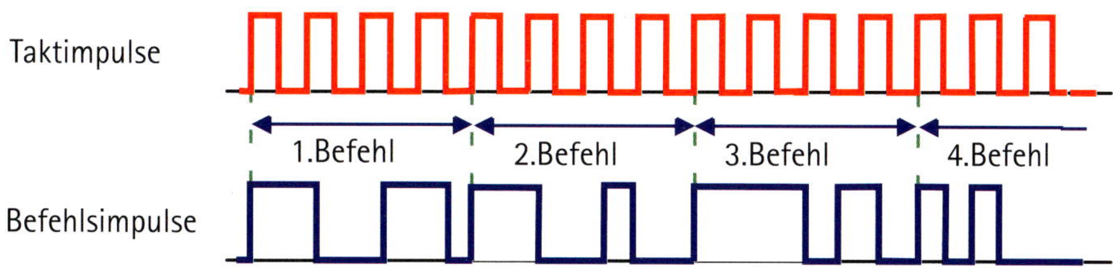


Bei der digitalen Schaltungstechnik wird ein Befehl, z.B. „Lok 2 – Beleuchtung einschalten", von einer Zentrale codiert (verschlüsselt) versendet. Dabei laufen im Hintergrund elektronische Taktimpulse. Wie in unserem Beispiel, wird z.B. nach jedem 4. Taktimpuls ein Befehl verschickt. Dieser Befehl besteht auch aus unterschiedlich langen und kurzen Impulsen. Diese Befehle werden nun über das Gleis an die Lok geleitet. In der Lok befindet sich eine elektronische Baugruppe, der sogenannte „Decoder", der das codierte Signal der Zentrale decodiert (entschlüsselt). Auch hier läuft ein Taktimpulsgenerator, der alle 4 Taktimpulse einen neuen Befehl ausliest. Wird der gelesene Befehl erkannt, so wird in unserem Fall bei der Lok 2 das Licht eingeschaltet.

Volt (16 V : 28 Stufen = 0,57 V pro Stufe) nach oben oder nach unten. So feinfühlig ist das Anfahren einer Lokomotive mit einem analogen Fahrregler nur mit viel Geschicklichkeit (und noch mehr Glück) möglich. Ich werde Ihnen später die Unterschiede noch erörtern.

### Digitales Messgerät

Der Unterscheid zwischen einer analogen und digitalen Arbeitsweise besteht auch beim Messgerät und bezieht sich hier auf die Messwertdarstellung. Analoge Messgeräte haben eine Skala und können hierbei jeden Wert anzeigen. Die Genauigkeit des Ablesens ist jedoch von der (einmal mehr gefragten) Geschicklichkeit des Betrachters abhängig. Digitale Messgeräte können dagegen nur jeweils zwei Werte darstellen. Entweder ist der Wert vorhanden – oder nicht. Der Messwert wird dabei von einer 7-Segmentanzeige dargestellt. Entweder zeigt sie den Wert 3 oder den Wert 4 an. Dazwischen gibt es kein Signalbild. Nur durch eine mehrstellige Anzeige, z.B. wenn sie aus drei solcher 7-Segmentanzeigen bestehen, sind auch Zwischenwerte möglich ( z.B. 12,4 Volt ).

Digitale Messgeräte sind für ungeübte Anwender leichter abzulesen. Deshalb werden in diesem Kapitel auch nur das digitale Messgerät und dessen Bedienung erklärt. Analoge Messgeräte arbeiten zwar bei einer Spannungsmessung auch ohne eine Batterie im Inneren, sind aber dafür schwerer abzulesen. Die meisten tragbaren Messgeräte sind so genannte „Multimeter". Ein Multimeter (Multi = viel) kann in der Regel neben der Spannung auch den Strom und den Widerstand messen. Moderne neuartige Multimeter ( Preis ab ca. 20,- Euro ) können u.a. noch Kapazitäten oder Transistoren testen. Auch ist ein akustischer und optischer Durchgangsprüfer mit

## Analoge und digitale Anzeigen

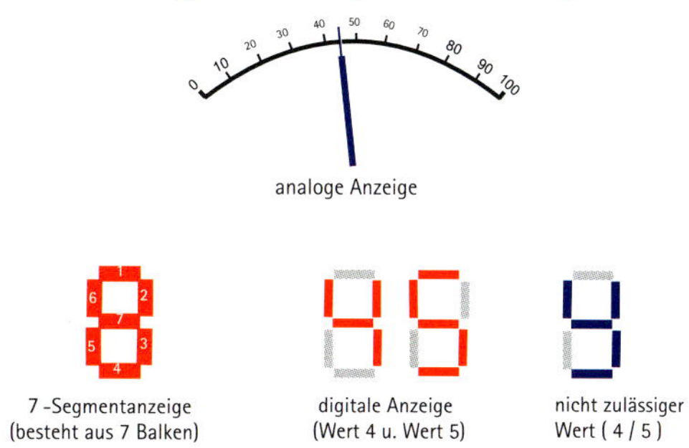


Eine analoge Anzeige ( mit Scala ) kann jeden jeden Zwischenwert anzeigen. Ein Wert zwischen 4 und 5 ist somit darstellbar.
Bei einer digitalen Anzeige ( mit 7-Segmentanzeige ) gibt es diesen Zwischenwert nicht. Entweder zeigt die Anzeige den Wert 4 oder den Wert 5. Eine Kombination aus beiden Darstellungen gibt es nicht.
Will man trotzdem Zwischenwerte anzeigen, muß man mehrstellige Anzeigen benutzen. In der Regel haben digitale Meßgeräte eine 4-stellige Anzeige.

## Ansicht auf ein digitales Vielfachmessgerät

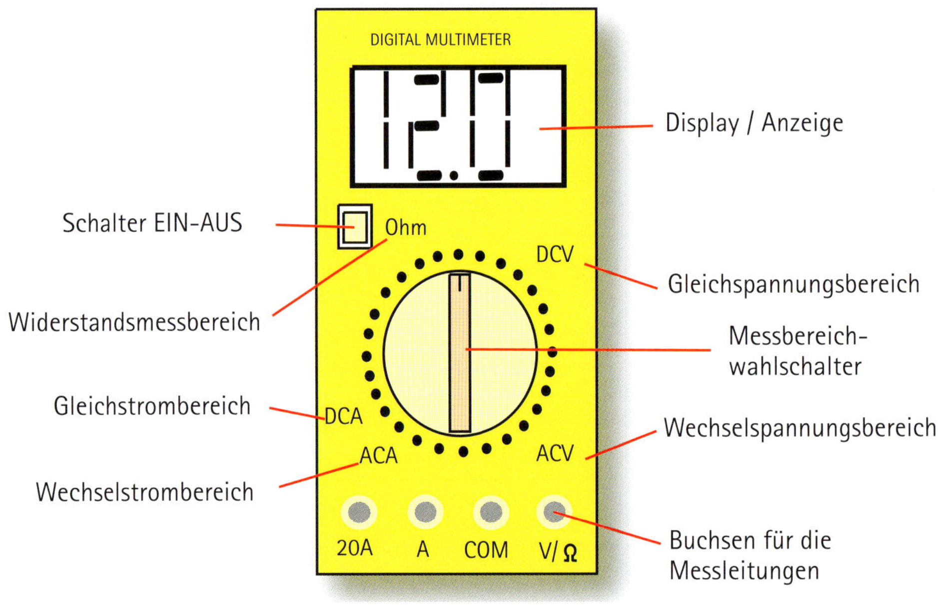


Da das digitale Messgerät eine Batterie benötigt, sollte man es nach dem Gebrauch mit dem *EIN-AUS*-Schalter ausschalten. Über den Wahlschalter lässt sich der gewünschte Messbereich anwählen (*Volt-Ampere-Ohm*) .

Je nach Messgröße werden die zwei Messleitungen in die Buchsen unterhalb des Wahlschalters eingesteckt. Der Messbereich *„A"* hat hier, wie bei vielen anderen Multimetern auch, zwei Buchsen. In der *„20A"* Buchse sollte man zuerst alle Ströme messen. In der Buchse *„A"* lassen sich in der Regel nur sehr kleine Ströme messen (nur im Milliamperebereich *mA* ).

eingebaut. Eine Schutztasche und zwei Messleitungen mit Messspitzen gehören in der Regel zum Lieferumfang.

Die Bedienung eines Vielfachmessgerätes bedarf aber zuerst einer kleinen Einarbeitung. Falsches Bedienen kann zur Zerstörung des Gerätes führen. Für die Bedienung muss man zuerst einen Wahlschalter drehen. Er wird in die Stellung gedreht, dessen Größe man messen möchte. Wenn man eine Spannung messen will, so dreht man ihn zuerst einmal auf den größten Wert im zuständigen Volt-Bereich (V). In der Regel unterscheidet man dabei zwei Voltbereiche. Einen für das Messen einer Gleichspannung (DC) und einen für das Messen einer Wechselspannung (AC). Die Firma Märklin betreibt z.B. ihre Produkte mit Wechselspannung, während die Firmen Fleischmann oder Roco auf Gleichspannung setzten. Bei einer Strommessung unterscheidet man ebenfalls die des Gleichstroms ($A_{DC}$) von der des Wechselstroms ($A_{AC}$). Auch hier stellt man zuerst den Wahldrehschalter auf den höchsten Amperebereich. Man sollte bei jeder Messung immer im höchsten Messwertbereich die Messung beginnen, da man durch Fehler in der Anlage auch höhere Werte als Messergebnis erhalten kann, wie man zuvor angenommen hat. Durch diese Vorgehensweise kann ein Messgerät keinen Schaden nehmen. Auch beim Einstöpseln der beiden Messleitungen unterscheidet man die Strommessung von der Spannungsmessung. Wir erinnern uns: Bei einer Strommessung möchte man eine Menge messen, die Menge der fließenden freien Elektronen. Wie bei einer Wassermengenmessung, bei der die Wasseruhr in die vorhanden Leitung eingebaut wird, geht man bei der Strommessung ähnlich vor. Man unterbricht dabei den zu messenden Stromkreis und verbindet beide Trennstellen mit jeweils einer Messleitung. Man misst dabei den Strom „in Reihe" zum Messobjekt. Im Messgerät selber steckt man die Messleitungen in die Amperebuchse und in die COM-Buchse. Bei einer Spannungsmessung möchte man den Druck messen. Dabei hält oder befestigt man eine Messleitung an den Pluspol des Messobjekts und die andere ... tung an den Minus...

... ty an ... Spannung ...gerät installierten Batterie. Die Batteriespannung lässt über die Messleitungen einen Messstrom über das Messobjekt fließen. Je kleiner dieser Strom ist, desto größer ist der Widerstand. Wenn man beide Messspitzen zusammenhält, so fließt der größtmögliche Batteriestrom. Das heißt, wir haben keinen Widerstand. Im Display erscheint der Wert „000". Im Messgerät selber steckt man die Messleitungen in die Ohmbuchse und in die „COM-Buchse". Auch bei der Widerstandsmessung kann man beim größten Messwertbereich mit der Einstellung des Wahldrehschalters beginnen. Beim Umschalten auf kleinere Messbereiche wird der gemessene Wert immer genauer. Sollte eine „1" im Display erscheinen, so heißt das, dass ein gemessener Wert nicht mehr dargestellt werden kann. Abhilfe schafft hierbei ein zurückdrehen des Wahldrehschalters auf einen höheren Messbereich. Das gilt im übrigen auch für die Strom- und Spannungsmessungen. Eine „1" im Display zeigt einen nicht mehr messbaren zu ... Wert an. Durch zurückdrehen des Wahlschal... ...nn dieses Problem hier ebenso schnell gelöst ...n. Das Messen mit einem Vielfachmessgerät ...z dieser hier beschrieben Vielzahl von Ein- ...nd Umschaltvorgängen relativ einfach durch ... einfache Messübungen zu erlernen und zu ...hen. Üben Sie einfach ein-mal alle beschrie... ...essungen (V-A-Ohm!) an einem Gleis oder ...facher mit einer Lampe aus einer Hausbe... ...g. Danach können Sie eine gleiche Mes... ...iner auf einem Gleis stehenden Lok durch... ...ierdurch erlangt man Sicherheit beim Messen und kann auch später elektrische Größen in komplexeren Stromkreisen durch Messung bestimmen. Die nachfolgenden Grafiken zeigen die grundsätzliche Einstellung und die Vorgehensweise. Bitte beachten Sie aber, dass der Digitalstrom an sich selbst nicht korrekt mit solchen Geräten gemessen werden kann.

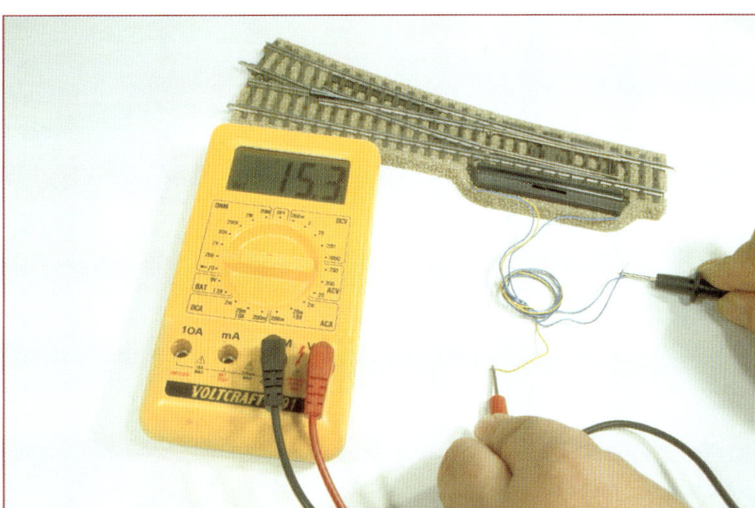


*Meßgeräteeinstellung bei der Prüfung eines Weichenantriebs.*

## Spannungsmessung am Gleis

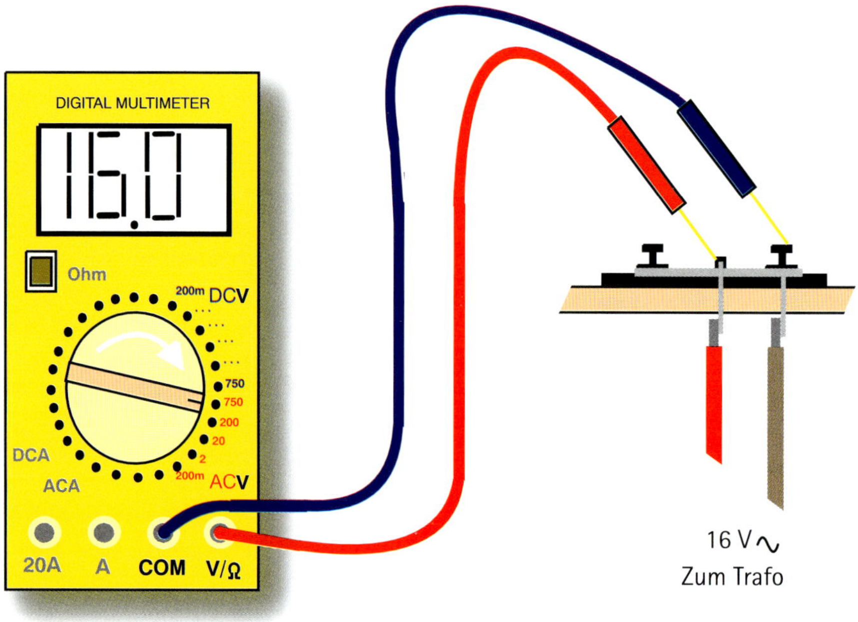


## Strommessung am Gleis

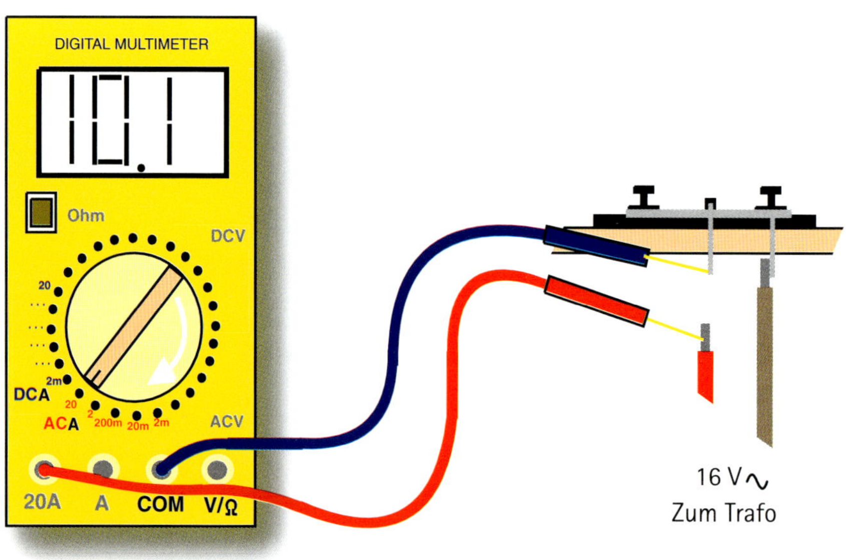

## Gegenüberstellung der einzelnen Messungen

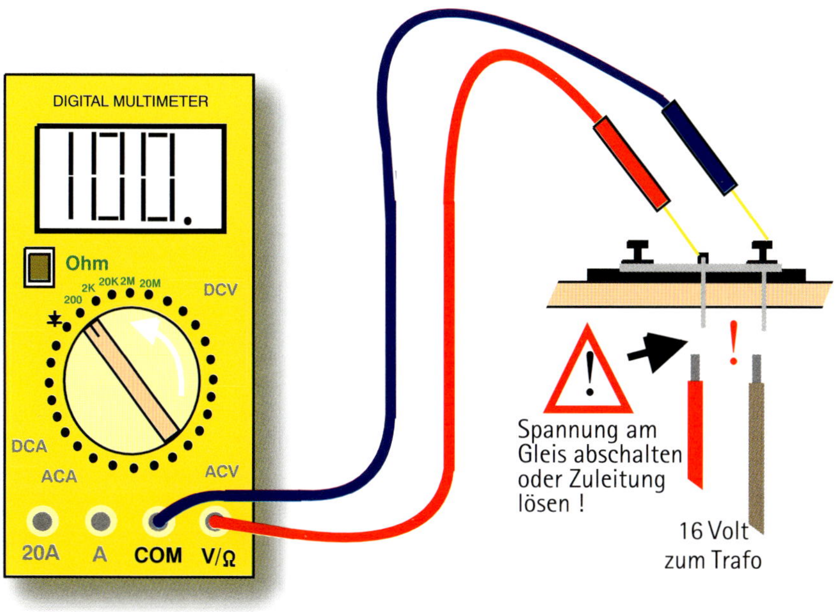


## Gegenüberstellung der einzelnen Messungen

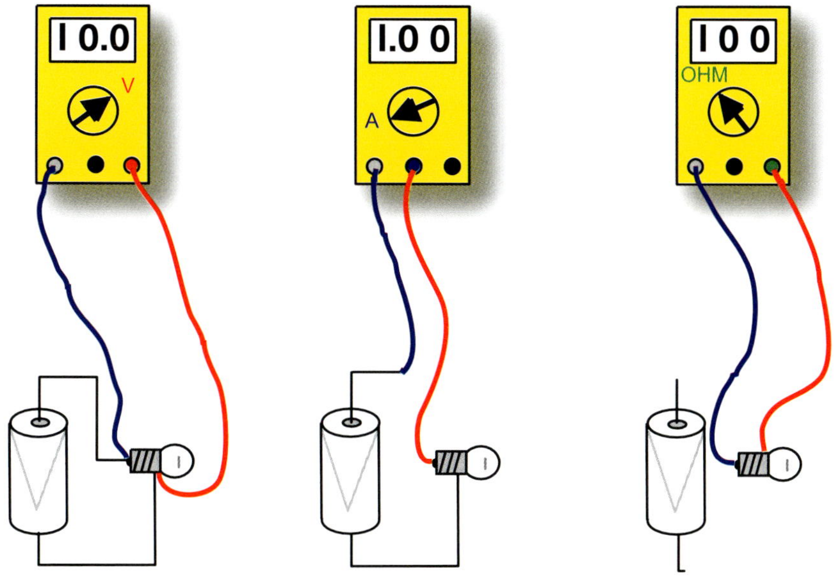


Die Grafik zeigt noch einmal alle 3 Messungen im Überblick. Es wird die Spannung, der Strom und der Widerstand an einer Lampe gemessen. Diese Messung zeigt auf einfache Weise die Handhabung des Messgerätes.

Die Spannung wird parallel zur Zuleitung gemessen.

Der Strom wird in Reihe in der Zuleitung gemessen (Stromkreis unterbrechen!)

Der Widerstand wird auch parallel zum Messobjekt gemessen (Spannungsfrei!)

# 3. Baupraxis

## 3.1.1. Vom Analogbetrieb zur Digitalzentrale

Sie haben in den vorherigen Kapiteln schon viel über Digitalzentralen lesen können, deren Auswahl immer aus persönlichen Vorlieben oder auch Sachzwängen erfolgt. Nun müssen wir uns danach orientieren, ob eine bestehende Analoganlage umgerüstet werden soll oder ein kompletter Neustart in die Digitaltechnik ansteht. Untersuchen wir zunächst die Aspekte einer Umstellung, bei der ein erst seit 2003 erhältliches konfektioniertes analoges und gleichzeitig auch digitales Einsteigerkonzept, die „DAISY"-Philosophie aus dem Hause Uhlenbrock, optimal ist.

Die Mehrzahl der Modellbahner wird deshalb ihre Planungen nicht auf dieses System abgestellt haben können, deshalb dürfte der Anwenderkreis noch nicht so verbreitet sein, wie es das System eigentlich verdient hätte. Wir kommen demzufolge erst später auf DAISY zurück.

Blicken wir zuerst auf die Ausgangssituation einer analogen Anlage im klassischen Sinne. Sie haben eine komplexe Modellbahnanlage in den letzten Jahren aufgebaut, die Steuerung richtet sich dabei immer auch auf die Möglichkeiten und Kenntnisse des Erbauers aus. Nicht nur der finanzielle Faktor, vielmehr auch der Wunsch nach technischen Finessen sind ausschlaggebend. Wenige Modellbahner sind (Elektronik-) Fachleute und haben Lust, Schaltschränke voller Technik in jahrelanger Arbeit für die Anlage aufzubauen. Deshalb greift man gerne für gewisse automatische Abläufe auf bestehende elektronische Baugruppen aus dem Fachhandel zurück. Das können Blockstreckenbausteine oder Steuerplatinen für einen Schattenbahnhof sein. Gleisbesetztmelder in Form von Stromfühlern oder Reed-Kontakten wären dann mit vorzusehen. Daneben gäbe es sicherlich auch Stellpulte für die Weichen oder ein Gleisbildstellpult mit einer schematischen Darstellung des Gleisverlaufs mit entsprechend platzierten Tastern und Schaltern. Zentraler Punkt einer analogen Steuerung ist aber stets ein Fahrpult. Es besteht aus einem Netzteil mit eingebauten Fahrregler, wobei es völlig unerheblich für unsere weiteren Überlegung ist, ob dies von Märklin oder von einem Gleichstromanbieter in Zweileitertechnik wäre. Der entscheidende Punkt ist das Fahrpult an sich, weil mehr als die beschriebenen Funktionen „Fahren" und „Ändern der Fahrtrichtung" kann dieses eigentlich nicht. Die anderen Fahrbefehle müssen dann immer mit Zusatzgeräten und je nach Anspruch auch mit Elektronikbaugruppen gesteuert werden. Selten kann man dies alles aus einer Hand bekommen und somit wird zwangsläufig eine Mischung verschiedener Baugruppen auf der Anlage zu finden sein. Bei der Umstellung auf eine Digitalsteuerung gilt es erst einmal eine Bestandsaufnahme der vorhanden Gerätschaften und Strukturen der Anlage vorzunehmen. Jetzt macht sich eine gute Dokumentation positiv bemerkbar: Wo sind isolierte Überwachungsabschnitte einer Besetztmeldung, alternativ dazu Reed Kontakte oder anderer Schaltgleise? Wo befinden sich die Einspeisungen des Fahrstroms und wie viele Fahrstromkreise gibt es eigentlich? Sind abschaltbare Gleise vorhanden und auf welche Weise geschieht diese Abschaltung? Diese Faktoren sind jetzt für weitere Überlegungen wichtig. Sie können sich aber an dieser Stelle auch für eine schrittweise

*Unter der Anlage sollte es aufgeräumt aussehen, damit die Digitaltechnik auch zum Fahrspass wird. Eine übersichtliche Dokumentation und gutes Werkzeug ist dabei Voraussetzung*

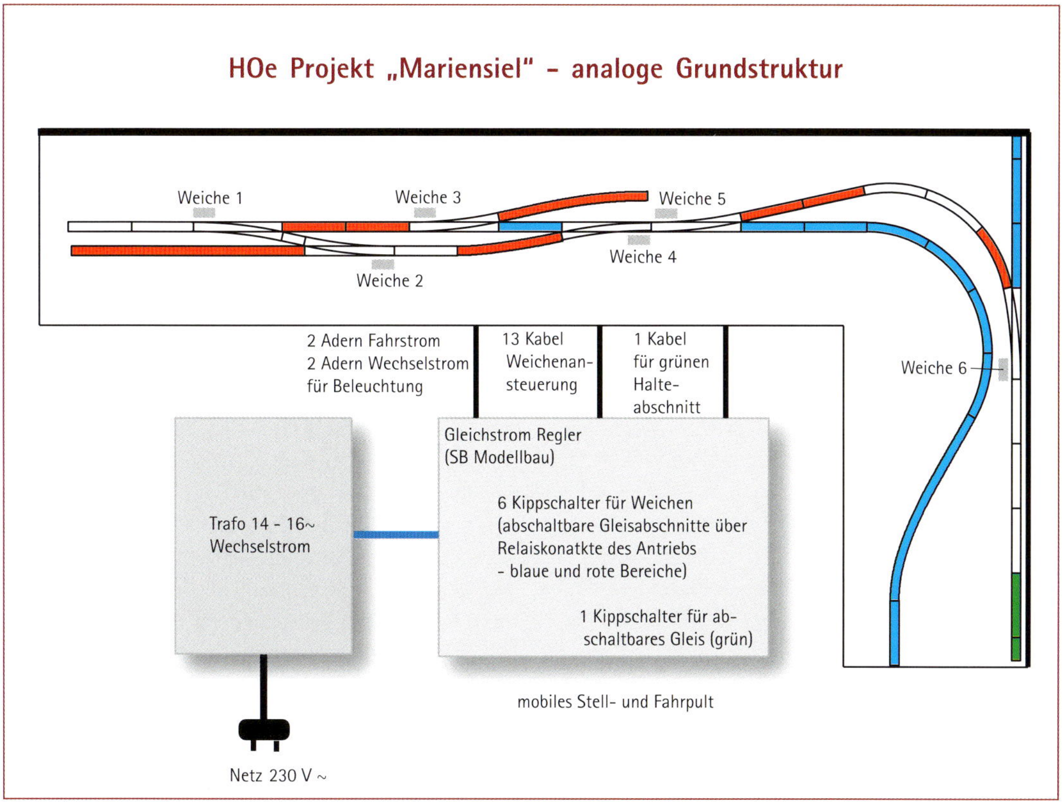


Umstellung entscheiden. Vorstellbar wäre es, den Zugverkehr sofort digital zu betreiben und die Magnetartikelsteuerung erst später einzubinden. Allerdings gibt es dann Schwierigkeiten, vorhandene Elektroniken (Schattenbahnhofsteuerungen, Blockstellensteuerungen usw.), welche beispielsweise Weichen analog ansteuern, mit dem Digitalteil zu verbinden. Sollte es solche Bausteine in der Anlage nicht geben, so dass alle Weichen per Schaltpult gestellt werden, wäre eine solche Umstellung (digitaler Fahrbetrieb / analoge Magnetartikelsteuerung) schon eine Überlegung wert. Warum? In erster Linie dürften das Kostengründe sein, denn Weichendecoder kosten neben der zwangsläufigen Ausgabe für die Lokdecoder weiteres Geld. Ein Beispiel für eine inzwischen vollständig auf Digitaltechnik umgestellte Anlage ist das Projekt „Mariensiel" in H0e. Vor über 10 Jahren habe ich dieses als Episode über einen Sommer lang gebaut. Mit vier Segmenten mit den jeweiligen Abmaßen von 70 auf 40 cm ist sie lediglich max. 210 auf 110 cm groß. Zudem eignet sich die Anlage hervorragend für einen Ausstellungsbetrieb, da man sie schnell auf und auch wieder abgebaut hat und immer einen hohen Betriebsfaktor dem Zuschauer und sich selbst bieten kann. Das Problem vor 10 Jahren bestand aus dem Mangel von kleinen, hochwertigen Lokdecodern für die eher zierlichen Bemo und Roco H0e Fahrzeuge; deshalb entschied ich mich für eine analoge Gesamtsteuerung. Ich hatte alle Gleise über die Kontakte der Roco Weichenantriebe als Stoppweichen ausgebildet. Damit ließ sich je nach Stellung der Zungen die entsprechenden Gleisabschnitte stromlos schalten. Für die sechs vorhanden Weichen baute ich eine kleines Stellpult, in dem ein Handregler und sechs Kippschalter untergebracht waren. Anhand der Stellung der Kippschalter konnte ich nach einiger Zeit perfekt die Weichenlage aus der Erinnerung heraus vorhersagen. Nach einem Tag Betrieb auf einer Publikumsaustellung war man wieder richtig in Übung und der Betrieb mit drei bis vier Fahrzeugen war „analog" kein Problem mehr. Allerdings ergaben sich dadurch zwangsläufig gewisse Regelmäßigkeiten, welche vor allem mir, dem Zuschauer eher nicht, auffielen. Erst nach längerer Beobachtung wurde eine Schematik des Ablaufs erkennbar. Dennoch war es ein schön anzusehender Betrieb mit sehr guten Fahrzeugen, was gerade für einen stimmungsvollen Schmalspurbetrieb mit gemächlichen Fahrgeschwindigkeiten außerordentlich wichtig war. Lange Jahre war ich mit dieser Lösung sehr zufrieden, bis ich durch ein neues Projekt auf die Vorteile der Digitaltechnik aufmerksam wurde. Fahrzeuge behielten im Stand das Licht an, wobei abschaltbare Gleise dafür nicht nötig waren und einige schlecht fahrende Lokomotiven, was vor allem die motorische Laufkultur betraf, verwandelten sich in wahre Wunderwerke. Als eine Erweiterung der Anlage anstand, stellte sich in diesem Zusammenhang die Frage, auch gleich die digitale Umstellung mit vorzunehmen, was dann absolut kein Problem darstellte. Allerdings fielen nach und nach die Weichenantriebe aufgrund der inzwischen reichlich vorhanden Betriebstunden und des Alters aus, so dass ich stattdessen motorische Weichenantriebe von Fulgurex einsetzte. Passende kleine Decoder für die H0e Maschinen gab es inzwischen genauso wie Weichendecoder, so dass nun die Auswahl der Zentrale anstand. Ich hatte bereits seit einiger Zeit eine Ausrichtung meiner Projekte auf das DCC-System festgelegt, so dass die Roco Lokmaus 2 gerade zur rechten Zeit erhältlich war. Mit einem extrem günstigen Startset samt Güterzug und kompletter digitaler Grundausstattung verwandelte sich „Mariensiel" in eine Digitalwelt. Die Roco Vollspurfahrzeuge (diese sind in aller Regel vollständige und hochwertige Modelle) wurden auf eine andere Anlage umgesetzt, die Bemo und Roco H0e Loks mussten nun umgerüstet werden, was in diesem Buch noch erläutert wird. Wichtig sind in diesem Zusammenhang die Gedanken hinsichtlich der getroffenen Entscheidung.

## Einfacher Einstieg

Wenn damals das DAISY-System von Uhlenbrock zur Verfügung gestanden wäre, hätte der Systemwechsel von Mariensiel einen anderen Verlauf genommen, wobei die Grundentscheidung für die digitale DCC-Welt der entscheidende Faktor war. Statt der Lokmaus 2, sie lässt aber in diesem Maße keinen fließenden Umstieg zu, hätte man mit DAISY zunächst einmal einen analogen Fahrbetrieb durchführen können. Die selbstgebauten Stellpulte usw. bleiben dabei völlig unberührt. Nur der vorhandene Gleichstromregler wäre ausschließlich zu ersetzten gewesen. Die Gleise waren, wie schon beschrieben, über die Weichenantriebe (Relaiskontakte) abschaltbar, auch dies war weiterhin erforderlich, um mit mehren Fahrzeugen Betrieb durchführen zu können. DAISY fährt in dem analogen Modus ebenfalls nur mit einer Lok in einem Stromkreis, deshalb hätte sich zunächst nichts geändert, außer, dass ich einen wesentlich mobileren Handregler gehabt hätte – für diese Anlagengröße das optimale Steuerteil. Sollten nun mehr Stromkreise erforderlich werden, könnten maximal 63 separate POWER 2 Booster mit einem DAISY Handregler verknüpft werden.

### H0e Projekt „Mariensiel" - analoge Grundstruktur mit DAISY

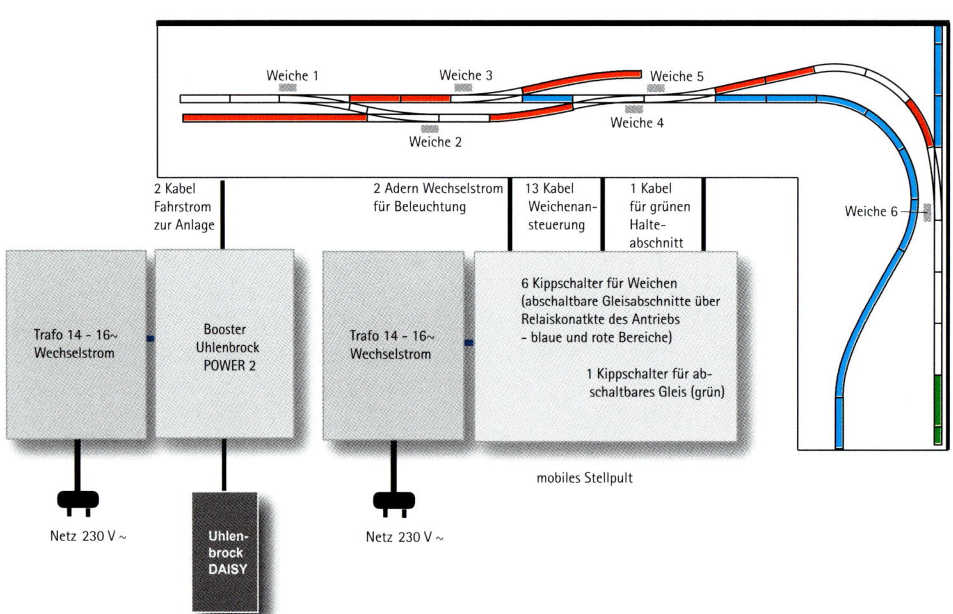

*Das DAISY System aus dem Hause Uhlenbrock eignet sich für den analogen und auch digitalen Einstieg. Die Bedienoberfläche stellt dabei stets der Handregler dar.*

Die Gleise sind allerdings dafür peinlich genau für jeden Fahrstromkreis zu trennen. Es genügt zwar eine einseitige Trennung auf einer, dann aber fest definierten Schiene für alle Fahrstromkreise im Zweileiterbetrieb, da das System eine gemeinsame Masse hat. Sie haben es sicher vermutet: Das DAISY-Konzept eignet sich besser für den Zweileiter Gleichstrom-Analogbetrieb, der Dreileiter-Analogbetrieb ist eher die Ausnahme! Der klassische Märklin (Wechselstrom) Fahrer wird das Konzept nicht analog einsetzten können. Der Anschluss der einzelnen Komponenten gestaltet sich recht einfach, nur sollte man auch hier stets die Herstellerhinweise für einen störungsfreien Betrieb beachten. Aus eigener Erfahrung kann ich dies insbesondere für die Belastung hinsichtlich der Stromaufnahme bestätigen. Beachten Sie bitte, dass die angeschlossenen Geräte, also beispielsweise der DAISY-Handregler oder das PROFI-CONTROL von Uhlenbrock, zusammen 300mA am LocoNet Anschluss nicht überschreiten dürfen, ansonsten muss eine eigene LocoNet-Stromeinspeisung vorgesehen werden. Zudem kann auch die Leistung des POWER 2 bei einigen älteren Lokmodellen mit sehr hoher Stromaufnahme, nicht ausreichen. Das bedeutet, wenn eine Lok über den Motor zuviel Strom aufnimmt, schaltet sich der POWER 2 ab, was durch ein rotes Blinksignal am Gerät angezeigt wird. Bei einer US Diesellok aus Fernost in H0 war beispielsweise nur ein kurzes Brummen des Motors zu hören und schon schaltete sich der POWER 2 aus. Vergleichbare Modelle neuerer Produktionen fuhren aufgrund einer geringeren Stromaufnahme dagegen einwandfrei! Kein Probleme dürfte diese, eher sehr bedingte, Einschränkung bei den kleinen Baugrößen sein. Dort liegt eine übliche Stromaufnahme der Motoren meist weit unter dem fraglichen Wert. Bei den angesprochenen H0e Fahrzeugen für Mariensiel wäre im Falle einer praktischen Umsetzung auch keine Einschränkung gegeben. Auf jeden Fall spielt das System seine Stärken bei den kleineren Baugrößen perfekt aus, da man die sehr kleinen Loks nicht mit einem Decoder versehen müsste. Die abschaltbaren Gleisabschnitte sind aber die Voraussetzung für den Erhalt des bisherigen Mehrzugbetriebs, oder alternativ der Einsatz mehrere POWER 2 mit ihren eigenen Stromkreisen. In meinem Fall wären diese sowieso vorhanden gewesen und zwar genau so viel, wie sie für einen Wunschbetrieb optimal sind. Noch eine kurze Funktionserläuterung der „analogen DAISY": Die Motoren werden mit einer Pulsbreitenspannung gesteuert. Aufgrund einer einstellbaren Frequenzansteuerung ist auch der Einsatz von Glockenankermotoren gewährleistet. Zudem lässt sich auch ein Rangiergang (für Schleichfahrten) und die Anfahr-/Bremsverzögerung in vier Stufen nach eigenem Wunsch einstellen. Etwas gewöhnungsbedürftig ist je nach Motortyp jedoch dessen Geräuschentwicklung. Mit einem mehr oder minder heftigem Knarren setzen sich dann die Lokomotiven fast aller Hersteller in Gang. Über die Frequenzansteuerung kann man zwischen dem gewöhnlichen Gleichstrommotor oder einem Glockenankermotor (f5) wählen. Bei einigen Modellen, z.B. von Heljan (Di 3 – NSB NOHAB) oder Roco' s NOHAB Zwilling, nahm dabei die Geräuschentwicklung deutlich ab und auch der feinfühlige Regelbereich konnte voll überzeugen. Beim Einsatz von Glockenankermotoren ist aber die beschriebene Frequenzeinstellung (f5 eingeschaltet) zwingend erforderlich, dabei wirkt dann wieder der erwünschte und erhoffte Regelbereich. Einsetzbar als ergänzende Steuereinheiten sind von Uhlenbrock der DASIY- und FRED-Handregler, das IB-CONTROL (Fahrpult mit Doppelregler) und das PROFI-CONTROL (Führerstandspult). Damit sind auf diese Art eigentlich alle Optionen einer komfortablen „digitalen" Bedienung auch im Analogbetrieb gewährleistet. Das Fahren mit dem PROFI-CONTROL (man fühlt sich hier richtig als Lokführer) macht besonders Spaß; obwohl man hier keine digitale Grundstruktur benötigt, auch wenn alle angesprochenen Geräte später digital weiterverwendbar sind. Das Prinzip ist ganz einfach, da die Lokmodelle hierbei keinen eigenen Decoder benötigen. Dieser ist im Grunde im POWER 2 untergebracht, über den DAISY Handfahrregler lässt sich der versteckte Decoder ganz einfach ansteuern und dieser gibt dann wiederum die Signale über die Schienen an die Fahrzeuge weiter. Das erklärt die Verwendbarkeit der Geräte für beide Systeme, aber eigentlich fährt man bereits im Analogbetrieb schon „digital"!

## Drahtloser Analogbetrieb

Bevor wir uns das digitale Konzept mit der „DAISY" intensiver ansehen werden, erinnere ich Sie an die Spielwarenmesse 2004 in Nürnberg. Die Fa. Uhlenbrock präsentierte dort einen „Infrarot-Fahrregler" mit der bereits bekannten IRIS Fernbedienung aus dem Digitalsortiment. Diese neue drahtlose Steuerung eignet sich für alle analogen Gleich- und Wechselstrombahnen und ist im Prinzip einfach aufgebaut. Zwischen dem Gleisanschluss und einem ganz normalen Netztrafo mit einer Ausgangspannung von 14-16 Volt Wechselstrom und einer Leistung von rund 2 Ampere wird der Empfängerbaustein (wahlweise in Gleich- oder Wechselstrom erhältlich) platziert. Von hier aus wird dann die Verbindung mit der IRIS Fernbedienung durch Infrarottechnik aufgenommen. Die Reichweite beträgt in geschlossenen Räumen rund 10 Meter, was in den meisten Fällen ausreichen dürfte. Die Bedienung ist ganz ähnlich der zuvor beschriebenen analogen DAISY, wobei sich hier ebenfalls das firmeneigene Bottroper Profil bemerkbar macht. Die Anordnung der verschiedenen Bedienelemente erfolgte ganz nach Art des Hauses; was als Qualitätsmerkmal für eine praxistaugliche Anwendung steht. Für den Modellbahner ist das natürlich sehr willkommen, weil man sich nicht grundsätzlich auf eine neue Bedienoberfläche einstellen muss. Man könnte diese mit verschiedenen Fernbedienungen rund ums heimische Fernsehen vergleichen. Nimmt man alle Zusatzgeräte von einem Hersteller, reicht im günstigsten Fall sogar eine einzige aus; falls nicht, sind aber zumindest die Grundanordnungen in der herstellertypischen Machart platziert, so dass man auch in kürzester Zeit den bisweilen komplizierten DVD Player beherrscht. Genau so ist das hier auch zu sehen. Wenn man sich einmal an die Uhlenbrock Struktur gewöhnt hat, findet man sich auch ohne intensives Studium der Handbücher zurecht, obwohl Sie diese stets unbedingt auch lesen sollten! Wenn Sie später eine Digitalisierung der Anlage planen, können Sie zumindest die IRIS Fernbedienung problemlos mit der Intellibox als Zentrale weiterverwenden. Erforderlich wäre dann zusätzlich noch der IRIS Empfänger 66520. Er dient zur digitalen Ankopplung an die Zentrale (ausschließlich INTELLIBOX!). Der analoge Empfänger ist hingegen nicht weiter digital verwendbar; aber bei Internet Auktionen können Sie einem Hobbykollegen sicher eine große Freude machen. Uhlenbrock bietet übrigens seine Konzepte DAISY und IRIS als Set aber auch als Einzelgeräte an, damit Sie sich später exakt das zulegen, was Sie auch wirklich benötigen.

## DAISY Analog - Details

Wenn Sie DAISY im Analogbetrieb (Zweileiter Gleichstrom) betreiben wollen, empfiehlt es sich dabei auf die Einzelgeräte POWER 2, DAISY Handregler und Transformator 45VA zurückzugreifen. Wollen Sie später auf jeden Fall eine digitale Umstellung vornehmen, ist natürlich das Komplettset „DAISY" anzuraten, denn dort bekommen Sie einen Lokdecoder (wahlweise H0 oder N) sowie einen Weichendeco-

*Die H0e Kleinanlage* Mariensiel *sollte von Anfang an von Analog- auf Digitalbetrieb umgerüstet werden.*

der mitgeliefert, welches dann die günstigere Ausgangsbasis ist. Wichtig ist nun, das Anschlussschema genau zu beachten, die Belastbarkeit des Systems kennen Sie bereits. Das Spiralkabel und alle Buchsen der Geräte entsprechen dem Standart des LocoNet-Bus, es handelt sich dabei um die bekannten Westernstecker, einem gängigen und bewährten Industriestandart. Am POWER 2 ist nun zunächst die 14 –16 Volt Wechselstromversorgung (gelbe und braune Markierung) mit dem Trafo herzustellen, wobei ein Vertauschen der beiden Kabel dabei nicht tragisch ist. Zudem besteht noch die Möglichkeit, die Ausgangsspannung am POWER 2 mittels einem Trimmpoties (und einem kleinem Schraubendreher) von 15 bis 20 Volt variabel einzustellen. Bei N-Bahnen und kleiner wäre der erstgenannte Wert anzuraten; bei den anderen Baugrößße kann man sich dann kontinuierlich höher orientieren. Die beiden Anschlüsse (braun und rot) dienen dann zur Stromversorgung der Gleise. Als Faustregel empfiehlt sich die alte Märklin Philosophie: Braun = Masse. Man sollte unter Berücksichtigung der Arbeitsweise von DAISY auf der Basis der Systemmasse sich grundsätzlich für eine Schiene entscheiden. Sollten noch weitere POWER 2 hinzukommen, müssen die Anschlüsse absolut konform des ersten Schemas erfolgen, damit es nicht zu Kurzschlüssen kommt. Die Pfeilangabe auf dem Handregler zeigt die Fahrrichtung der Loks an, gegebenenfalls sollte man nun passend die Stromzuführung vom Gleis an dem POWER 2 ändern. Das geht ganz einfach, indem die beiden Kabel gegeneinander an den Schraubklemmen getauscht werden, also ist auch hier die farbliche Kennzeichnung eher nachrangig zu betrachten. Damit hätte man mit dem zur Anlage zeigenden DAISY Handregler auch die richtig anzeigende Fahrtrichtung, was man praktisch ausprobieren muss. Denken Sie aber bitte daran, dass bei weiteren POWER 2 die Anschlüsse dann auch entsprechend getauscht werden müssen. Im Analogbetrieb muss nun das Spiralkabel des Handreglers in die LocoNet Buchse des POWER 2 eingesteckt werden und schon kann man beginnen. Das Display zeigt jetzt „A ...0" an. Dreht man nun den Regler auf, steigt der rechte Zahlenwert bis auf maximal 126; damit werden die Fahrstufen im (A) Analogbetrieb angezeigt. Da die Loks keine eigenen Decoder besitzen, reagieren sie recht unterschiedlich auf die gewählten Fahrstufen. Es gibt Modelle, die bei sehr geringen Einstellungen bereits zügig anfahren und andere, bei denen man erst um den Wert 40 - 50 Fahrbewegungen feststellt, wobei man damit eigentlich gut leben kann. Sie können einige Parameter für einen individuellen Fahrkomfort ganz nach eigenem Geschmack einstellen. Die werkseitig programmierten Werte sind bereits gut dimensioniert, aber eine spezielle Korrektur für die eigene Wunschlok ist angeraten. Sie müssen aber für jede Lok die Werte neu eingeben, da sich die Memoryfunktion bei der analogen DAISY nur auf den zuletzt eingegeben Wert des Fahrstromkreises beschränkt. Über die durch die Funktionstasten einzustellenden Parameter haben Sie immer Zugriff auf die in Betrieb befindliche Lok. Es gibt insgesamt 4 Tasten (f1 – f4), ist aber die Eingabe für f5 (Frequenzeinstellung) erforderlich, müssen Sie bei gerückter „lok"-Taste wieder f1 betätigen. Somit lassen sich die erweiterten Funktionen bequem ansprechen. Zum besseren Verständnis: Eine eingeschaltete Funktionstaste leuchtet dabei stets auf und entsprechend umgekehrt.

Schauen wir uns nun noch einmal die wichtigsten Sonderfunktionen an, welche bisweilen öfters, je nach verwendeten Lokmodell, betätigt werden müssen. Die Anfahr- und Bremsverzögerung ist ein sehr subjektiver Wert. Viele Modellbahner bevorzugen einen direkten Zugriff auf die Lok, andere mögen lieber die Masse-Simulation wie beim Großbetrieb. Mit den Tasten f1 und f2 lassen sich in Kombinationsvarianten vier verschiedene Stufen einstellen, wobei man von neutral bis sehr wirksam wählen kann. Mit der eingeschalteten Taste f3 ist der Rangiergang aktiviert, dabei wird die Geschwindigkeit ca. um die Hälfte reduziert. Sie haben somit die Möglichkeit, sehr feinfühlig im Regelbereich zu fahren, also bestens geeignet für den Rangierbetrieb! Mit der Taste f4 lässt sich die Anfahr- Bremsverzögerung zu- und abschalten, eine Option, welche man praktisch ausprobieren muss. Ausschlaggebend ist hier wiederum das verwendete Fahrzeugmodell. Im Rangierbetrieb ist eine Abschaltung mitunter sehr empfehlenswert, um die Lok wirklich genau dosiert bewegen zu können. Eine simulierte Masse stört sehr, wenn es laufend zu rabiaten Zusammenstößen kommt, weil der Bremsvorgang noch nicht abgeschlossen war. Mit f7 steht eine Zuschaltoption für eine Kehrschleifensteuerung unter Verwendung von kompatiblen Kehrschleifengarnituren der einschlägigen Hersteller zur Verfügung. Nicht geeignet sind Systeme mit Polwendeschalter und dadurch der Änderung der Polarisierung in einem Teilbereich der Schleife, da die Systemmasse bei DAISY stets auf der gleichen Schienenseite sein muss. Für die Verwendung der Kehrschleifenschaltung sollten Sie daher unbedingt die entsprechende Beschreibung des Handbuchs studieren.

Zudem ist auch ein zusätzlicher Adapterstecker für Kehrschleifen (Uhlenbrock 61 050) erforderlich. Sie haben noch die Möglichkeit, mit der „function" und „off" Taste die Kopplung zweier Stromkreise durchzuführen. Hierbei wird kurzeitig die Lok von beiden Stromkreisen beim Überfahren der Trennstelle von einem DAISY Handregeler gesteuert. Alle aktuellen Einstellungen, wie Geschwindigkeit, Fahrtrichtung usw., werden dabei komplett in den neuen Abschnitt

## Analoger Fahrbetrieb mit DAISY und digitaler Weichensteuerung

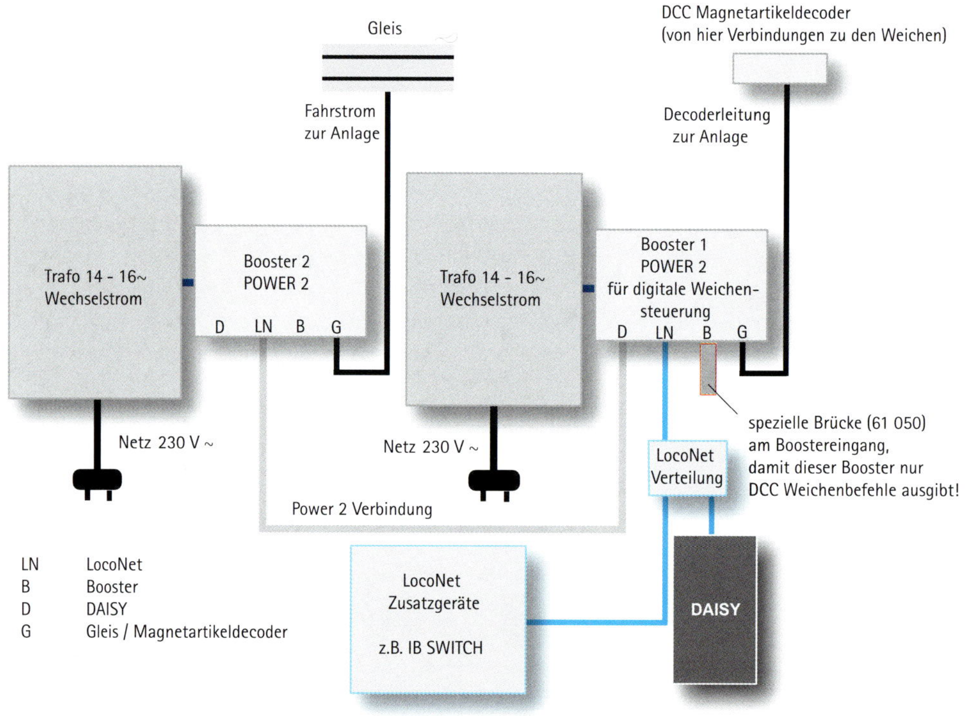

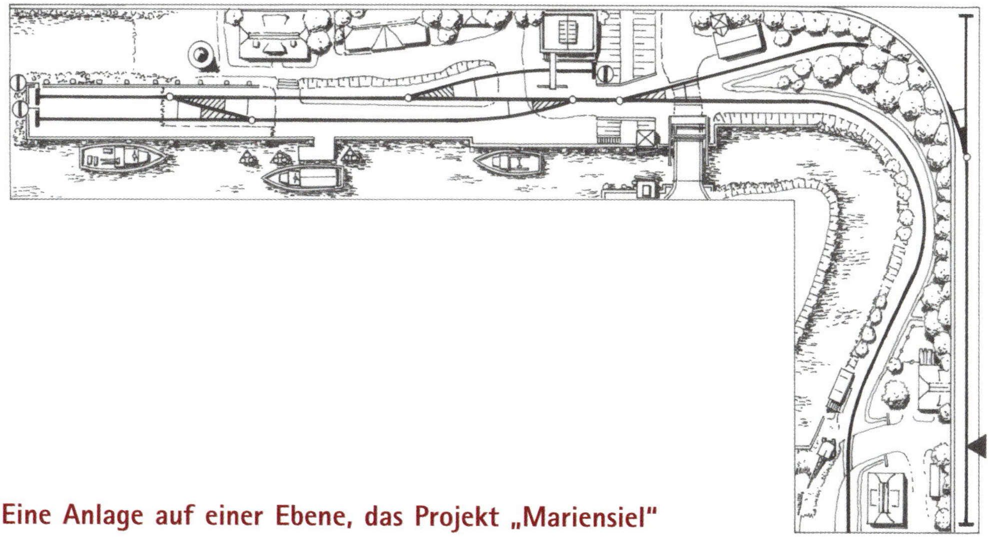

**Eine Anlage auf einer Ebene, das Projekt „Mariensiel"**

übernommen. Wichtig ist dabei, dass immer nur ein Kopplungsauftrag je DAISY System abgearbeitet werden kann, was bei einem normalen Betriebsablauf einer Heimanlage ausreicht. Ist die Lok mit allen Strom abnehmenden Rädern in dem neuen Stromkreis, kann mit der „off" Taste der Kopplungsvorgang wieder aufgehoben werden. Bei Gemeinschaftsanlagen kann es zu Fehlern kommen, wenn dort mehrere Mitspieler gleichzeitig im Analogbetrieb die Funktionstaste drücken, um einen Kopplungsvorgang einzuleiten. Erst wenn dieser abgeschlossen ist, kann eine neue, zweite Kopplung eingeleitet werden. Wenn beispielsweise unter Stromkreis 1 die Funktionstaste und anschließend unter Stromkreis 2 die Funktionstaste gedrückt wurde, so dass jetzt die beiden Stromkreise 1 und 2 miteinander verbunden sind, kann eine zweite Kopplung, z.B. zwischen 3 und 4 ausgeführt werden, ohne das 1 und 2 gestört werden. Die Unsicherheit besteht einzig und allein darin, dass das System nicht unterscheiden kann, ob mit der zweiten Betätigung einer Funktionstaste eine Kopplung abgeschlossen werden soll oder ein zweiter Kopplungsvorgang eingeleitet wird. Es nimmt immer an, dass mit der zweiten Betätigung einer Funktionstaste ein mit der ersten Betätigung einer Funktionstaste eingeleiteter Kopplungsvorgang abgeschlossen wird.

## Analog fahren und digital schalten

Sie können einen zusätzlichen POWER 2, der nicht zur Steuerung eines Stromkreises verwendet wird, zur digitalen Weichensteuerung nutzen. Damit besteht die Möglichkeit, die bisherigen Fahroptionen mit dem DAISY Handregler beizubehalten und mittels Magnet- und Schaltdecoder Weichen und Signale digital zu vernetzen. Mit entsprechenden LocoNet Steuergeräten, wie z.B. das IB-SWITCH, stehen somit komfortable Steuergeräte zur Verfügung, wobei die Digitaltechnik hier ihre vollen Stärken zeigt. Sie entscheiden beispielsweise selbst, wie viel Automatikbetrieb an welcher Stelle mittels Fahrstraßenlogik verwirklicht werden soll. Natürlich bietet der DAISY Handregler von sich aus alle Programmier- und Steuerelemente zur Magnetartikeleinzelschaltung. Ein wenig aufwändiger ist in diesem Zusammenhang die Vernetzung der POWER 2, da der Weichenbooster mit einer speziellen Brücke (Artikelnummer 61 050) am Boosterausgang entsprechend konfiguriert werden muss.

Sie müssen dabei beachten, das bei Verwendung mehrerer POWER 2, ganz egal, ob diese nun zum Fahrbetrieb oder Weichenansteuerung vorgesehen sind, die jeweils erforderlichen Trafos stets gleichzeitig mit dem Netzstrom verbunden sind, da nur auf diese Weise die systeminterne Adressierung gewährleistet ist. Vom Ablauf her ist dies kein Problem, Sie müssen nur die entsprechenden Netzstecker über eine handelsübliche, abschaltbare Steckdosenleiste miteinander verbinden, damit das gleichzeitige Hochfahren aller Netzteile und Booster absolut sicher gewährleistet ist. Bitte beachten Sie in diesem Zusammenhang, dass sich die Definierung der Systemmasse (braun) bei allen Gleisanschlüssen der eingesetzten POWER 2 an der selben Schiene befindet. Hier darf man auf keinem Fall die Kabel vertauschen! Die Vernetzung der Booster muss auf direktem Wege mit geeignetem Kabel untereinander erfolgen. Sie dürfen auch keine zusätzlichen Geräte dazwischenschalten. Auf diese Art und Weise besteht die Möglichkeit, bis zu 63 Stromkreise (= 63 POWER 2) anzuschließen.

Hinsichtlich der Schalt- und Magnetartikeldecoder können bis 256 Adressen vergeben werden, was allerdings nur im DCC Format möglich ist. Im DAISY Handbuch wird auf die Programmierschritte und das Stellen der Magnetartikel ausführlich eingegangen, da an dieser Stelle nicht alle Details erläutern werden können. Dies ist sicherlich eine sehr interessante Variante, denn vor allem in der Baugröße N oder Z ist aufgrund der beengten Platzverhältnisse in den Fahrzeugen ein Analogfahrbetrieb mit gleichzeitiger digitaler Magnetartikelsteuerung überlegenswert, zumal sich alle Elemente des DAISY Konzepts später in einer vollen Digitalsteuerung weiterverwenden lassen.

## DAISY digital

Mit dem DAISY-System haben Sie ein vollwertiges Digitalkonzept erworben, dessen komplettes Leistungsvermögen erst beim Digitalbetrieb zum Vorschein kommt. Es handelt sich dabei um ein multiprotokollfähiges Konzept, mit dem man die Datenformate Motorola alt und Motorola neu (Adressbereich 1-256) und DCC (14, 28 und 128 Fahrstufen) mit einem Adressbereich von 1 bis 9999 für die Fahrzeugansteuerung nutzen kann. Mit der Adresse 0 lässt sich sogar eine analoge Lok einsetzten, wenn lediglich DCC Decoder für Loks und Weichen genutzt werden. Für die Magnet- und Schaltdecoder stehen ebenfalls die Formate Motorola und DCC zur Verfügung. Natürlich lassen sich die Programmiervorgänge umfassend durchführen, wobei dies über den CV- oder Register-Programmiermodus ausgeführt werden kann.

Basis ist wiederrum der POWER 2. Er wird, wie zuvor beschrieben, mit dem Netztrafo verbunden. Der DAISY Handregler (er ist hier das Zentralsteuerungselement), wird aber zuvor nun mit der „DAISY" Buchse

### HOe Projekt „Mariensiel" - digitale Ausbaustufen mit DAISY

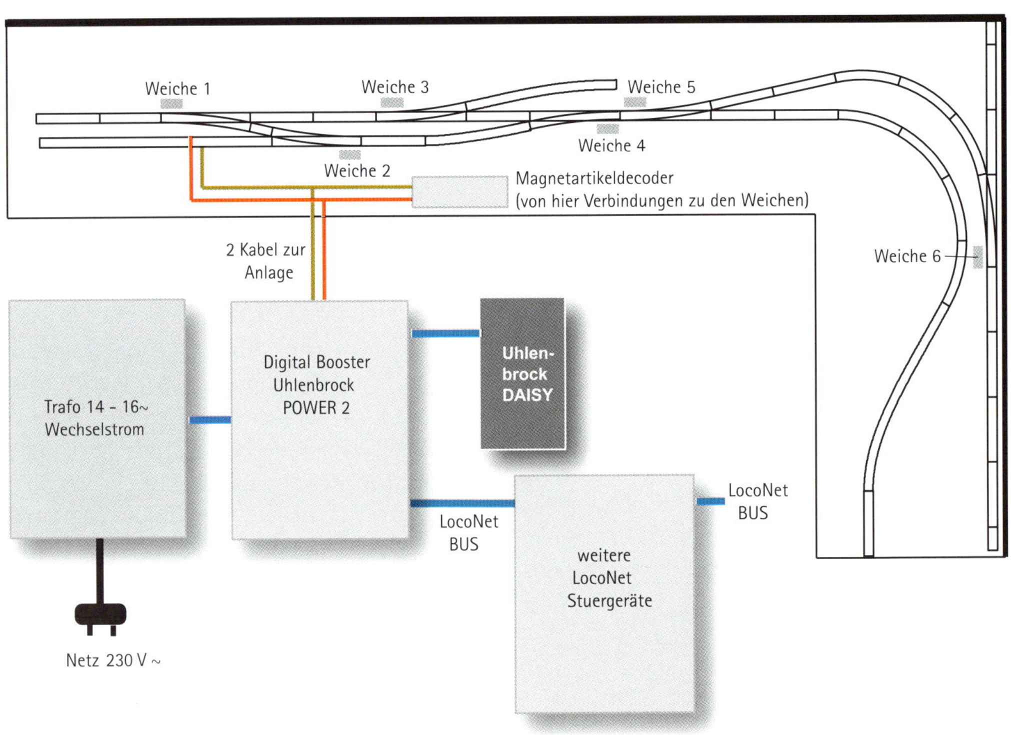

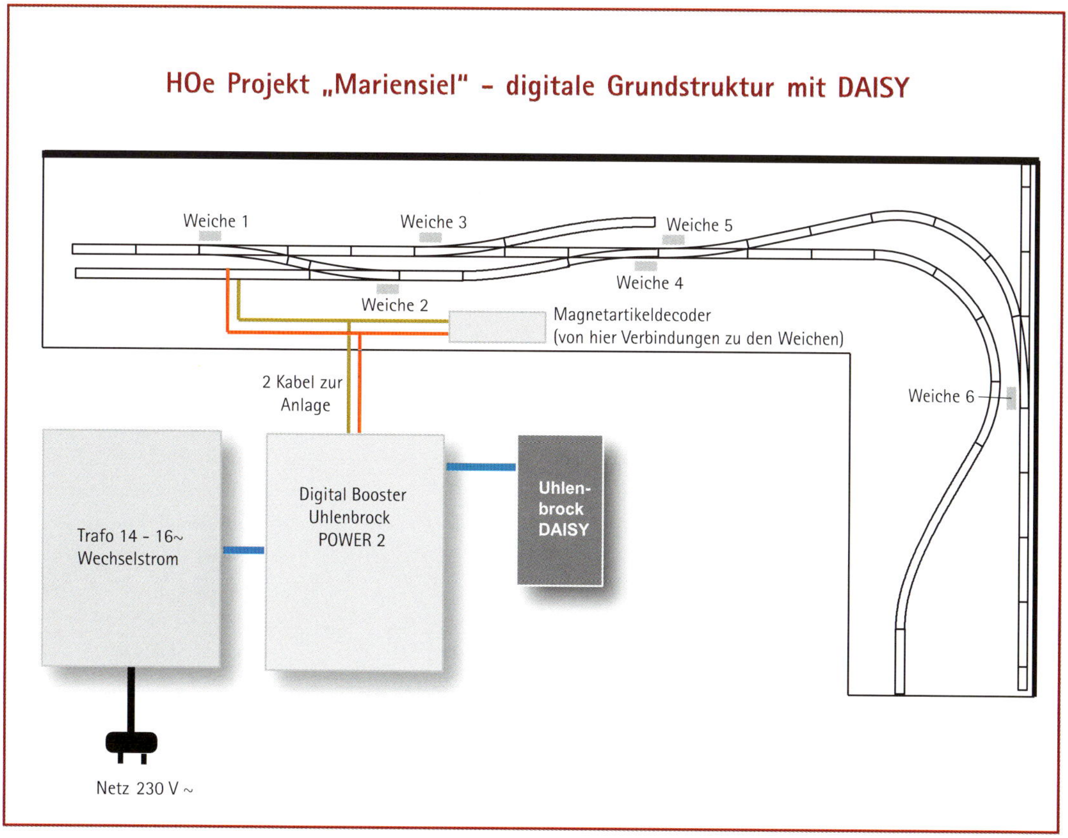


verbunden. Bitte führen Sie diesen Vorgang unbedingt vor dem Einschalten der Netzspannung durch! Auch während des laufenden Digitalbetriebes darf der Handregler nicht mehr aus dieser Buchse entfernt werden. Nutzen Sie über die LocoNet Buchse weitere DAISY oder FRED Handregler, denn nur zusätzliche Regler können nach Belieben ein- und ausgesteckt werden. Auf dem vierstelligen LED Display sind nun alle Optionen und Aktionen gut abzulesen, auf diesem findet dann auch die Kontrolle aller Ein- und Ausgaben statt. In aller Regel wird es keine Klaranzeigen, sondern eher Kombinations- und Symboldarstellungen geben können (Beispiel: *Adresse 21*), da nur 4 Felder vorhanden sind. Man war aber bemüht, so sachbezogen wie es unter diesen Umständen geht, die Darstellungen logisch zu gestalten. Ein kleines Beispiel: „loco" wird für die Auswahl der Lokspeicher bei Bedienung der „*lok*"-Taste angezeigt. Das ist logisch, wenn auch weitere Angaben erst nach mehrfachen Bedienhandlungen gut von der Hand gehen. Ganz ähnlich verhält es sich auch bei anderen Herstellern, teilweise sogar noch wesentlich unverständlicher. Uhlenbrock hat aber durchgehend eine sehr schlüssige Philosophie bei den Eingaben und Darstellungen.

Mit dem sehr gut in der Hand liegenden Drehregler der DAISY erhöht man bei Rechtsdrehung die Geschwindigkeit, bei einer Linksbewegung verringert sich die Geschwindigkeit entsprechend bis auf den Wert 0. Man spürt dabei deutlich die Rasterstufen des Reglers, dennoch ist es sehr feinfühlig. Eine mechanische Nullstellung gibt es nicht, über das Display erkennt man die Haltposition (und natürlich auch über das stehende Fahrzeug). Die Zahlenangaben entsprechen den Fahrstufen der gewählten Option, wobei „d" (für DCC) und „28" (DCC mit Fahrstufeneinstellung 28) angezeigt wird. Die Fahrtrichtung wird durch Drücken des Drehreglers gewechselt, wobei sich die Fahrstufe automatisch auf 0 stellt. Durch links und rechts aufleuchtende Pfeile ist die auf dem Regler eingestellte Fahrtrichtung erkennbar. Fahrende Loks werden von dem Handregler automatisch mit der anstehenden Fahrstufe und Fahrtrichtung usw. übernommen. Das ist dann der Fall, wenn man zusätzliche Fahrregler (weitere DAISY oder Fred) im

Einsatz hat. Daneben steht die *„stop"*-Taste für den Nothalt zur Verfügung. Sonderfunktionen können über die Taster f1 bis f4 angewählt werden. Mit *„function"* und *„off"* lassen sich die Beleuchtungen der Fahrzeuge ein- und ausschalten. Diese Bezeichnung hat übrigens Märklin schon gewählt und man kann dies sogar als eine inoffizielle Norm ansehen. Leider gibt es noch einen kleinen Schönheitsfehler im DAISY System als Digitalzentrale: Es kann nur die Funktionstasten f1 bis f4 ansprechen. Nur in Verbindung mit einer Zentrale, welche mehr Sonderfunktionen beherrscht, kann der DAISY Handregler durch Tastenkombination (Beispiel: Taste *„lok"* mit f1 = f5 usw. bis f8) mehr Funktionen ansprechen. Falls man damit eine Großbahn steuern möchte, sind mehr Funktionstasten für die zahlreichen Zusatzoptionen (z.B. Kohle schaufeln usw.) erforderlich. Bei den gängigen Anwendungen reichen 4 Sonderfunktionen und die separate Zuschaltung des Lichts in der Regel immer aus.

## Fahren mit DAISY

Schauen wir uns nun den klassischen Fahrbetrieb an. Lok aufgleisen und losfahren geht leider nicht, weil Sie immer berücksichtigen müssen, das DAISY mit Lokspeichern operiert. Im Display kann also nicht direkt die gerade aufgesetzt Lok mit dem Drehregler zum Fahren bewegt werden, da das zuletzt angesprochene Fahrzeug mit seinem Format und Fahrstufe angezeigt wird. Sie müssen deshalb zunächst den gewünschten Lokspeicher anwählen. In diesem sind wiederum verschiedene Lokadressen (aber nur einmal für jeden Speicher!) hinterlegt. Wie programmieren Sie das in DAISY ein? Sie wählen beispielsweise mit dem Lokspeicher 2 die Lokadresse 94 aus. DAISY hat insgesamt 16 Speicher zur Verfügung, die in der Werkseinstellung alle auf das Motorolaformat eingestellt sind. Nehmen wir nun an, Sie betreiben Ihre Anlage im DCC Format und bevorzugen 28 Fahrstufen, wie das wohl die meisten Modellbahner anspricht. Drücken Sie die *„lok"*-Taste lang und drehen Sie zunächst mittels dem Drehregler in dem Spektrum 1 - 16, um den gewünschten Lokspeicher anzuwählen. Halten Sie nun die *„lok"*-Taste für einige Sekunden gedrückt. Zunächst kommt die Anzeige „edit" und anschließend wird die Lokadresse blinkend angezeigt. Nun muss man die *„lok"*-Taste loslassen und beide Richtungspfeile leuchten. Durch wiederholtes Drehen am Drehpoti kann nun die gewünschte Lokadresse ausgewählt werden, wobei man mit „off" den Speicher löscht. Nun drücken Sie die *„lok"*-Taste erneut und kehren in den Fahrmodus zurück. In der Anzeige ist jetzt wieder die Fahrstufe und das Datenformat zusehen, wenn sie allerdings kurz die „*lok*" Taste drücken, ist nun statt der 2 eine 94 zu sehen, was nun wiederum der richtigen Lokadresse entspricht. Nun kann es aber sein, dass Sie auch das Format im Speicher ändern müssen, da wir DCC mit der Fahrstufe 28 fahren. Mit der „*lok*"-Taste geht es auch hier von Fahrmodus aus wieder weiter. Sie drücken diese bitte, bis „loco" angezeigt wird. Nach dem Loslassen wird nun wieder die aktuelle Adresse angezeigt. Durch Drehen des Reglers wählen Sie wiederum den Lokspeicher aus. Nun die „*lok*"-Taste erneut drücken und halten, bis nach einigen Sekunden „edit" zu sehen ist. Lassen Sie die Taste jetzt wieder los und die beiden Fahrtrichtungspfeile leuchten nun auf. Nun die Taste „*function*" drücken und Sie sehen im Display das aktuelle Datenformat. Es wird beim ersten Mal mit Sicherheit eine Motorola Angabe sein. Durch Drehen am Regler kann nun das gewünschte Format eingestellt werden (d 28). Sie können in den Auswahlfenstern auf diese Art und Weise regelrecht blättern. Nun drücken Sie abermals „*function*" und die angezeigte Adresse könnte geändert werden. Falls nicht, kommt man mit der „*lok*"-Taste wieder zurück in den Fahrbetrieb. Das klingt alles sehr kompliziert, ist aber leicht zu erlernen und die Bedienabfolge wird nach einigen Eingaben zur Routine. Sie können zusätzlich auch noch Lokadressen für zusätzliche Regler bereitstellen. Auf diese Weise lassen sich ein FRED oder separate Handregler in das Konzept einbinden. Zudem steht auch das PROFI-CONTROL für das System zur Verfügung. Die Vorgehensweise ist im Einzelnen in den jeweiligen Handbüchern ausführlich beschrieben und stellt kein großes Problem dar.

Der Programmiermodus für Lokdecoder ist im Gegensatz zu manchen anderen Einsteigersets mit DAISY sehr komfortabel und Sie können weitreichend Ihre Loks programmieren. Vor allem steht ein enormer Adressbereich (9999) im DCC Format zur Verfügung. Im Grunde steht das Konzept einer vollwertigen Zentrale in absolut nichts nach.

So programmieren Sie wie folgt einen Lokdecoder:

Die „*prog*"-Taste drücken und das zuletzt benutzte Programmierverfahren wird angezeigt. Dabei bedeuten:

| | |
|---|---|
| C | CV Programmierung |
| R | Register Programmierung |
| S | Sonderoption Gerätekonfiguration |

Mit der „*function*" Taste kann man die einzelnen Programmierverfahren durch mehrfaches Drücken der Taste auswählen. Auf die beiden erst genannten Begriffe der Auflistung kommen wir noch bei den Lokdecoder im weiteren Verlauf des Buches zu sprechen. Hier sei nun auf die CV Programmierung im Besonderen hingewiesen, die heute eigentlich der Standard ist. Dort gibt es einige genormte Werte, alle anderen werden durch die Hersteller frei belegt. Ein genormter Wert ist die Lokadresse mit dem Wert 1. Die rechten 3 Ziffern neben dem Buchstaben dienen nur zum Eingeben der gewünschten Werte. Bei uns wäre das nun in der Tat C 1 für die Lokadresse. Mit der „*prog*"-Taste wird Ihre Auswahl bestätigt. Nun erscheint eine Anzeige wie z.B. „= _ 14" als Angabe der Adresse 14; mit dem Drehregler können Sie nun die Ziffernfolge ändern, da die 94 eingestellt werden soll. Ist diese nun im Display zu sehen, beginnt der eigentlich Programmiervorgang mit dem Drücken der Taste „*prog*". Nun erscheinen mehrere waagerechte Striche, die von oben nach unten laufen, die Lok ruckt dabei ganz kurz und jetzt ist auch das Programmierverfahren im Display zu sehen. Damit ist der Vorgang auch schon beendet. Mit der „*lok*"-Taste kehren sie in den normalen Betriebsmodus zurück.

## Weichen mit DAISY schalten

Zu einer kompletten Digitalzentrale gehört natürlich auch das Bedienen und Überwachen der Magnetartikel und der anderen zu schaltende Komponenten, wobei DAISY auch hier mit einem hohen Standard aufwarten kann. Bei der Auswahl des Formates muss man sich allerdings vorher festlegen, ob die Wei-

*Das Anzeigenfeld der DAISY dient allen Eingaben und deren Kontrolle. Hier ist der Weichenmodus zu sehen.*

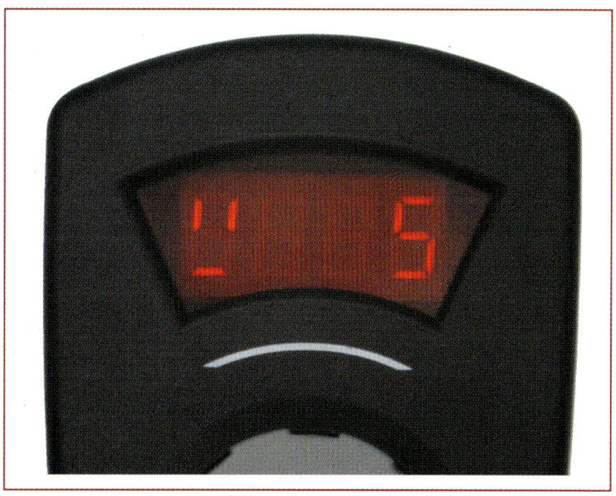

chen und Signale im DCC- oder Motorola-Format gesteuert werden sollen, wobei beides bei diesem System nicht gleichzeitig möglich ist. Bei Verwendung von „digital2" Schalt- oder Magnetartikeldecodern, welche Uhlenbrock in seinem Programm hat, ist eine besondere Formateingabe zuvor nicht erforderlich, da die Komponenten das Format erkennen und sich darauf automatisch einstellen, was auch der Sinn der „digital2" Philosophie ist. Bei der Verwendung von Decodern andere Hersteller ist dagegen öfters Detailarbeit erforderlich. Das Format wird mit DAISY (Werkseinstellung von Uhlenbrock: Motorola) wie folgt festgelegt: Im Weichenmodus (Symboltaste betätigen) wird die Weiche, welche mit der *„f1"* Taste als Umschalter angesteuert wird, im Display angezeigt. Betätigen Sie nun die *„function"* Taste, wird das aktuelle Datenformat angezeigt. Durch Drehen am Fahrregler wechselt die Anzeige nun vom Motorola zum DCC Format. Sie können jetzt mit *„function"* ohne Änderung in den normalen Modus zurückkehren oder die neue Eingabe mit der *„Weichen"*-Taste bestätigen und abspeichern. Falls eine analoge Lok eingesetzt wird, kann diese beim Einsatz von Motorola-Weichendecodern beim Betätigen der Taste kurz anrucken. Bei Verwendung von DCC Weichendecodern bleibt der Stellvorgang für die gleiche Lok ohne spürbare Bewegung. Nun wollen wir eine Weiche stellen: Ausgehend von einem Magnetartikeldecoder von Uhlenbrock ist die Durchführung denkbar einfach. DAISY kann insgesamt 256 Weichen, andere Magnetartikel oder Schaltausgänge von Schaldecodern schalten, was auch für größere Projekte durchaus ausreicht. Vorher sollte man auf jeden Fall die Beschreibung des verwendeten Decoders genau studieren, hier ist dann auch im Allgemeinen das genaue Anschlussschema dargestellt. Über die Möglichkeit der Adresseinstellungen lesen Sie bitte in dem Kapitel „Weichen usw.". Wir gehen daher zunächst einmal davon aus, daß die Adresse bereits eingestellt ist. Auf dem DAISY Handregler finden Sie links unten die *„f"*-Tasten (f1 – f4), dies muss man jetzt immer als Stellpult für 4 Weichen verstehen. In diesem Sinn kann man mit dem Drehregler dann auch immer in Viererschritten zur nächsten Weichengruppe wechseln, wobei der kleinste Wert für „f1" 1 und der höchste Wert 253 ist. Ganz ähnlich hat man dies bei Märklin Motorola seinerzeit mit den Vierfachdecodern k83 und k84 und deren Vierergruppen am Keyboard eingerichtet. Man muss deshalb immer in diesen Schrittabfolgen denken; die Logik ist dann plausibel, auch wenn es zuerst einiger Überlegungen bedarf. Die jeweils drei folgenden Adressen werden daraus folgend automatisch zugewiesen. Sie brauchen nicht wie sonst üblichen zwei Tasten (gerade/abzweigend oder rot/grün) um einen Weichenantrieb hin- und herzustellen, sondern nach Anwahl des Weichenmodus über *„weichen"* können Sie mit *„f1"* beispielsweise die Weiche mit

*Mit Roco Lokmaus 2 Geräten wurde Mariensiel digital ausgerüstet.*

der Adresse 1 durch mehrfaches Drücken der *„f1"*–Taste beliebig hin und herstellen; das entspricht einer sehr komfortablen Einknopfbedienung. Beim großen Vorbild in der Dr-Stellwerk-Technik ist das übrigens ähnlich aufgebaut. Durch die Kontroll-LED über den entsprechenden *„function 1-4"* Tasten können Sie den Stellzustand ablesen, die je nach Stellung rot oder grün anzeigen. Hier ist es sicher empfehlenswert, die Weichen mit einer Grundstellung so zu definieren, dass für den Zugverkehr möglichst stets eine Geradeausfahrt über die Hauptgleise gewährt wird und Schutzweichen Flankenfahrten aus den Nebengleisen tunlichst verhindern sollten. Auf diese Art erhält man eine optimale Ausrichtung der Tastenbelegung, wobei das Vorhandensein eines Schemaplanes in der Nähe des Bedienplatzes hilfreich ist. Wenn dann alle Weichen und Signale mit Nummern (wie im Kapitel Dokumentation) versehen sind, steht einem zünftigen Betriebsspaß mit dem DAISY-Handregler nichts mehr im Wege, da ein Stellpult im klassischen Sinne (zumindest bei kleineren und mittleren Anlagen) nicht mehr erforderlich ist.

Das Stellen von Weichen und Signalen beeinträchtigt auch nach dem Umstellen in den Modus *„weichen"* in keiner Weise den gerade ablaufenden Digitalbetrieb von Loks; sie führen ihre Befehle weiterhin aus.

## Lokmaus 2

„Digital ist cool" titelte Roco bei Einführung seines Digital-Systems nach DCC-Standard. Inzwischen gibt es die dritte LokMaus-Variante in einem neuen Design, die technisch nach wie vor der (roten) zweiten Generation entspricht, welche ich ursprünglich für das Projekt „Mariensiel" vorgesehen hatte. Die „Intelligenz" befindet sich entgegen der ersten Generation (nur 8 Adressen – 14 Fahrstufen) in der Maus selbst und die scheinbare „Zentrale" ist nur der Booster. Die Vernetzung mit einem leistungsstarken Trafo, den Roco dazu passend anbietet, ist schnell erledigt. An der Buchse *„Master"* wird nun das Verbindungskabel zur LokMaus eingesteckt, welches beidseitig Westernstecker besitzt. In diesem Zusammenhang muss darauf hin gewiesen werden, dass wegen der unterschiedlichen Technik der Geräte nur original Roco Kabel verwendet werden sollten. Sie dürfen auf keinen Fall zur internen „Maus"-Verlängerung andere Produkte wählen, da es zu Beschädigungen an den Geräten kommen kann! Falls Sie die Lokmaus 2

### HOe Projekt „Mariensiel" - digitale Grundstruktur mit Lokmaus 2

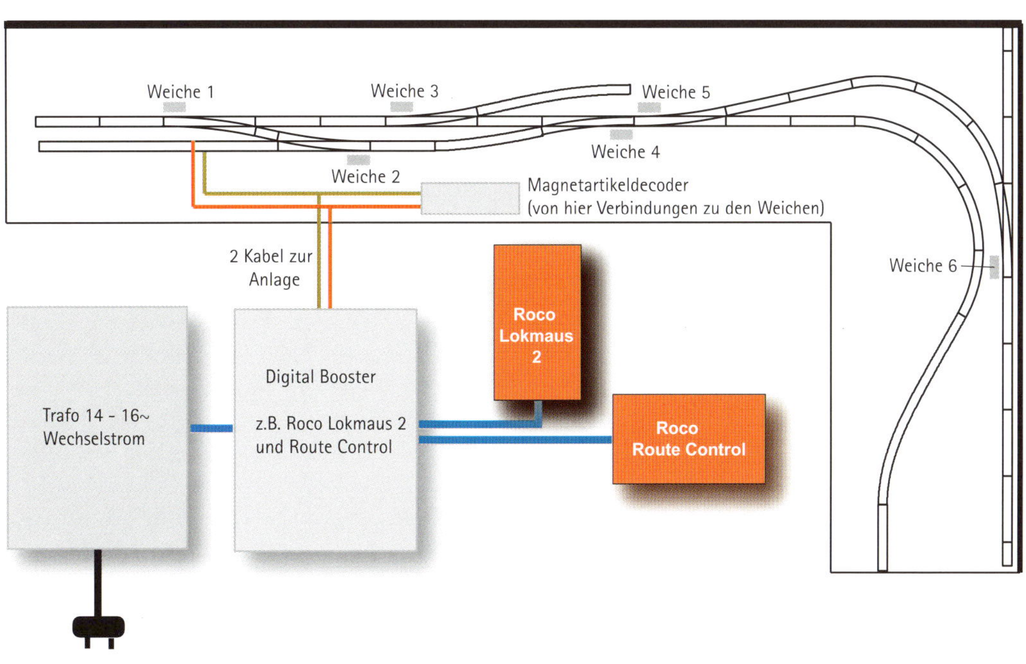

als zusätzlichen Handregler über einen Uhlenbrock Maus Adapter mit dem LocoNet verbinden wollen, muss das Originalkabel von Roco bis zur entsprechenden Buchse des Adapters geführt werden. Danach können die normalen LocoNet Zuleitungen wie gewohnt verwendet werden.

Nachdem die LokMaus am Anschluss „*Master*" eingesteckt ist, ist diese die Zentrale des Systems. Sie sollte während des Betriebs auch nicht mehr ausgesteckt werden. Für weitere Geräte dient die Buchse „*Slave*", wo zusätzliche Mäuse der Generation 2 und 3, der Generation 1 mit dem entsprechenden Übersetzungsmodul oder das Stellpult namens „Weichen Keyboard" angeschlossen werden können. Über Y-artige Verteilungsstücke lassen sich so bis zu 31 Geräte verknüpfen, wobei man dann aber deren Stromverbrauch beachten muss, da bei 10 Lokmäusen das Limit schon erreicht ist. Die Vergabe der Geräteadressen regelt bei eingesteckter Master-Maus das System übrigens selbst; Sie müssen dafür nicht weiter tätig werden. An der Buchse „*Booster out*" besteht die Möglichkeit, bis zu vier weitere Leistungsverstärker (Roco 10761) anzuschließen. Diese sind aber z.B. nicht mit dem „Digital plus"-System von Lenz zusammen verwendbar, da Roco dort auf eine Kompatibilität verzichtet hat. Der Anschluss der Gleise und Decoderleitungen wird an der Buchse „*Track out*" durchgeführt. Das System arbeitet ausschließlich im DCC Modus und gewährt die Fahrstufenwahl 14, 28 und 128. Insgesamt stehen 99 Lokadressen zur Verfügung, wobei im Verglich zur DAISY nicht das Maximum erreicht wurde. Bei der Grundstruktur des Gerätes wurde vorgesehen, dass mit diesem Umfang auch Weichendecoder angesteuert werden können, was vor allem im Hinblick auf die speziellen Roco Line Bettungsantriebe 42624 geschehen soll. Diese können dann problemlos mit der Maus mit Hilfe eines am Gleis ansteckbaren Spezialkabels programmiert werden. Die Steuerung geschieht dann durch Betätigen der Tasten „*f1 bis f4*", zuvor muss man aber die dazu gehörige Weichenadresse im zweistelligen Display aufrufen. Eine Decoderadresse steht dann für 4 Weichenantriebe bereit. Sie müssen dabei stets berücksichtigen, dass die hier vergebenen Adressen bei den Lokomotiven fehlen werden. Auf diese Weise minimiert sich der Bereich von 1-99 bei mittleren Anlagen schon ganz erheblich; bei kleinen Anlagen wie „Mariensiel" ist das nicht so gravierend. Die Ansteuerung von gewöhnlichen DCC Magnetartikeldecodern ist nicht ohne weiteres möglich, da das System speziell auf besagten Bettungs-Digitalantriebe abgestellt ist. Daher hat man bei Roco Überlegungen angestellt, dies zu verbessern. Mittlerweise wurde das „*Weichen Keyboard*", zuerst nur zum Programmieren und Stellen der DCC Weichendecoder vorgesehen, um die Option der Fahrstraßenschaltungen erweitertet. Diese aktuelle Variante nennet sich nun „*Route Control*". Damit ist es möglich, 256 (Weichen) Adressen anzusprechen, mit dem Lokmaus 1 System sind es allerdings nur 128. Das Gerät wird mit entsprechenden passenden Kabeln für beide Varianten ausgeliefert. Das „Route Control" ist eine sinnvolle Ergänzung der eigentlichen Maus, denn auf diese Weise ist eine sehr komfortable und anwenderfreundliche Magnetartikelsteuerung gegeben. Die Geräte liegen alle gut in der Hand und sind logisch zu bedienen.

Bei der DAISY-Zentrale stehen die schon erwähnten Funktionstasten „*f1 bis f4*" im normalen Betriebsmodus den Lokdecodersonderfunktionen zur Verfügung. Dies ist heute Standard, auch wenn weiterentwickelte Systeme inzwischen mehr als 10 Sonderfunktionen beherrschen obwohl 4 Funktionen schon für den normalen Betrieb ausreichen. Gegenüber der DAISY gibt es bei den Drehreglern der Lok-Maus 2 eine Mittelstellung, wo dort die Fahrstufen auf 0 gesetzt werden. Je nach Drehrichtung wechselt die Lok ihre Fahrtrichtung, der aus analogen Handreglerzeiten beliebte und bewährte Vorgang bleibt erhalten. Bei Druck auf das Regelpotie löst man einen Nothalt aus. Die Anzeige kann mit den Cursor-Tasten beliebig auf und ab numerisch eingegeben werden, wobei die Sprünge stets von Ziffer zu Ziffer erfolgen. Daher dauert es auch etwas, bis man von 1 nach 99 durchgestellt hat. Übrigens gilt das auch für die Option des „Suchlaufs", bei der Sie lediglich die „*up*" oder „*down*" Taste gedrückt halten müssen. Dabei folgt dann eine ziemlich rasch wechselnde Anzeige in die eine oder andere Richtung, wie es bei anderen Geräten ähnlich ist. Die Taste „*P*" wechselt in den Programmiermodus. Mit der „*" (Lichtstern) Taste wird beispielsweise das Licht ein und ausgeschaltet, als Standardsonderfunktion wie auch bei anderen Systemen.

Meine Muster scheinen beim Programmiermodus, das letzte Anfangsset ist von Anfang Februar 2004, noch nicht alle von Roco in dieser Hinsicht angestrebten Möglichkeiten zu beinhalten. Über die CV Programmierung ist das grundsätzliche Einstellen von Fahrzeugdecodern jedoch weitestgehend mög-

## HOe Projekt „Mariensiel" - digitale Grundstruktur mit Lenz Compackt

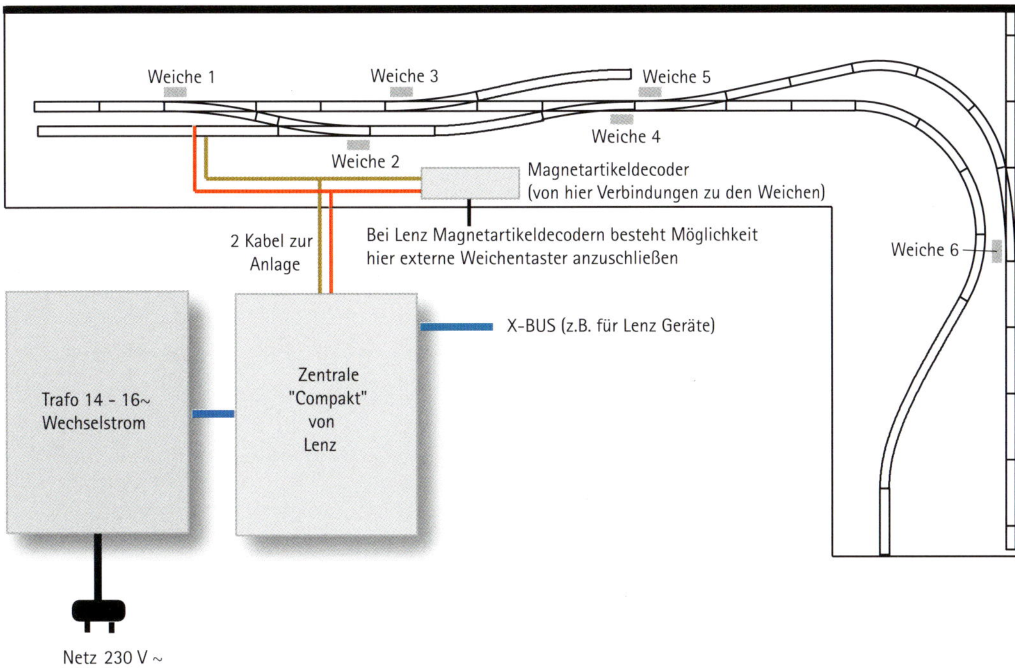


lich. Den genauen Ablauf hat man im beiliegenden Handbuch sehr anschaulich dargestellt und es bereitet keine großen Schwierigkeiten, da eigentlich alle Eingaben gemacht werden können, bei denen man mit der (nur) zweistellige Anzeige zur Programmsteuerung auskommt. Im Kapitel „Weichendecoder" werden besondere Erfahrungen in diesem Zusammenhang behandelt.

Sollte es nun vorkommen, dass aus zunächst unerklärlichen Gründen nach der Programmierung einer neuen Lok mit einer neuen Lokadresse das Licht flackert, kann das eine ganz einfache Ursache haben. Werkseitig ist die Lokmaus auf die Fahrstufe 28 eingestellt. Nun haben Sie eine Lok oder den entsprechenden DCC Decoder im Einsatz und bisher nicht geprüft, mit welcher Fahrstufenanzahl dieser eigentlich programmiert ist (beispielsweise auf 14 Fahrstufen). Sie müssen die Fahrzeugdecoder, am besten ist das die erste Handlung nach dem Einrichten des Systems an der Anlage, auf den gängigen Wert 28 einstellen oder zumindest dies überprüfen. Ich schlage Ihnen die 28 aus eigener Erfahrung vor, aber generell ausschlaggebend ist die Angleichung von Lokmaus und Decodern. Übrigens ist das nicht unbedingt ein Phänomen der Maus-Welt, auch bei anderen Zentralen wird dies nötig sein. Die Eingabeschritte bei der Lokmaus 2 sind für die Decoderprogrammierung recht einfach durchzuführen. Rufen Sie die Lok mit ihrer Adresse auf und drehen das Potie auf *„Null"*, so dass die Maschine zum Stehen kommt. Nun drücken Sie die Taste *„P"* und halten diese auch weiterhin gedrückt. Mit den Cursortasten betätigen Sie jetzt gleichzeitig *„up"* oder *„down"* und können nun die aktuell programmierte Fahrstufenzahl in Form von Balken im Display ablesen. Ein Balken bedeutet 14 Fahrstufen, 2 Balken 28 und 3 eben 128. Mit *„up"* und *„down"* lässt sich nun die gewünschte Stufe einstellen. Nach dem Loslassen der Taster speichert das System die neuen Angaben ab. Natürlich kann auch der Lokdecoder auf eine neue Fahrstufenzahl eingestellt werden. Dies geschieht über die Programmierung der CV 29. Dieses Thema wird uns noch später in Band 2 beschäftigen.

Falls Sie den bekannten Roco-Kran in Betrieb haben, muss das System übrigens auf die Fahrstufe 14 eingestellt werden. Es sind immer noch ältere DCC-Decoder im Umlauf, welche mit nur 14 Fahrstufen arbeiten können. Dazu zählen übriges auch viele Modelle der ersten Startsets mit der Lokmaus 1 von Roco. Hier lassen sich unter Umständen keine Änderungen mehr durchführen. Das Problem, dass das Licht von Fahrstufe zu Fahrstufe ein- und ausgeschaltet wird, wird bei diesen Decodern immer vorhanden sein, wenn man versucht, diese mit 28 Fahrstufen zu steuern. Alternativ sollten Sie dann die Lok mit einem zeitgemäßen Decoder umrüsten, weil man heute mit 14 Fahrstufen eigentlich nicht mehr richtig zufrieden sein kann. Auch hinsichtlich der so beliebten Internetauktionen sei hier Vorsicht bei den angebotenen digitalen Fahrzeugen angeraten: Mir selbst ist es schon passiert, dass ein ersteigertes Fahrzeug (die Lok war nicht von Roco, aber mit einem Startset-Decoder ausgerüstet) einen alten Decoder eingebaut hatte. Eine kurze Anfrage an den Verkäufer schafft hier Klarheit. Auch bei Gebrauchtmaschinenangeboten beim Fachhändler Ihres Vertrauens sollte man deshalb stets nachfragen und sich die Lok auf dem digitalenVorführgleis mit allen Sonderfunktionen demonstrieren lassen.

## Einstieg mit Lenz „compact"

Einen kurzen Ausflug möchte ich an dieser Stelle zu „LenzDigital plus" wagen. Für das Projekt „Mariensiel" könnte dessen DCC System „compact" in Betracht kommen. Im Prinzip gibt es, zumindest von der Grundstruktur her betrachtet, sehr viele Ähnlichkeiten mit der „Lokmaus" Philosophie. Das ist nicht verwunderlich, da die ursprüngliche Initiative für die „Mäuse" auch von Lenz ausging. Dennoch gibt es einige sehr weitreichende Unterscheide. Das Gerät an sich macht zunächst einen optisch sehr ungewohnten Eindruck und will nicht so richtig in das sonstige „Modellbahn"-Design-Schema passen. Mir scheint die Verwendung als Handregler nicht besonders geeignet zu sein und daher habe ich mich nicht mehr im Detail damit auseinander gesetzt. Bei dem besagten H0e-Projekt sollte man sich mit der Zentrale um die Anlage frei bewegen können und dies ist mit der „compact" eher beschwerlich, da das Gerät relativ groß ist, wenn auch nicht besonders schwer. Die Schraubklemmen auf der Rückseite sind solide ausgeführt, aber die Vorstellung, dass man alle zulaufenden (Einzel-) Kabel als selbst gestrickten Bund stets mit sich führen müsste, ist nicht optimal. Bei der DAISY und der Lokmaus 2 ist das ebenso, aber hier ist es ein einziges Mehrfachkabel mit konfektionierten Steckern. Das wirkt außerdem optisch besser und vor allem besteht dann bei Bewegungen nicht die Gefahr, dass die Kabel aus den Schraubanschlüssen (beim „compact") herausgerissen werden könnten. Zudem wird das Programmiergleis noch besonders angeschlossen, wobei sich dann schon die Anzahl der einzelnen Kabel auf 6 erhöht. Ich vermute, dass die Firma Lenz das „compact"-System nicht als mobile Einheit betrachtet sehen will, denn als fest montiertes Gerät bestehen die vorgenannten Einschränkungen nicht. Schauen wir uns einige technische Einzelheiten an. Genau wie die Lokmaus 2 besteht der Adressbereich für Lokdecoder von 01 – 99. Für die Weichensteuerung im DCC-Format stehen insgesamt 100 Adressen zur Verfügung, womit man wirklich zufrieden sein kann. Über die Adresse „0" besteht auch die Möglichkeit, eine analoge Lok mit einzubinden. Ein Booster mit einer Leistung von 2,5 Ampere ist gleich mit eingebaut. Damit wird für eine Anlage wie bei „Mariensiel" oder auch noch ein ganzes Stück umfangreicher, für genügend Leistung gesorgt. Selbstverständlich lassen sich noch weitere Bediengeräte an die sogenannte „X-BUS"-Schnittstelle (Lenz konform) anschließen. Genau so wie bei dem DAISY System auf LocoNet Basis, kann die „compact"-Zentrale über das „X-BUS" an eine anderen geeignete Lenz(kompatible)-Zentrale als Zusatzgerät angeschlossen werden. Es kommt dabei immer auf das BUS-System an. Über den „X-BUS-Adapter" von Uhlenbrock ist eine Möglichkeit auch für Lenz Geräte eröffnet worden, sich am LocoNet BUS anzuschließen.

Die Bedienelemente des „compact" sind überschaubar angeordnet und bieten einen sehr guten Bedienkomfort. Wie bei DAISY dient das Drehpoties zur Regelung der Geschwindigkeit. Die Richtungswahl und Änderung wird durch die links darunter angeordneten *„auf und ab"*-Pfeiltasten ermöglicht. Drückt man beide, gelangt man in die Menüs, z.B. in das für die Weichensteuerung. Das Betätigen der Taste *„S"* auf der rechten Seite löst einen (*S*top) Nothalt aus. Die Wahl der Adressen kann nun mit den *„+"* und *„-"* Tasten erfolgen. Der „springende" Punkt zwischen *„L"* und *„Zahl"* zeigt die Richtung an; er wechselt je nach dem von oben nach unten und umgekehrt. Lenz wollte sich dabei an dem „Kamin voraus" bei einer Dampflok orientieren, insofern ist das dann eine logische Anzeige. Direkt vor und hinter der *„Zahl"* sind nach Betätigen der Tasten *„F1"* und *„F2"* ebenfalls Punkte sichtbar. Je nach dem, welche Sonderfunktion zugeschaltet wurden, sind die Punkte dann vorhanden. Bei der Betätigung der Taste *„F0"* ist der Punkt jedoch unten rechts bei der Anzeige *„L"* zu sehen. Mit der Taste *„F0"* wird zusätzlich im Programmiermenü die Eingabe bestätigt (Häkchensymbol für O.K. unter der Taste) und mit *„F2"* kann man das Menü dann auch wieder verlassen (*„X"*-Symbol unter der Taste). Im Handbuch sind die verschiedenen Eingabemöglichkeiten der Programmier- und sonstigen Eingabeschritte sehr anschaulich beschrieben.

Bei mir ist diese beschriebene Zentrale vorhanden, im Moment jedoch bei keinem der genannten Projekte in Betrieb. Was diese zu einem wirklich guten System macht, ist die Programmierfähigkeit von Lok- und Weichendecodern im DCC-Bereich. Bei letzterem ist dies mit der „compact" von Lenz sehr gut zu bewerkstelligen; mehr gehe ich noch im Kapitel „Weichen und Co" darauf ein. In dieser Hinsicht ist sie der Roco Lokmaus 2 (ohne „Route Control") überlegen und das sogar mit einem als sehr günstig zu bewertenden Anschaffungspreis. Nur Roco bietet sein System in aller Regel noch günstiger zusammen mit den bekannten Startsets (auch hier jedoch ohne „Route Control") zu absoluten Dumpingpreisen an; andere Hersteller können dagegen zunächst kaum ankommen! Bei Roco muss man aber beachten, dass, wenn man Magnetartikel ebenfalls digital schalten möchte, die zusätzliche Anschaffung eines Route Controls notwendig wird. Damit ist die Kalkulation im Vergleich zu den Mitbewerbern insgesamt viel ausgewogener.

## Märklin und Motorola

Schon die analoge Steuerungstechnik genießt unter den „Märklinisten" fast Kultstatus. Nicht nur das (zugegeben auch immer noch sinnvolle) Farbschema der Kabelwege, sondern auch die Art der Fahrtrichtungsumkehr von Fahrzeugen mittels einem mechanischen Linksanschlag am Drehknopf des Trafos, begleiten die Modellbahner schon seit Jahrzehnten. Kein Wunder, dass dies auch bei den Entwicklungen der Steuerelemente einer Digitalzentrale aus dem Hause Märklin Einzug halten musste. Die aktuelle Version des digitalen Herzes ist die „control unit - 6021" und sie weist gerade mit diesen Details eine große Beständigkeit auf. Man kann dies aber auch positiv sehen, denn der praktizierende Modellbahner braucht sich von den Bedienungsgewohnheiten her kaum umstellen. Was aber durch die Neuheiten-Ankündigung 2004 im Digitalbereich von Märklin noch auf uns zukommt, war bei Drucklegung dieses Buches noch nicht abzusehen. Man wird sein Konzept auf jeden Fall gründlich überarbeiten und völlig neue Zentralen mit einer ebenfalls neuartigen Bedienoberfläche vorstellen. Im Moment ist aber noch die „6021" die aktuelle Zentrale in der Märklin Motorola Welt. Auch wenn man bis zum heutigen Tage die Zentralen und ihre Bedienelemente über die Jahre optisch ziemlich gleich gehalten hat, sind doch in der Technik gravierende Änderungen vorgenommen worden. Der entscheidende Zeitpunkt war sicherlich die Umstellung vom Datenformat Motorola „alt" auf Motorola „neu" vor einigen Jahren. Danach rätselte so mancher Modellbahner, warum zum Beispiel mit der seit Jahren vorhandenen Qualitäts-Zentrale einige Sonderfunktionen neu erworbener Digitalloks nicht mehr aufrufbar waren, wie mir das selbst bei einem Projekt so ergangen ist. Deshalb war der Neuerwerb der „control unit - 6021" nötig; ab sofort konnten auch die neuen Loks in allen Funktionen wieder gesteuert werden. Ärgerlich ist nach wie vor der Umstand, dass die alte Zentrale in Motorola 1

**LocoNet Bus mit Control-Unit 6021 (Märklin)**

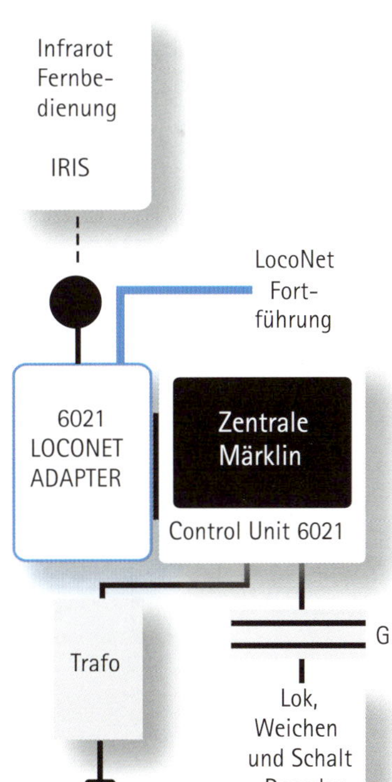

oder „alt", nicht auf die neue Format-Variante erweiterbar war. So etwas sollte es eigentlich gar nicht geben, denn vielfach sind solche Ergänzungen über „Updates" intern im Gerät mittels Software und PC zu berichtigen. Die bisher angesprochenen Zentralen sind für eine Softwareänderung über ein entsprechendes Interface (PC Anschlussmöglichkeit der Zentrale) weitestgehend vorbereitet. DAISY benötigt allerdings hierfür die INTELLIBOX von Uhlenbrock, aber Ihr Händler kann Ihnen sicher weiterhelfen, so das Sie diese nicht unbedingt erwerben müssen. Bei Märklin war dies seinerzeit nicht möglich, es wurden daher reihenweise neue Zentralen verkauft. Bei der nächsten Generation wird man alle bisherigen Komponenten auch zukünftig in „Märklin Systems", so die neue digitale Produktreihe, übernehmen können. Die INTELLIBOX und DAISY (mit Unterstützung der INTELLIBOX) können über das Interface und Computer ein „*Update*" erhalten. Bei den anderen Geräten, wie die Lokmaus 2 oder das Lenz Compact System, fragen Sie bitte Ihren Fachhändler, in welchen Rahmen das möglich ist und ob dabei gegebenenfalls. „Hardware" getauscht werden muss.

## Was geht in der Märklin Welt zusammen?

Aufgrund des neuen Motorola-Format der „control unit 6021" ergaben sich einige Inkompatibilitäten mit bereits vorhandenen und älteren Märklin Digital Komponenten. Einige Funktionen lassen sich nicht mehr betreiben. Hier nun eine kurze Auflistung von Motorola alt und neu im Zusammenspiel:

Mit dem auf der Rückseite platzierten Dip-Schalter lassen sich die gewünschten Formate einstellen. Die 6021 kann dann auf Wunsch nur Motorola alt, Motorola neu oder beide Formate ausgeben. Falls Sie noch ältere Loks samt Decoder im Zusammenspiel mit den neuesten Produkten betreiben wollen, wäre die letztgenannte Einstellung sicherlich die Richtige.

Werfen wir nun noch einen Blick auf die Bedienoberfläche und auf die Anschlussmöglichkeiten der „6021", denn nur auf diese Märklin-Zentrale beziehen sich die nachfolgenden Hinweise. Die Anschlüsse auf der Rückseite sind übersichtlich angeordnet und ein Vertauschen der Klemmen verbietet sich eigentlich schon von alleine aufgrund der Farbzuordnungen und Platzierungen der Klemmen. Aus dem empfohlenen 52 VA Märklin-Transformer wird die Versorgungsspannung auf das Anschlusspaar braun/gelb aufgelegt. Für die Verbindung zum Gleis (und damit auch zu den Decodern) dienen die versetzt angeordneten Klemmen rot/braun. Damit ist der Anschluss schon erfolgt. Den Dip-Schalter für die Formatwahl stellen wir auf die Aussendung beider Motorola Formate (alt und neu zusammen) ein. Nach dem Einschalten blinkt in dem zweistelligen Display kurz eine *„99"* und erlischt dann wieder. Rechts oben am Gerät muss nun eine rote Anzeige leuchten. In dem linken Tastenfeld ganz unten befinden sich die roten Taster *„L"* und *„F".* Dort, unterhalb der Taster, leuchten ebenfalls jeweils eine rote Anzeige. Damit zeigt die Zentrale an, dass sie bereit ist, auch die Sonderfunktionen von Lokdecodern (z.B. Licht an) und Funktionsdecodern nach dem alten Motorola Datenformat (z.B. digital bewegbare Figuren im Panoramawagen, Kranwagen, usw.) anzusteuern. Um einen Lokdecoder aufzurufen, gibt man auf dem numerischen Tastenfeld die Adresse ein, in dem man zuerst die Zehnerstelle und dann die Einerstelle eingibt. Die Adresse der Lok 1 müsste dann

| Zentraleinheiten | Neue Funktionen | Alte Funktionen | Absolute Fahrtrichtung der Fahrzeuge |
|---|---|---|---|
| Central Unit 6020 mit Control 80 6035 | Nein | Nein | Nein |
| Central Unit 6020 mit Control 80f 6036 oder Infra Control 80f 6070/6071 | Nein | Ja | Nein |
| Control Unit 6021 | Ja | Ja | Ja |
| Control Unit 6021 mit Infra Control 80f 6070/6071 | Ja | Ja | Ja |

| Fahrpulte | Neue Funktionen | Alte Funktionen | Absolute Fahrtrichtung der Fahrzeuge |
|---|---|---|---|
| Control 80 6035 mit Central Unit 6020 | Nein | Nein | Nein |
| Control 80f 6036 mit Central Unit 6020 | Nein | Ja | Nein |
| Control 80f 6036 mit Control Unit 6021 | Ja | Ja | Ja |

z.B. mit *„01"* eingegeben werden. Über dem Drehregler, dieser arbeitet übrigens nach alter Märklin-Traditon mit Linksanschlag für einen Fahrtrichtungswechsel (dargestellt durch aufleuchtende Pfeile), befinden sich die Funktionstasten *„f1* bis *f4"*. Daneben ist das Tastenpaar *„function"* und *„off"* zu finden, mit dem man die Fahrzeugbeleuchtung der Lok schaltet (mit *„function"* schaltet man sie ein und mit *„off"* auch wieder aus). Soundmodule und andere Sonderfunktionen reagieren dann auf die Tasten *„f1 – f4"*. Ganz rechts gibt es noch die rote *„Stop"*-Taste für den Nothalt und *„go"* zum Start der Zentrale. Mit der *„Stop"*-Taste wird die Gleisspannung sofort abgeschaltet und mit der *„go"*-Taste wieder eingeschaltet. So einfach lässt sich die Zentrale bedienen

Magnetartikeln wie Weichen kann man nicht so ohne weiteres aus von der Zentrale bedienen. Dazu ist zusätzlich ein „Keyboard" erforderlich. Dieses und auch das „memory" zur Schaltung von Fahrstrassen, Automatiken und ähnlichem, werden seitlich, links hintereinander an die Steckerleiste angesteckt. Das „Keyboard" ist im Grunde nichts anders als das ehemalige blaue Weichenstellpult, welches jeder Märklinbahner kennt, doch hier arbeitet es nun digital und kostet deshalb auch wesentlich mehr. Man hat je Keyboard 4 Tastergruppen für je eine Decoderadresse platziert. Das passt mit den Vierfach-Weichendecoder (beispielsweise k83 und k84) genau wieder zusammen und man kann dadurch mit einem Keyboard 16 Magnetartikel schalten. Zur Rechten können weitere Fahrpulte wie das „control 80f" und auch das Interface für den PC-Anschluss angesteckt werden. Booster werden durch einen besonderen Steckerausgang auf der Rückseite der „control unit" angeschlossen, welcher übrigens auch mit den Uhlenbrock Boostern kompatibel ist. Mit dem neuen „6021-Infrarot-LocoNet-Adapter" aus dem Hause Uhlenbrock besteht nun auch die Möglichkeit, seine *alte 6021* (aber nur diese und keine Vorgängermodelle) nachhaltig aufzuwerten. Der Adapter wird an die links platzierte Steckerleiste der Märklin Zentrale angeschlossen. Von hier aus kann nun

**DIP - Schalter**
**Märklin Zentrale 6021**

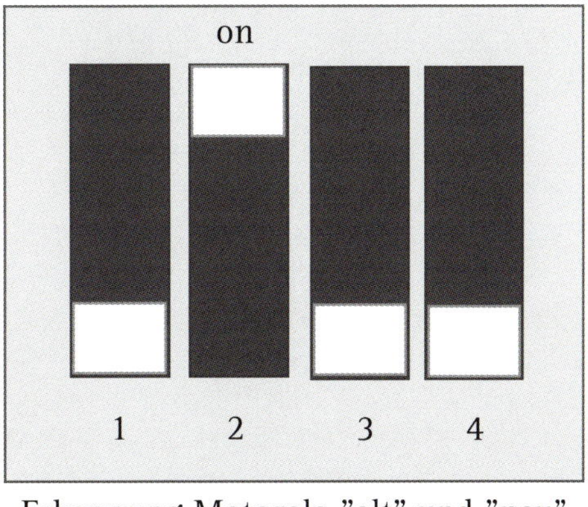


Erkennung Motorola "alt" und "neu"

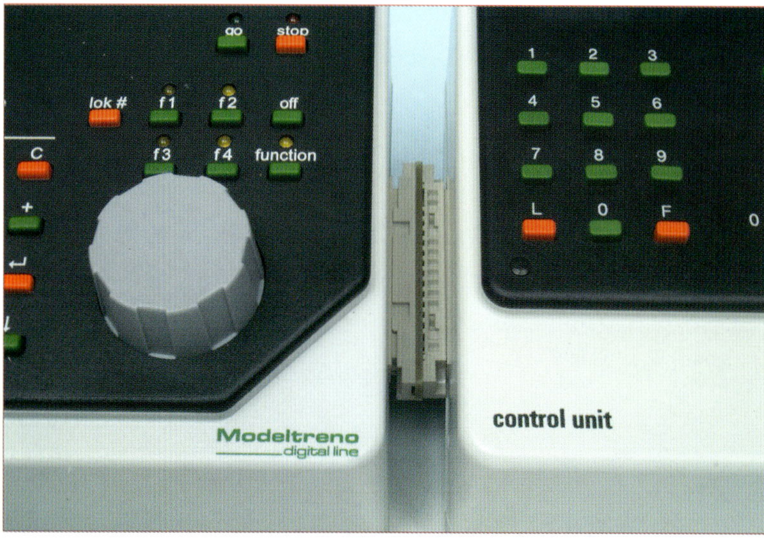


*Links: Die INTELLIBOX kann durch die Märklin kompatiblen seitlichen Steckerleisten zahlreiche Märklin Geräte mit anschliessen.*

*Nach rechts schließen sich bei Märklin alle zusätzlichen Fahrgeräte an. Nach links (hier aber nicht im Bild) befinden sich die Keyboards und das Memory.*

das gesamte Leistungsspektrum des LocoNet mit allen seinen Möglichkeiten genutzt werden. An den LocoNet-Anschluss des Adapters können alle Zusatzgeräte mit LocoNet -Anschluss von Uhlenbrock (z.B. der Handregler DAISY, das Fahrpult IB-CONTROL oder das Schaltpult IB-SWITCH) angesteckt werden. Sie haben dann auch die Möglichkeit, mit dem drahtlosen Infrarot Steuerungssystem „IRIS" Ihre Anlage zu bedienen, denn in dem Adapter ist direkt ein Infrarot-Empfänger für die IRIS Fernbedienung eingebaut, so dass man die Fernbedienung direkt auf das Adaptergehäuse richten kann. Die Zentrale ist aber nach wie vor die „6021", deren Eingaben und Befehle kommen dann auch von anderer Stelle (z.B. IRIS). Der Leistungsumfang von 80 Lok- und 256 Weichenadressen bleibt nach wie vor bestehen. Auch das neue LISSY-System zur automatischen Anlagensteuerung ohne PC kann über das LocoNet vorgesehen werden, welches bis auf die begrenzte Märklin Adressenzahl über die gesamte Bandbreite der Uhlenbrock Digitalartikel einsetzbar ist. Auf diese Art und Weise kann man eine bestehende Anlage hervorragend im Bedienkomfort steigern, ohne dafür eine neue Zentrale anschaffen zu müssen.

# Die INTELLIBOX

Nicht ganz ohne Grund betrachten wir zum Schluss die INTELLIBOX. Ich habe ausschließlich Zentralen vorgestellt, welche bei Projekten auch im Einsatz sind. Das Lenz „compact" macht in diesem Zusammenhang eine kleine Ausnahme, denn ich habe es mir zum einen zum Probieren bei „Mariensiel" und zum anderen für das Programmieren von Roco/Lenz DCC-Weichendecodern zugelegt.

Ich stelle Ihnen jetzt die wichtigsten Funktionen dieser weitreichenden Multiprotokollzentrale vor.

## Multiprotollfähig – Mehrsprachig ist Trumpf

Es können Motorola (alt 1 und neu 2), DCC- Lok- und Magnetartikeldecoder sowie Selectrix-Lokdecoder zusammen mit der Intellibox gleichzeitig benutzt werden.

## Fahrstufen - Fahrkomfort

| | |
|---|---|
| Motorola (alt/neu) | 14 Fahrstufen |
| DCC | 14, 27, 28, 128 Fahrstufen |
| Selectrix | 31 Fahrstufen |

## Adressen für die Loks – wer ist wer

Es werden grundsätzlich alle Adressen der verschiedenen Decoderfabrikate unterstützt.

Jedoch hängt es vom jeweiligen Fabrikat ab, wie viele Lokadressen tatsächlich vergeben werden können.

| | | |
|---|---|---|
| Märklin - Motorola | 80 | Adressen |
| Uhlenbrock - Motorola | 255 | Adressen |
| Uhlenbrock - DCC | 9999 | Adressen |
| DCC- kompatibel | 99-9999 (typabhängig) | Adressen |
| Trix - Selectrix | 112 | Adressen |

## Virtuelle Adressen – lange Adressen

Sind mehrere Loks der gleichen Baureihe auf der Anlage oder eine aus bestimmten Gründen bevorzugte Adresse ist schon vergeben, dann kann man virtuelle oder auch eine „Lange" Adresse vergeben. Das könnte z.B. die Betriebsnummer der Vorbild - Lok sein (Beispiel: BR 50 058 = Adresse „5058")

## Adressen für die Weichen – Die Magnetartikelsteuerung

Im Sinne der Philosophie der INTELLIBOX werden auch hier verschiedene Formate unterstützt; es können jeweils geschaltet werden:

| | |
|---|---|
| Märklin Motorola: | 320 Magnetartikel |
| DCC | 2040 Magnetartikel |
| Trix – Selectrix | Selectrix Magnetartikeldecoder können nicht benutzt werden, da der speziell zum Betrieb dieser Decoder notwendige Selectrix Systembus bei der Intellibox nicht zur Verfügung steht. |

## Booster – Verstärker inbegriffen

Der eingebaute Booster ist leistungsstark, kurzschlussfest und liefert einen Ausgangsstrom bis zu 3A. Die Betriebsspannung ist wahlweise einstellbar auf H0 und N (hier Spannungsbegrenzung auf max. 18 Volt).

## Interface – die Schnittstelle zur Computer Welt

Die INTELLIBOX verfügt über eine serielle Schnittstelle für den Anschluss an den Computer. Das Protokoll dieser Schnittstelle P50X ist offen gelegt und baut auf dem Protokoll der Märklin-Digital-Schnittstelle auf bzw. ist damit wahlweise komplett kompatibel. Zudem besitzt sie auch ein erweitertes Protokoll, das die Eigenschaften des Geräts optimal berücksichtigt. Die Übertragungsgeschwindigkeit zum Computer kann bis zu 19200 Baud (Zähleinheit für die Geschwindigkeit der Datenübertragung) betragen. Man kann die Übertragungsgeschwindigkeit ganz nach Wunsch für die eigenen Bedürfnisse und Erfordernisse (z.B. bei der Wahl einer Steuersoftware wird diese meist in einer bestimmte Größe empfohlen) festlegen. Über diese besondere Thematik werde ich noch eingehender im Band 2 berichten.

## BUS Systeme – die digitalen Verkehrswege

Die Intellibox besitzt Kommunikationsanschlüsse für das LocoNet. Damit steht die ganze Bandbreite der entsprechenden Zusatzgeräte zur Verfügung.

Zudem können auch Märklin kompatible s88-Rückmeldemodule mit dem hierfür vorgesehenen Busanschluss benutzt werden. Insgesamt können dabei bis zu 31 s88-Module von der Intellibox ausgelesen werden.

Konform der Märklin Zentrale 6021 hat man bei Uhlenbrock auch die links und rechts seitlich ange-

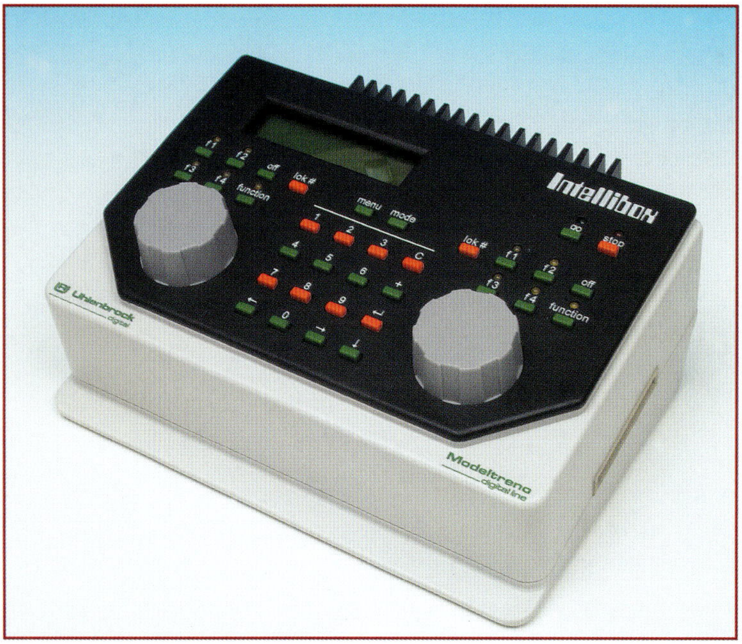


*Die Intellibox ist mit ihrer Multiprotokollfähigleit ein echter „Alleskönner".*

ordneten Steckerleisten für das Zusammenspiel mit den entsprechenden Märklin Zusatzgeräten (linke Seite Magnetartikelsteuerung und rechte Seite Fahrbetrieb) berücksichtigt. Nicht nur das Design der INTELLIBOX, auch diese Anschlusstechnologie hat man sinnvoller Weise übernommen. So sind vorhandene Märklin Geräte ohne weiteres mit der INTELLIBOX als Ersatz für die 6021 Zentrale weiterverwendbar. Bei einer Weiterverwendung als Zusatzgerät ist für die Control oder Central Unit ein spezieller Adapter (Uhlenbrock Best Nr. 61 020) erforderlich.

## Die Anschlüsse

Auf der Rückseite der INTELLIBOX sind die meisten Anschlüsse zu finden. Von links nach rechts gesehen findet man zuerst eine fünfpolige DIN-Buchse, wie man sie früher aus dem Hifi-Bereich her kannte. Hier besteht die Möglichkeit, eine Lokmaus der Generation 1 anzuschließen. Dies ist aber nur möglich mit Lokmäusen der 1. Generation und auf keinen Fall mit dem Nachfolgemodell der „Lokmaus 2". Alternativ wird dieser Anschluss auch für das Infrarot System IRIS von Uhlenbrock genutzt. Darunter befindet sich die sechspolige s88-BUS-Buchse. Bei der Ausführung des passenden Steckers haben sich die Anbieter der entsprechenden Module an diesen (Märklin kompatiblen) Standard angepasst. Sie können also im Grunde freizügig Ihren bevorzugten Lieferanten wählen; die Stecker dürften stets passen. Achten Sie nur darauf, dass dieser so eingesteckt wird, so dass das Flachbandkabel nach unten zeigt. Dann folgt die Booster-Buchse. Auch hier hat man sich an die von Märklin bereits bekannte Ausführung angelehnt. Die hauseigenen Uhlenbrock Booster sind natürlich ohne Probleme hieran anzuschließen. Daneben folgen zwei LocoNet Buchsen. Die linke ist mit dem Zusatz „B" gekennzeichnet. Sie dient zum Anschluss von LocoNet-Booster; beachten Sie aber bitte: Da die Kurzschlussmeldeleitung fehlt, kann in diesen Falle eine Meldung von hier aus an die INTELLIBOX nicht erfolgen. Im Normalfall besitzen solche Booster aber einen eigenen Kurzschlussschutz. Das eigentliche LocoNet ist mit „T" bezeichnet. Dies ist der klassische Anschlusspunkt für das gleichnamige Netzwerk. Bei Uhlenbrock dient es u.a. zur Vernetzung der verschiedenen Zusatzgeräte.

Rechts unten ist die serielle Schnittstelle des Computer-Interface zu finden. Über das entsprechende Kabel (ist im Computer Fachhandel und bei Uhlenbrock erhältlich) wird hier die Verbindung zum PC hergestellt. Darüber ist auf der linken Seite noch einmal eine dreipolige Buchse zur Aufnahme von DCC Boostern zu finden. Den passenden Stecker dazu finden Sie im Lieferumfang der INTELLIBOX. Hier können nun andere Booster nach DCC Standart angeschlossen werden, wie z.B. die Booster der Firma Lenz. Üblich ist es dabei den Booster über die Klemmen 1 und 2 des Steckers mit der Intellibox zu verbinden. Bitte lesen Sie sich aber auf jeden Fall vor

Inbetriebnahme eines solchen Gerätes das Handbuch des Boosters und den entsprechenden Abschnitt aus dem Handbuch der INTELLIBOX durch. Wird auch in diesem Fall nicht die Leitung „E" verwendet, so sollte der benutzte Booster auf jeden Fall einen eigenen Schutz vor Kurzschlüssen am Gleis haben.

Betrachten wir nun eine ganz wichtige Buchsenleiste: Oben rechts ist eine sechspolige Buchse zu sehen. Hier wird mittels einem dazu passenden (und zum Lieferumfang gehörenden) Stecker die Verbindung vom Netztrafo und zu den Anlagengleisen und dem separaten Programmiergleis durchgeführt. Wenn es einen Schwachpunkt bei INTELLIBOX zu beschreiben gäbe, könnte er hier zu finden sein. In den doch eher kleinen Stecker hat man schon seine Mühe, Litzen und Kabel präzise und vor allem dauerhaft zu fixieren. Sollen die Kabeldurchschnitte größer ausfallen, und das müssten sie ja eigentlich in der Digitaltechnik, kann man sich mit einer anderen Lösung weiterhelfen. Ich habe es bei drei Anlagenprojekten in dieser Form umgesetzt und es hat sich in der Tat als sehr praktikabel erwiesen.

## Anschluss der INTELLIBOX

Ich möchte Ihnen an dieser Stelle die angesprochene Vorgehensweise ein wenig mehr erläutern. Zunächst habe ich das Gehäuse der Box mit kleinen Spax Schrauben auf einer ca. 18 auf 18 cm messenden Sperrholz bündig mit der Vorderseite darauf fixiert. An der Hinterseite entsteht genügend Raum für Montage von einer sechsteiligen eher groß dimensionierten Lüsterklemme aus dem Baumarkt und einem Schraubsockel für die Aufnahme von Kabelbindern. Mit relativ dünner Litze wurden nun möglichst kurze Verbindungen von dem Stecker zu den Lüsterklemmen verlegt. Von hier aus kam dann 1,5 qmm Kabelquerschnitt zum Einsatz. Ein Fachmann bestätigte mir, dass auf den wenigen Zentimetern der dünnen Litze keine Probleme hinsichtlich eines Leistungsabfalls oder Datenverlustes entstehen würden. Es ist fast nicht möglich, das stärkere Material direkt am Stecker zu fixieren; sparen Sie sich daher die Mühe und wahrscheinlich ist meine Lösung auch für Sie praktikabel. Da auch die Lüsterklemme verschraubt sein sollte, wird keine mechanische Gewalt mehr auf den Stecker und die dünnen Zuleitungen ausgeübt. Das dürfte sicherlich einer stabilen Verbindung zur Anlage entgegenkommen. An dem Schraubsockel kann nun nach Bedarf die „s88" Busleitung und auch die Kabelzuführung der Lokmaus 1 oder der IRIS Empfängerleitung dauerhaft mit Rasterbändern fixiert werden. Wollen Sie diese wieder einmal lösen, reicht es mit einem kleinen Seitenschneider das Kunststoffband einfach durchzutrennen. Die Erfahrungen bei den verschiedenen Projekten haben über die Jahre gezeigt, dass die beschriebenen Maßnahmen der Betriebssicherheit sehr zuträglich waren. Bei anderen Montagen gab es hin und wieder bei mechanischen Bewegungen an der INTELLIBOX, zugegeben traf dies in erste Linie bei nicht gerade sanften Umgang an-

lässlich von Transporten der Anlagen zu, einen „*Wackler*" an dem Stecker. Es zog sich bei einer Zugeinwirkung am Kabelbaum unbemerkt etwas heraus – oder auch nur eine Ader aus dem Stecker – und schon war es passiert. Nichts ist störender, als die Ursachen von solchen Aussetzern hinterher suchen zu müssen. Die Leistung des Trafos sollte mindesten 64 VA betragen, Uhlenbrock bietet einen passenden dazu gleich mit 70 VA an. Dieser gehört aber nicht zum Lieferumfang der INTELLIBOX.

## Die Bedienelemente

Die INTELLIBOX ist ein Fahrpult mit 2 Reglern. Sie sind links und rechts von den Tastenfeldern angeordnet. Durch die Drehregler ohne Endanschlag übernimmt die INTELLIBOX bei einem Fahrzeugwechsel automatisch die gespeicherte Geschwindigkeit der neu gewählten Lok. Über den im Handbuch ausführlich beschriebenen Menüpunkt „Bedienung" lassen sich die Arbeitsweisen der Regler ganz nach Wunsch einstellen.

Im „*AC Fahrregler Modus*" erhöht sich die Geschwindigkeit mit einer Drehung nach rechts und verringert sich wieder bei umgekehrter Drehung. Ist die Fahrstufe 0 erreicht sind weitere Drehbewegungen nach links ergebnislos. Mit einem sanften Druck auf den Reglerknopf kann die Fahrtrichtung dann geändert werden. Je nach eingesetztem Decoderformat kann dies mit einem sofortigen Stopp (Motorola, DCC) oder mit eingestellter Anfahr- /Bremsverzögerung (Selectrix) sein.

Im „*DC-Fahrregler-Modus*" hat man das klassische Gleichstrom Fahrpult nachgestellt. Es gibt also eine „0"-Stellung und eine Drehung nach links ändert die entsprechende Fahrtrichtung und erhöht bei weiterer Regelaktivität auch die Fahrstufen; umgekehrt geht es dann wieder über 0 und Stillstand der Lok in die andere Richtung. Pfeile, sie wechseln ihre Stellung je nach Fahrtrichtung, zeigen den aktuellen Stand der Dinge in dieser Hinsicht an. Der bekannte Druck auf den Reglerknopf löst einen Nothalt aus – mit den gleichen Wirkungen wie zuvor schon beschrieben.

Nun kann ich Ihnen eigentlich keine Empfehlung geben, welches die optimale Spielart wäre; diese Frage kann eigentlich nur subjektiv beantwortet werden. Ich bevorzuge aus Tradition den Gleichstrom-Modus. Bitte entscheiden Sie sich in diesem Punkt genau so subjektiv. Man kann mit ein paar Handgriffen beides ausprobieren und dann dürfte die Entscheidung nicht mehr so schwer sein.

Ganz ähnlich ist dies auch bei einigen Darstellungen auf dem Anzeigenfeld (Flüssigkristallanzeige – LCD). Die „Sprache" ist für jeden Modellbahner in seinem Land klar. Etwas anderes ist die Anzeige der Geschwindigkeit. Sie haben die Wahl einer Prozentangabe oder je nach Format mit seinen Fahrstufen (z.B. DCC mit Fahrstufe 28 = Anzeige im Bereich von 0 – 28) auch die aktuell angesteuerte Fahrstufenzahl als Klartext (Direktanzeige). Diese ist übrigens werkseitig vorgegeben.

Insgesamt ist das Anzeigenfeld dreigeteilt. Links und rechts werden Decoderformate, Lokadresse, Fahrstufe und Fahrtrichtung in Pfeilform angezeigt. In der Mitte sind dann Infomationsangaben zum gerade gewählten Modus (z.B. Keyboard mit Stellung der Weichen oder Programmiermodus) ersichtlich.

Jetzt haben wir schon einen guten Überblick über die INTELLIBOX erhalten. Aber es sind noch eine Menge weiterer Tasten vorhanden, die jetzt etwas näher beschrieben werden. Auch hier wird die Orientierung an dem bisherigen Märklin Design offensichtlich; die roten und grünen länglichen Tasten auf schwarzen Grund – aber im Detail gibt es natürlich Unterschiede. Zunächst muss man beachten, dass alles was das Fahrpult betrifft, doppelt vorhanden ist. Zudem hat die INTELLIBOX wesentlich umfangreichere Bedienmöglichkeiten. Allein durch diesen Punkt waren einige neue Tastenbezeichnungen notwendig. Oben rechts startet die Intellibox mit einer grünen LED Bereitschaftsanzeige (und nicht rot wie bei Märklin) über der Taste „*go*". Sie muss leuchten, sonst liegt eine Störung vor. Daneben befindet sich die „*stop*"-Taste, welche mit ihrer erwarteten Funktion bei deren Betätigung im System einen Nothalt auslöst. Dabei erfolgt über den Taster eine rote Anzeige. Mit „*go*" wechselt man anschließend wieder in den Betriebsmodus (grüne Anzeige). Oberhalb der Drehregler sind dann jeweils auch die zu den Reglern zugehörigen Taster zu finden. Mit der Taste „*lok*" links ruft man seine Lokwahl auf. Nun kann aus der Tastenformation in der Mitte (0 – 9) die Adresse eingegeben werden. Hierbei reicht übrigens eine einfache Ziffer bei einstelligen Adressen (Adresse 4 = „4" als Eingabe). Mit der Winkelpfeiltaste (links neben dem rechten Regler) bestätigt man seine Eingabe und nun kann man mit der Lok schon fahren. Mit den Tasten „*function*" wird das Licht der Lok eingeschaltet und mit *„off"* wieder aus. Die Tasten *„f1 bis f4"* dienen weiteren Sonderfunktionen. Wenn man vor deren Betätigung die *„lok"*-Taste drückt, erweitert sich der Zugriff auf die Sonderfunktionen von *„f5"* bis *„f8"*; *„f1"* ist dann eigentlich *„f5"* usw. Jedes Fahrpult besitzt die zuletzt genannten Tastenfelder. Die Eingabe (Winkelpfeil) Taste ist allerdings nur einmal vorhanden, genau so auch die Cursor Steuertasten. Sie sind von großer Bedeutung bei der Navigation durch die verschiedenen Menüs. Die Pfeile, die nach links und rechts zeigen, bedeuten: eine Menüebene oder eine Spalte nach links oder rechts. Der nach unten zeigende Pfeil: Einen Menübeitrag nach unten blättern oder einen Wert um 1 verkleinern. Die Taste *„+"*: Einen Menüeintrag nach oben blättern oder einen Wert um 1 erhöhen. Zudem kann nach dem Betätigen der *„+"*-Taste auch die so genannte Multitraktion gebildet werden. Damit mehrere Loks (bis zu vier Stück mit ihren Adressen) von der INTELLIBOX gemeinsam gesteuert werden können, hat man diese zu- und abschaltbare Option realisiert. Denken Sie zum Beispiel an Vorspannbetrieb oder auch Doppeltraktion bei Zügen oder Sie wünschen sich sogar eine Schiebelok. Mit dieser Option können dann alle Maschinen für die Zeit des „Multitraktion"-Betriebes zusammen gesteuert werden, obwohl die einzelnen Decoder unterschiedliche Adressen aufweisen. Das funktioniert auch mit virtuellen Adressen. Voraussetzung für einen optimalen gemeinsamen Betrieb sind aber die zuvor gleich eingestellten Parameter von Minimal- und Maximalgeschwindigkeiten der Lokomotiven, die an der Traktion beteiligt sind. Sonst könnte es durchaus vorkommen, dass die Schiebelok gegebenenfalls zu langsam wäre und aufgrund der entstehenden Spannung im Zug dieser entgleisen oder umstürzen könnte.

Die *„C"*-Taste dient zunächst zur Korrektur. Die letzte Eingabe kann damit zeichenweise gelöscht werden. Zudem können Sie damit auch die Multitraktion wieder löschen. Im Handbuch sind diese Schritte, teilweise auch mit Symbolen, sehr anschaulich erläutert. Ich ziehe immer wieder das Handbuch als Gedächtnisstütze bei Bedienungsabläufen zu Rate. Man kann sich nicht alles merken, aber ich bin zumindest nach den ersten Handgriffen schon wieder über die Abläufe genau informiert.

Oberhalb des Tastenfeldes der INTELLIBOX sind noch zwei grüne Tasten *„mode"* und *„menu"* platziert.

Mit *„mode"* wechselt man in die verschiedenen Betriebsmodi der INTELLIBOX. Das kann das Keyboard (Mag-

## INTELLIBOX mit Märklin Zusatzgeräten

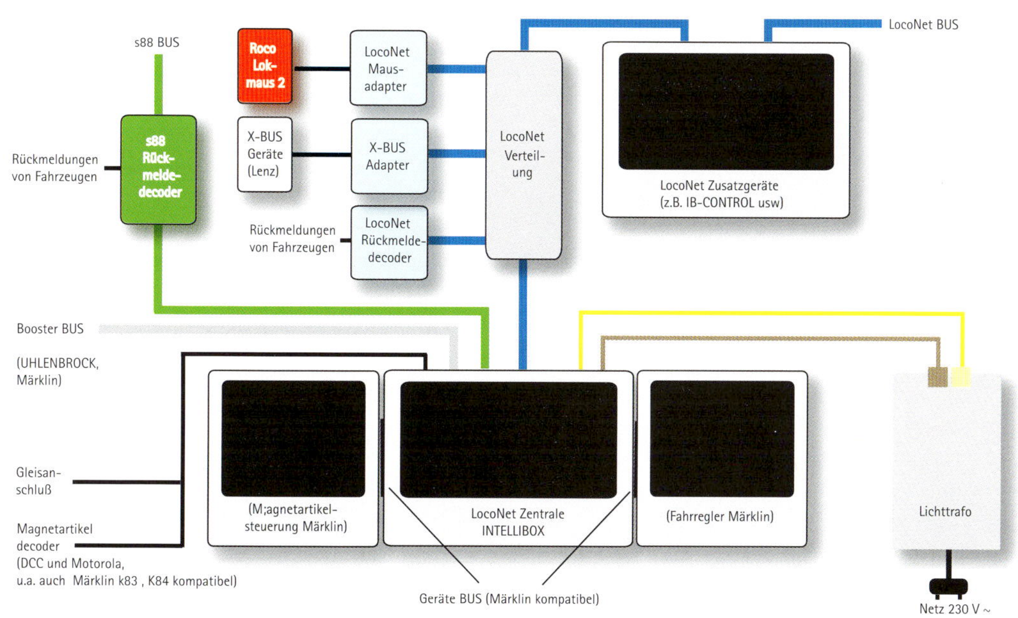

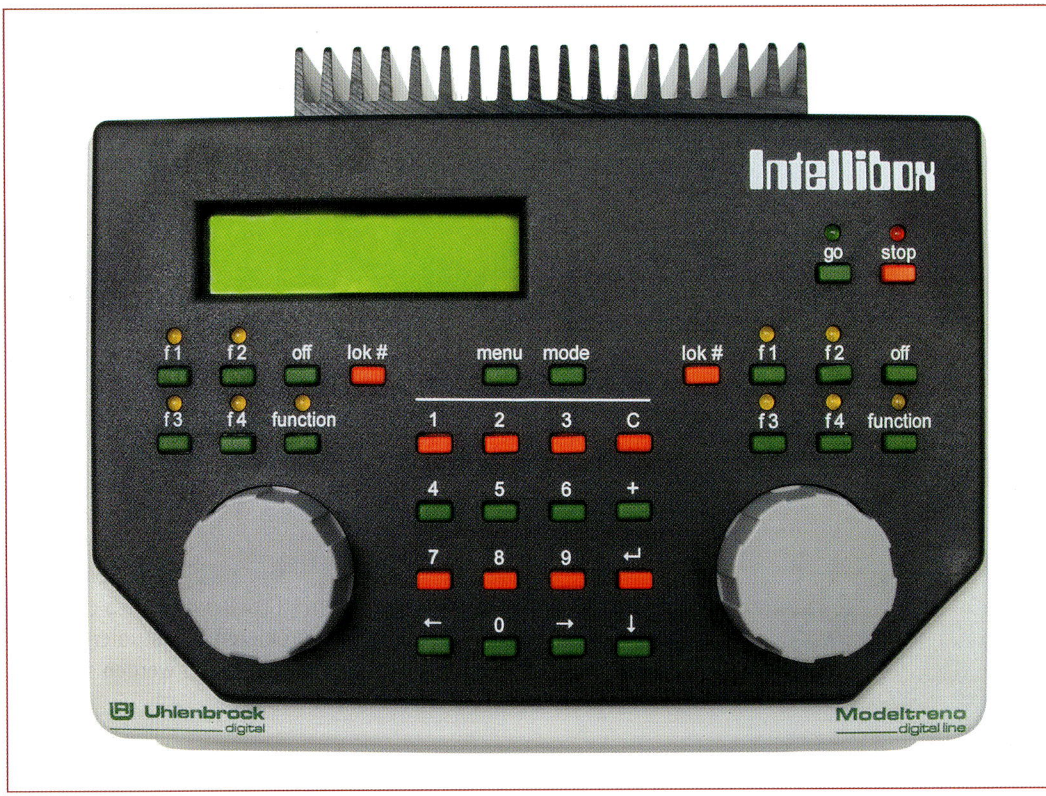


netartikel Einzelansteuerung), die Fahrstraßensteuerung (Memo Mode – speicherbare Funktionsabfolgen), der „s88-Monitor" (Kontrolle und Anzeige der s88 Rückmeldemodule) oder der Programmer (Eingabefläche zur Programmierung von Decodern) usw. sein.

Mit dem Drücken von *„menu"* erhält man zu den einzelnen Betriebsmodi der Intellibox immer das zugehörige Einstellungsmenü, um z.B. Magnetartikeladressen zu ändern oder Fahrstraßen zu editieren. Hat man ein solches Einstellungsmenü aufgerufen, so kehrt man mit der *„menu"*-Taste auch wieder zum eigentlichen Fahrpultbetrieb zurück.

## Weichen mit der INTELLIBOX

Wie jede andere Zentrale ist die INTELLIBOX für das Stellen von Magnetartikeln ausgerüstet. Nur, und das unterscheidet sie ganz deutlich z.B. von der Märklin 6021, kann man direkt mit dem Tastenfeld in der Mitte des Geräts Magnetartikel schalten, wenn sich die INTELLIBOX im Betriebsmodus „Keyboard" befindet. Hierzu muss man kein zusätzliches Gerät anschließen. Ab einer gewissen Anzahl von Weichen und Signalen sollte man sich dann aus Übersichtsgründen und zur Steigerung des Komforts hinsichtlich von Automatiken, noch Hilfe eines zusätzlich technisch weiterentwickelten Keyboards, z.B. in Form des IB –SWITCH zulegen. Es können, wie schon erwähnt, Magnetartikel- und Schaltdecoder für Weichen und Signale im Motorola- und DCC-Format eingesetzt werden, wobei auch gleichzeitig beide Formate der Decoderansteuerung zur Verfügung stehen. Sie können sogar jede Weichenadresse über den Menüpunkt „Weichenstellung" ein bestimmtes (Motorola oder DCC) Format zuweisen. Ich habe aber die Erfahrung gemacht, dass es aus Übersichtsgründen doch besser ist, möglichst bei einer persönlich gebräuchlichen Ausrichtung bezüglich des Datenformats zu bleiben. Auch die Option des Datenformats für alle Weichen wird über den Menüpunkt „Weicheneinstellung" bedient. Man sollte nicht versuchen, die Multiprotokollfähigkeit komplett auszureizen und alle möglichen Decoder unterschiedlichster Hersteller und Formate miteinander kombinieren. Fragen Sie sich bei so etwas immer, welchen Zweck Sie verfolgen wollen. Die Auswahlkriterien der Decoder behandeln wir in einem folgenden Kapitel noch ausführlich.

Wenn Sie nun Ihre Weichen umstellen wollen, müssen Sie aber doch noch einmal auf die Art des Decoders achten. Bei den Typen mit „Dip"-Schaltern (Mäuseklavier), wird die Decoderadresse dann entsprechend den der Verpackung beiliegenden Listen programmiert. Mit einem kleinen Schraubendreher als Stellstift ist das rasch geschehen. Damit sind aber die Weichen an sich mit anderen, sagen wir einmal internen, Adressen versehen worden. Das funktioniert, wie schon erwähnt, in Viererschritten, da bei diesen Decodern immer der Anschluss von 4 Weichen möglich ist. Bei den Einstellmenüs der INTELLIBOX wird in diesem Fall nicht die Decoderadresse des „Dip"-Schalters, sondern die tatsächliche Weichenadresse der entsprechenden Weiche berücksichtigt.

Damit hätten die Weichen die Adressen von 1 bis 4. In diesen Viererschritten geht es dann immer weiter bis zur Decoderadresse 64 (= Weichenadressen 253 – 256).

Im Anhang finden Sie zur kompletten Übersicht die entsprechende Auflistung.

Um nun in den Stellmodus des Keyboards zu gelangen drücken Sie die *„mode"*-Taste so oft bis „keyboard" zu sehen ist; nun direkt die Taste *„1"* betätigen. In der Mitte der Anzeige hat sich die Darstellung geändert. Sie sehen jetzt kleine Kästchen. Diese stellen die Weichen in ihrer Lage dar. Drückt man jetzt die Tasten *„1"* (rot) und *„4"* (grün), sie stehen übereinander und arbeiten an dieser Stelle zusammen als Tastenpaar, springt das Kästchen von oben nach unten und die Adresse wird mit der Stellungsanzeige „G" für gerade oder „R" für rund (Abzweig) der Weiche kurz angezeigt. Die bereits bei dem DAISY-Konzept angesprochene Hilfe in Form eines Schemaplans sollte auch hier dienlich sein. Weisen Sie auch den Weichen und Signalen eine Grundstellungen nach den beschriebenen Kriterien zu, dann haben Sie eine recht gute Übersicht wie und was auf *Abzweig* oder *Gerade* usw. stehen muss. Das Tastenfeld müssen Sie sich in diesem Zusammenhang als „Achtfach-Stellpult" vorstellen. Die auf der Frontplatte aufgedruckten einzelnen Tastenbezeichnungen spielen in der Betriebsart „Keyboard" keine Rolle. Jeweils in der Doppelreihe gehören die roten und darunter die grünen Taster zusammen. Logischerweise startet die INTELLIBOX im Menü „Keyboard" mit den Weichen 1 – 8. Durch ein Druck auf die „Menu"-Taste und die Eingabe einer neuen Startadresse kann man selbstverständlich auch weitere Magnetartikel über die „8" hinaus aufrufen. Zudem besteht die Möglichkeit im Tabellen-Modus, einstellbar über den Menüpunkt „Sonderoptionen", jedem Tastenpaar eine beliebige Adresse zuzuweisen. Auch diese Optionen sind im Handbuch sehr ausführlich beschrieben und Sie können beim *Testen* und *Tüfteln* eigentlich nichts falsch machen. Sie wissen doch, bisweilen geht probieren über studieren, auch wenn letzteres nicht unterschätzt werden sollte!

## Fahrstraßen

Nicht von Anfang an konnte die INTELLIBOX auch Fahrstrassen im „Memo-Modus" auslösen. Seit einiger Zeit gehört diese Option jedoch zum üblichen Lieferumfang. Ältere Geräte können aber mit dieser Option nachgerüstet werden; fragen Sie Ihren Fachhändler danach.

Aber was ist das denn eigentlich eine Fahrstraße? Hierzu schaltet die Intellibox nacheinander bis zu 10 Magnetartikel, die in einer Fahrstraße einprogrammiert sein können. Auch beim Vorbild in der Dr-Technik wird mit einem Bedienvorgang eine Fahrstraße ausgelöst. Alle Stellwerksformen kennen den Begriff. Ein wichtiges Element ist sicher dabei die Signalabhängigkeit. Sind nämlich alle Weichen für den Fahrweg eines Zuges in der richtigen Lage (Basis ist die Dokumentation), wird erst dann das sichernde Signal auf Fahrt gestellt. Bei mechanischen Stellwerken muss der Eisenbahner per Handhebel Weichen und Signale betätigen und der, erst durch ein kompliziertes, mechanisches Gestänge freigegebene Fahrstraßenhebel, gibt wiederum das dazugehörige Signal frei. Diese Systematik funktioniert bei den modernen Stellwerken genau so; das Signal folgt immer erst zum Schluss! Diese Sicherheitsabfragen regeln natürlich heutzutage die Elektronik oder auch Computer-Techniken im Vorbild-Stellwerk. Uhlenbrock hat dieses System bei der INTELLIBOX und auch bei den Zusatzgeräten IB-SWITCH und SWITCH-CONTROL, ganz ähnlich umgesetzt. In der INTELLIBOX stehen Ihnen aber zunächst einmal 48 Fahrstrassen zur Verfügung. Sie werden in 3 Gruppen je 16 Tasten eingeteilt. Damit wird das komplette 16-teilige Tastenfeld in die Schaltvorgänge eingebunden (ähnlich wie beim Keyboard Modus). Sie können dann den Wechsel in eine andere Gruppe über die *„menu"*-Taste in eine der 3 gewünschten Gruppen realisieren. Je Fahrstrasse können 10 Einträge gemacht werden. Die Programmierung an sich ist mit der ausführlichen Beschreibung im Handbuch kein großes Problem mehr. Denken Sie bei der Reihenfolge an das zuletzt aufgerufene Signal (Signalabhängigkeit). Ansonsten steht Ihnen die Reihenfolge der zu stellenden Komponenten völlig frei. Zu jeder programmierten Fahrstraße gehört natürlich, zu welcher der 3 Gruppen sie gehört und mit welcher Taste aus dem Nummernfeld sie geschaltet wird. Die Schaltvorgänge der Weichen und Signale werden in einer Fahrstraße nacheinander abgearbeitet, also gibt es keinen gleichzeitigen Stellvorgang allen an der Fahrstraße beteiligten Komponenten. Dann wäre wahrscheinlich auch die Leistungsreserve des (u.U. aus der Digitalleitung kommenden) Stellstroms der Magnetartikel rasch erschöpft. Auf diese Weise aber, und das ist völlig vorbildgerecht, schaltet eine Weiche oder ein Signal nach dem anderen. Die Zeit der Schaltvorgänge ist über die „Sonderoption 450" der INTELLIBOX einstellbar. Die Eingabewerte liegen von 2 bis 100. Ein Wert von 10 entspricht ca. 0,5 Sekunden. Mit der *„mode"*-Taste gelangt man in den „Memo-Mode" und kann die Fahrstraßen abrufen.

Zusätzlich besteht noch die Möglichkeit, Fahrstraßen zu verknüpfen; bei Uhlenbrock heißt das „Verkettung". Mit der letzten Eingabe einer Fahrstraße kann dann die nächste gleich mit aufgerufen werden. Damit stehen für Automatiken oder Teilautomatiken schon sehr viele Möglichkeiten offen. Beim Vorbild wird eine Fahrstraße nach dem Durchfahren wieder aufgelöst. Das ist hier in dieser Form nicht der Fall. Dies muss auch nicht sein, denn es ist ja auch kein DB normgerechter Stelltisch als Ein- und Ausgabemedium vorhanden, auf welchem man das tatsächlich darstellen könnte. Der Stellwerker löst bei der mechanischen Technik wirklich per Hand seine Fahrstraßen auf und stellt alle Weichen und Signale wieder in Grundstellung (das kennen Sie ja aus dem Schemaplan). Das müssen Sie hierbei eigentlich gar nicht, denn die nächste Fahrstraße, die aufgerufen wird, kann die Weichenstellungen der zuletzt gestellten Fahrstraße wieder überschreiben.

## Programmieren mit der INTELLIBOX

An dieser Stelle darf ich noch einmal in dieser Hinsicht ganz ausdrücklich auf das Handbuch hinweisen. Hier kann nicht jeder Programmierschritt, der mit der INTELLIBOX möglich ist im Detail geschildert werden. Ganz wichtig ist aber auf jeden Fall die Tatsache, dass man eigentlich alle (Uhlenbrock, Selectrix und DCC kompatiblen) Decoder mit den verschiedenen Menüpunkten programmieren kann. Über die Anschlussklemmen der INTELLIBOX haben wir ja schon gesprochen. Hier ist dann auch eine Zuleitung für das Programmiergleis vorhanden. Dieses trennen Sie bitte unbedingt komplett von der übrigen Anlage ab. Es darf auch keine gemeinsame Masse vorhanden sein, auch dürfen während der Programmierung keine Fahrzeuge oder Wagen über den Trennstellen stehen. Dieses Gleis platziert man am besten im Vordergrund der Anlage oder sieht es direkt extern vor. Auf dem Werktisch wäre sicherlich auch ein sehr guter Platz dafür. Nur wenn man unbedingt einen direkten Anschluss an die Anlage wünscht, sollte man das Programmiergleis als getrenntes Gleis vorsehen. Alles was sich auf diesem Gleis befindet, wird sonst bei einem Programmiervorgang mit beeinflusst. Daher sei auch hier höchste Vorsicht bei dem Gedanken angeraten, die gesamte Anlage sozusagen als Programmiergleis zu fahren. Die Überlegung ist zwar nicht falsch, da man ja nur über den Aufruf eines Menüs in die Programmierebene kommt, aber die Sache ist in diesem Zusammenhang so äußerst leichtsinnig. Ganz schnell hat man hier etwas übersehen (und wer räumt schon alle Fahrzeuge von der Anlage) und ist dann anschließend schockiert über das, was alles passieren kann, denn nicht nur Loks, sondern auch Weichendecoder könnten von einer gleichzeitig durchgeführten Fahrzeugdecoder-Programmierung betroffen sein. Ich bevorzuge deshalb ein Programmiergleis extern der Anlage. Hier kann man ungestört probieren und direkt nachrüsten. Die Art der Ansteuerung des Programmiergleises bei einem Programmiervorgang kann im Grundeinstellungsmenü beim Menüpunkt „Prog-gleis" ausgewählt werden.

Betätigt man im Programmiermodus der INTELLIBOX die „menu"-Taste, so kommt man zu den nachfolgenden Menüpunkten zur Programmierung der verschiedenen Lokdecodern:

### „Uhlenbrock"

mit den jeweiligen Bestellnummern der geeigneten Lokdecodern, zudem die „Reset"-Option (zur Rückkehr in die Werkseinstellung der Decoder)

### „DCC" Register-Programmierung

Trifft meistens für ältere Decoder zu; es können solche programmiert werden, die ihre Programmierung in 8 Programmregistern erwarten, einige DCC-Weichendecoder lassen sich nur auf diese Weise einstellen.

### CV-Programmierung - byteweise

Es können hier Decoder programmiert werden, die ihre Programmierung in bis zu 1024 Konfigurationsvariablen (CV) erwarten.

### CV-Programmierung - bitweise

Es können hier Decoder programmiert werden, die ihre Programmierung in bis zu 1024 Konfigurationsvariablen erwarten; man hat aber hier ergänzend die Möglichkeit, jedes Bit einer Konfigurationsvariablen einzeln zu ändern oder auszulesen. Dies kann hilfreich sein, falls bei einer Konfigurationsvariablen deren Bits unterschiedlich Bedeutungen haben und zur Einstellung von bestimmten Decodereigenschaften genutzt werden. Als eine sehr komfortable Art der Programmierung, als Bit Nummerierung, erwartet die INTELLIBOX Zahlen von 0 - 7. In einigen Decoderbeschreibungen wird jedoch eine Ziffernfolge von 1- 8 verwendet; dies muss dann entsprechend umgesetzt werden.

### Paged Programmierung

Es können hier Decoder programmiert werden, die ihre Programmierung in bis zu 1024 Konfigurationsvariablen erwarten aber in diesem Falle mit der sog. „paged"-Programmierung; in der rechten Spalte der Anzeige des Menü können dafür Werte von 0 beginnend bis 255 eingesetzt werden.

### Hauptgleis-Programmierung

Bei stehenden Fahrzeugen können während des Betriebs auf dem normalen Gleisanschluss mit Hilfe eines CV Programmiervorgangs Korrekturen am Anfahr-/Bremsverhalten von Fahrzeugen oder andere Einstellungen durchgeführt werden; die Decoder lassen sich dabei aber nicht auslesen.

### Lange Adressen

Hier haben Sie die Möglichkeit DCC Lokdecoder mit einer langen Adresse zu programmieren. Bei dem Verfahren wird die unter CV 1 programmierte kurze Adresse deaktiviert.

### „Selectrix" alle Decoder

In diesem Menü wird der Decoder automatisch ausgelesen und die Werte sind im Anzeigenfeld zu sehen; nun können die gewünschten Programmierschritte erfolgen.

### "Suche Dec.-Adresse" MotorolaDCC

Option ist nur bei Aufruf der Sonderoption 836 aktiv; bitte hier unbedingt die Hinweise im Handbuch beachten, denn bei diesem Verfahren sind einige Besonderheiten zu beachten. Vielfach ist es z.B. bei DCC Decodern günstiger, diese über die CV oder Register Programmierung auszulesen.

### S88 und INTELLIBOX

Bis zu 31 „s88"-kompatible Rückmeldedecoder (mit je 16 Eingängen) können an die INTELLIBOX angeschlossen werden. Werden alle 31 möglichen „s88"-Module benutzt, so belegen diese den Adressbereich für Rückmeldemodule von 1 bis 496. Sollen „s88" und LocoNet-Rückmeldemodule gemischt an der Intellibox betrieben werden, so belegen die „s88"-Module immer den unteren Adressbereich von der Adresse 1 an und die verwendeten LocoNet -Module müssen die darüber liegenden Adressen erhalten. Ein Beispiel: Sollen 4 „s88"-Module und ein LocoNet-Modul verwendet werden, so belegen die 4 „s88"-Module die Adressen 1 bis 64. Das LocoNet-Modul muss dann als Adresse für seinen ersten Rückmeldeeingang die Adresse 65 erhalten. Damit die INTELLIBOX nur 4 „s88"- Module ausliest, stellt man für das oben aufgeführte Beispiel zweckmäßigerweise die maximale Modulanzahl auf 4 ein. Diese Einstellung wird im Grundeinstellungsmenü unter dem Menüpunkt „s88"-Einstellungen vorgenommen.

Bei voller Ausnutzung aller Rückmeldeadressen können bis 2048 Eingänge ausgewertet werden; reichlich genug auch für Großanlagen! Doch eine Einschränkung möchte ich hier schon machen: Aus der Erfahrung hinsichtlich einer beständigen Betriebssicherheit heraus, sollten Sie sich für ein System entscheiden; also entweder für „s88" oder LocoNet-Rückmeldemodule. Im Kapitel über den Rückmeldbus mit „s88" komme ich darauf noch einmal zurück.

Man hat bei Uhlenbrock die Arbeitsweise der „s88"-Module erheblich optimiert und zwar indem die INTELLIBOX die Rückmeldesignale intern speichert. Dies ist für eine Steuersoftware samt PC von großer Bedeutung, damit ein schnellerer Abfragevorgang erreicht wird. Dafür muss allerdings die Zentrale wissen wie viele „s88" angeschlossen sind. Über den Menüpunkt „s88 Einstellung" kann die entsprechende Eintragung in das System gemacht werden.

Wenn Sie über die Anwahl mittels der „*mode*"-Taste in den „s88"-Modus kommen, können Sie das „s88"-Modul mit der Adresse 1 als Schema im Anzeigenfeld erkennen. Jedem der 16 Moduleingänge oder besser jedem der Rückmeldeeingänge mit den Adressen 1 bis 16, egal ob „s88" oder LocoNet -Module verwendet werden, ist ein Kreissymbol und eine der 16 Tasten des Tastenfeldes zugeordnet. Ist das Kreissymbol leer, so ist das entsprechende Gleis frei. Ein gefüllter Kreis zeigt ein belegtes Gleis an. Wird z.B. die Taste „+" betätigt, so erscheint im Display eine „8" und entweder eine „0", wenn das Gleis frei ist oder eine „1", wenn das Gleis besetzt ist. Damit lassen sich gezielt einzelne Eingänge der Rückmeldemodule auf ihren Zustand hin überprüfen. Sollen die nächsten 16 Rückmeldeadressen, bzw. das nächste „s88"-Modul mit 16 Eingängen zu Anzeige gebracht werden, so muss die „*menu*"-Taste betätigt werden und eine „2" eingegeben und bestätigt werden. So lassen sich alle 2048 Rückmeldeadressen in 16-er Blöcken überwachen.

Auf diese Weise kann man sogar schon während des Aufbaus der Anlage die Funktion jedes Moduls, bzw. deren Eingänge überprüfen, da diese meist durch Gleiskontakte, Stromfühler, Reedkontakte, externe Taster usw. angesprochen werden.

## LocoNet und INTELLIBOX

Wenn eine Zentrale als absolut tauglich für den LocoNet BUS bezeichnet werden kann, trifft dies im Besonderen auf die INTELLIBOX zu. Man hat hier alle Vorbereitungen zum Aufbau eines weitreichenden Netzwerks mit zahlreichen Zusatzgeräten, Besetztmelder usw., getroffen. Vor allem die Zusatzgeräte sind in ihrem Design und ihren technischen Ausführungen als ganz gezielte Ergänzung anzusehen. Mit ihnen hat man eine Art Baukastensystem realisiert. Was ist aber zunächst von der INTELLIBOX-Seite aus hinsichtlich des LocoNet zu beachten? Über die Anschlüsse auf der Rückseite haben wir ja schon gesprochen. Die entsprechenden Kabel und Verteilungen sind allesamt bei Uhlenbrock erhältlich und werden grundsätzlich an die LocoNet T Buchse (geeignet für Zusatzgeräte ohne eigenes Schienensignal) angeschlossen. Die „B"-Buchse ist für ausgewiesene „LocoNet Booster" vorgesehen und diese führt Uhlenbrock nicht in seinem Programm. Man kann allerdings auch normale Zusatzgeräte an dieser Buchse anschließen. In beiden Fällen, also der „T" und der" B"-Buchse, ist zu beachten, dass nur so viele Zusatzgeräte angeschlossen werden dürfen, dass der max. Ausgangsstrom der Buchsen nicht überschritten wird. Da alle LocoNet -Geräte über das Netz mit Energie versorgt werden, sollte man hier sicherstellen, dass die jeweiligen LocoNet-Ausgänge nicht überlastet werden. Dies führt zwar nicht zur Beschädigung der INTELLIBOX, kann aber dazu führen, dass das Gerät sich entweder überhitzt (auch hier gibt es einen entsprechenden Schutz und eine Fehlermeldung falls der Fall eintritt) oder die Zusatzgeräte nicht mehr ordnungsgemäß arbeiten. Die Tabelle auf Seite 106 hilft hier bei der Berechnung des gesamten Stromverbrauchs am LocoNet. Die Werte aus der Tabelle einfach für alle am jeweiligen LocoNet-Anschluss angeklemmten Geräte aufaddieren und mit der max. zulässigen Strombelastung der jeweiligen Buchse vergleichen. Hierbei darf der LocoNet-T-Buchse max. 500mA und der LocoNet-B-Buchse max. 200mA entnommen werden. Wird der Wert überschritten, so muss man das Netzwerk in Teilbereiche aufteilen und diese Teilbereiche mit einer LocoNet-Stromversorgung (Uhlenbrock Art.-Nr. 63 100, liefert wiederum 500mA) speisen.

Einige Zusatzgeräte haben am LocoNet eine eigene Adresse, diese wird als Geräte -ID beim Handregler FRED und dem Führerstandsfahrpult PROFI CONTROL oder als Moduladresse bei allen LocoNet -Modulen wie Rückmeldemodulen, dem SWITCH-CONTROL oder den Empfängern des Lissy-Systems bezeichnet. FRED und PROFI-CONTROL benötigen die Geräte-ID, damit die INTELLIBOX diesen Handreglern, die keine eigene Lokadresseingabe haben, eine oder mehrere Lokadressen zuweisen kann. Alle LocoNet-Module benötigen eine Moduladresse, damit sie zur Programmierung ihrer Moduleigenschaften von der INTELLIBOX am Netz auffindbar sind. Alle anderen Zusatzgeräte wie z.B. das IB-Control, das IB-SWITCH und der Handregler DAISY haben keine Geräteadressen.

Bei neuen Geräten, welche noch nicht im Handbuch erfasst sind, sollten Sie sich die entsprechen-

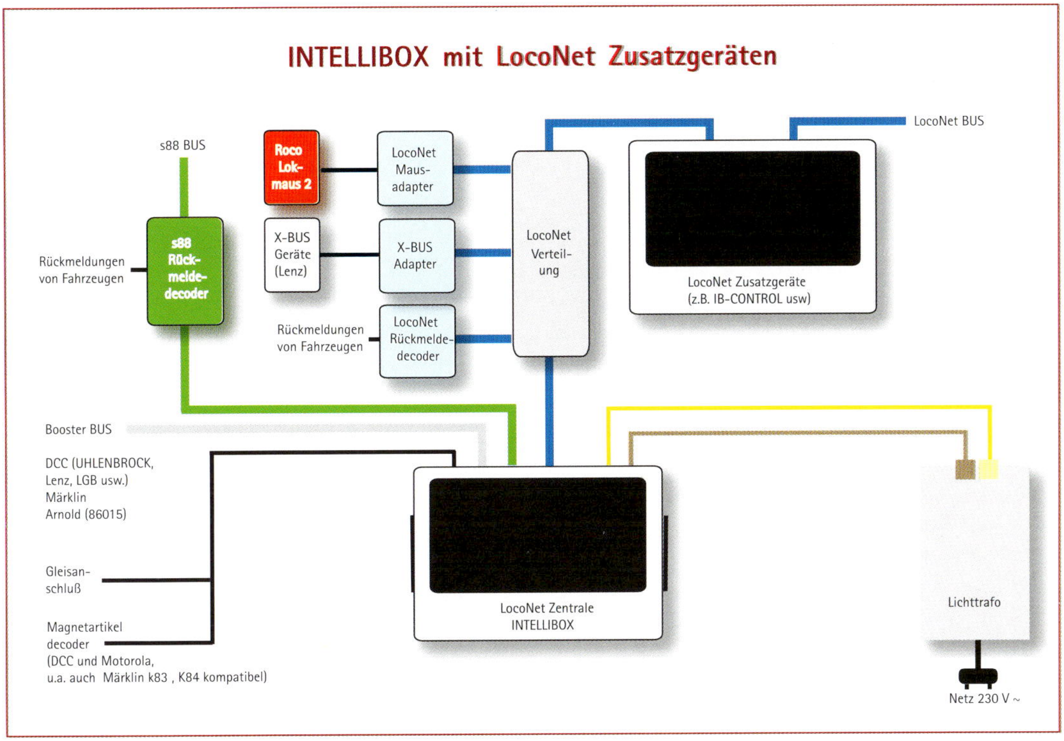

| Art.-Nr. | Bezeichnung | Stromaufnahme aus dem LocoNet |
|---|---|---|
| 66200 | Daisy | 50 mA |
| 66000 | Fred | 25 mA |
| 65400 | IB-Control | 120 mA |
| 65800 | IB-Switch | 100 mA |
| 65500 | Profi-Control | 30 mA |
| 63400 | Switch-Control | 30 mA |
| 63340 | Rückmeldemodul 2-Leiter | 30 mA |
| 63350 | Rückmeldemodul 3-Leiter | 30 mA |
| 68600 | Lissy-Empfänger | 25 mA |

den Passagen besonders gut durchlesen, damit Sie alles problemlos in Betrieb nehmen können.

Tasten Sie sich dabei stückweise heran und bei eventuellen Störungen hat man diese schnell eingekreist. Vor allem ist es auch wichtig, die Software-Version der INTELLIBOX zu kennen. Sie dokumentiert, welche Geräte die Intellibox kennt und welche eben nicht. Eine „ältere" INTELLIBOX, wenn ich dies einmal so sagen darf, hat z.B. keine Betriebssoftware für die Infrarot Fernbedienung IRIS und kann deshalb nicht damit bedient werden, falls kein Update installiert worden ist.

Deshalb wollen wir zunächst die Softwareversion prüfen: Zunächst drücken Sie die *„menu"*-Taste, dann die *„mode"*-Taste. Mit der Pfeiltaste (nach unten zeigend) blättern Sie bis zur Anzeige „Software-Vers." und anschließend weiter mit der Pfeiltaste (waagerecht nach rechts zeigend). In der oberen Zeile finden Sie die gesuchte Version und in der unteren die Seriennummer Ihrer INTELLIBOX. Mit *„menu"* geht es dann zurück in den normalen Betriebsmodus. Der Vorgang ist schnell erledigt und sie haben Gewissheit, dass das eine oder andere Gerät benutzt werden kann oder auch nicht. Mit dieser Erkenntnis können Sie mit ein wenig Erfahrung das erforderliche Update mit dem PC selbst aufspielen. Auf der Uhlenbrock-Homepage steht dieses kostenlos zur Verfügung oder es wird mit dem Gerät mitgeliefert, das zum Betrieb an der INTELLIBOX eine bestimmte Software-Version voraussetzt. Benötigen Sie Hilfe oder Sie haben gar keinen PC, fragen Sie Ihren Fachhändler; er wird Ihnen mit Sicherheit weiterhelfen.

Falls Sie nun LocoNet-Rückmeldemodule, das IB-SWITCH oder auch SWITCH-CONTROL einsetzten wollen, müssen hierbei bestimmte Arbeitsweisen und Einstellungen bei den genannten Modulen mit Unterstützung der INTELLIBOX vorgenommen werden. In den jeweiligen Beschreibungen sind dazu ausführliche Hinweise gemacht.

Bitte beachten Sie diese unbedingt und es kann auch durchaus sein, das bestimmte Einstellungen bei den unterschiedlichen Geräten auch verschiedene Bedeutungen haben können. Über die LocoNet-Konfigurationsvariablen (LNCV) kann man diese Einstellungen vornehmen. Neben den Adressen der Module, diese müssen stets angepasst werden, da die werkseitig programmierten Adressen bei allen gleich eingestellt sind und die Module deshalb nicht individuell angesprochen werden können, wenn alle Module mit gleicher Adresse gemeinsam am LocoNet angeschlossen sind. Das heißt, bevor die Module in die Anlage eingebaut werden, sollten diese einzeln an die INTELLIBOX angeschlossen und jedem Modul eine eigene Adresse zugeordnet werden. Wenn Sie sich bei der Programmierung an das Handbuch halten, kann dabei nichts passieren. Man muss das nur im Voraus wissen und nicht versuchen, im Block alles anzuschließen und dann festzustellen, dass es nicht funktioniert.

## Die Lokmaus 1 fährt mit

Eine wirklich sehr praxisnahe Option ist die Einbindung der alten „Lokmaus 1" aus der digitalen Anfangszeit. Auch ich habe einige davon (allesamt aus den preisgünstigen Startsets von Roco) und man kann sie hier wirklich noch ganz effektiv als Handregler einsetzten. Von der Bedienoberfläche her sind sie ja immer noch sehr einfach und man muss damit einfach optimal zurechtkommen. Für die Verlängerung der Zuleitung habe ich übrigens Diodenkabel aus dem Hifi-Bereich verwendet . Die verwendeten 5-poligen Diodenstecker und Buchsen sind zwar heutzutage nicht mehr so üblich, dennoch sind derartige konfektionierte Kabel mit Buchsen und Stecker in unterschiedlichen Längen bis 5 Metern in Fachmärkten oder bei Versendern überall erhältlich. Der Ausgang an der INTELLIBOX besitzt natürlich dann auch eine 5-polige DIN- Buchse. Es können bis maximal 8 Mäuse zusammen mit der INTELLIBOX eingesetzt werden. Mittels den so genannten Y- Adapter (besser gesagt: Verteilungen) kann man die gegebenenfalls erforderliche Verteilung vornehmen. Entsprechend der Roco-Schalterbelegung sind auch konform dazu die Adressen von der INTELLIBOX von 1 bis 8 werkseitig programmiert. Sie rufen an der Lokmaus 1 die Adresse 2 mit dem Schiebschalter auf und die INTELLIBOX übersetzt daraus die Lokadresse 2. Natürlich können Sie auch im Grundeinstellungsmenü den Roco Schalterstellungen andere Lokadressen zuweisen.

Technisch bedingt kann es beim Betrieb einige Besonderheiten geben, so lässt sich beispielsweise die Sonderfunktion (f1) oder das Licht immer nur einmal in der Sekunde ansprechen. Ganz ähnlich ist dies bei der „Power on /off" Funktion der Lokmaus 1; hier beträgt der Zeitraum sogar 5 Sekunden. Ich denke aber, in der Praxis ist dies alles eher nachrangig, viel besser ist natürlich die Weiterverwendung der Maus! Schließen sie hier übrigens unter keinen Umständen die Lokmaus 2 oder X-BUS Geräte an. So etwas kann zu erheblichen Beschädigungen an den Geräten führen.

## Grundstellung der INTELLIBOX

Sie haben nun schon viel gelesen, was man alles an der INTELLIBOX einstellen kann. Nun kann es vorkommen, dass etwas doch nicht so funktioniert hat, wie es sein sollte und man wünscht sich sozusagen einen kompletten Neustart. Das geht natürlich auch mit der INTELLIBOX. Im Kapitel „Zurücksetzen" wird im Handbuch diese wichtige Option näher erläutert. Wenn Sie sich für diesen Schritt entschieden haben, werden alle Änderungen des Grundeinstellungsmenü (z.B. Lokdatenformat usw.) gelöscht und die Veränderungen der Sonderoptionen werden zurückgenommen und die Sprache wird auf Deutsch zurückgesetzt. Wenn Sie sich irgendwo festgefahren haben sollten, können Sie auf diese Weise noch einmal von vorne beginnen. Bedenken sie aber, wie viele Schritte Sie in der Zwischenzeit schon getätigt haben; sie wären dann hinfällig gewesen.

## „Fehler?"

Fehler kann jeder Anwender machen und durch unrichtige Bedienung oder Verdrahtungen kann es

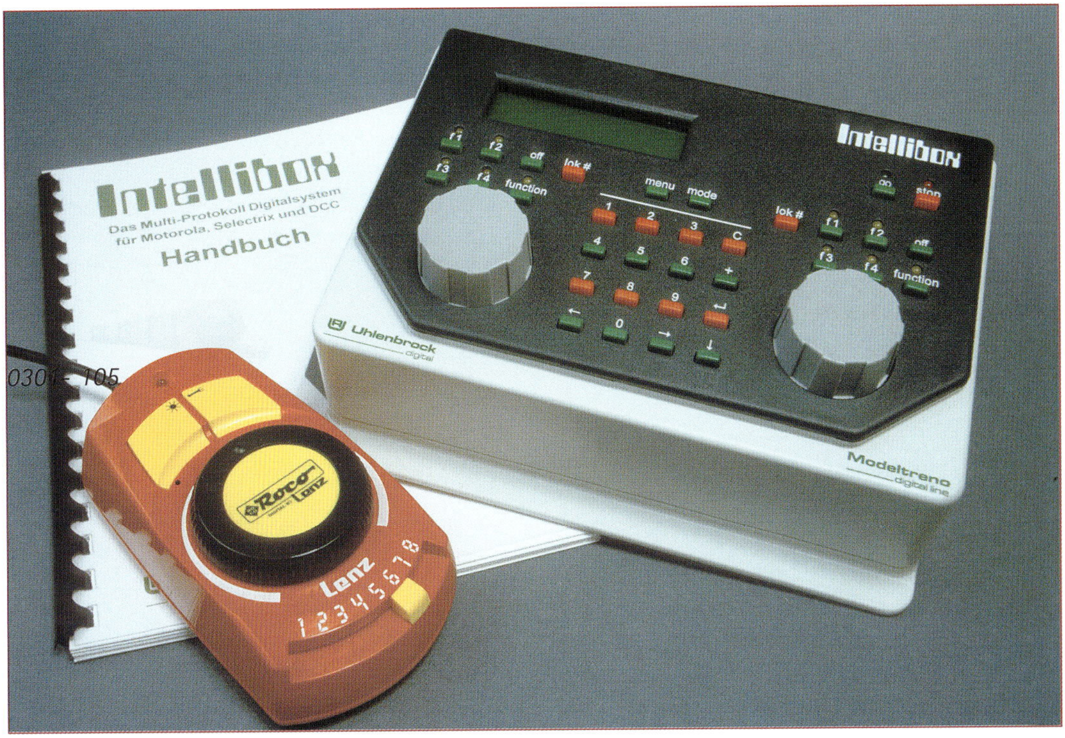

auch bei der INTELLIBOX zur Fehlermeldungen kommen. Ich denke, man bezeichnet sie aber besser als „Hinweise". Hier nun einige Beispiele:

Dies könnte z.B. im Display der INTELLIBOX plötzlich stehen:

*„Kurzschluss Gleisausgang"*
Hier ist ein Kurzschluss am Gleis oder in den Decoderzuleitungen (Klemmen 1 und 2) aufgetreten und die INTELLIBOX geht in den Nothalt-Modus. Bitte prüfen Sie die zuletzt gemachte Betriebshandlung. Ist ein Fahrzeug entgleist oder hat eine Weiche im Zweileitergleis die Herzstückpolarität nicht umgeschaltet, da der Antrieb defekt ist? Vieles mehr kann die Ursache sein, meistens ist jedoch der Kurzschluss genau in diesen Moment passiert und hier müssen Sie in aller Regel nachforschen. Haben Sie die vermeintliche Ursache beseitigt, können Sie mit Drücken der Taste *„go"* auf der INTELLIBOX den Betrieb neu starten. Falls dies nicht funktioniert, ist die Fehlermeldung wieder zu sehen und über der *„stop"*-Taste leuchtet erneut die rot LED, müssen Sie noch einmal Ursachenforschung betreiben.

*oder: „Kurzschluss Gerät überhitzt"*
Vorsicht, denn hier ist ein größerer Fehler in der Anlage! Durch einen möglichen extremen Dauerbetrieb ist hier die Obergrenze des Leistungsvermögens der INTELLIBOX erreicht. Um eine Beschädigung oder sogar Zerstörung des Geräts vorzubeugen, schaltet die INTELLIBOX ab. Nehmen Sie am besten sofort die Spannung vom Netz (Stecker ziehen!) und lassen Sie die Anlage für eine gewisse Zeit ruhen. Die Ursache kann im Bereich defekter oder falsch montierter Module, z.B. „s88" Rückmelder usw. begründet sein. Wahrscheinlich ist es aber die nicht mehr ausreichende Versorgung des Systems. Wenn Sie dann einen zusätzlichen Booster vorsehen, dürfte das Problem in aller Regel schon behoben sein. Auch hier gilt es: Was ist zuletzt passiert; wann ist der Fehler aufgetreten oder welches Fahrzeug oder Weichendecoder an welcher Stelle der Anlage waren beteiligt?

*oder: „Kurzschluß Lokmaus-Anschluss"*
Auch die Lokmaus 1 selbst könnte einen Defekt haben. Wahrscheinlicher ist aber ein Problem in der Kabelzuleitung oder im Stecker. Gerade bei mobilen Handreglern ist man geneigt, im täglichen Gebrauch etwas sorgloser mit den Geräten umzugehen. Schnell wird einmal das Kabel gequetscht oder der Stecker an der Leitung herausgezogen. Das sind alles Ursachen von Kabelbrüchen und Steckerdefekten. Hier gilt es dann in aller Regel nachzuforschen. Ist die Maus ausgesteckt und es erfolgt keine Fehleranzeige, haben Sie die Fehlerquelle. Sollte die Verlängerung Probleme machen, bräuchten Sie nur diese einzustecken. Bei einem Kurschluss wäre die Fehlermeldung ganz schnell wieder da.

Erschrecken Sie nun aber bitte nicht; wenn Sie alle bisherigen Tipps, auch die folgenden um Kabelaufbau herum beachten, werden Sie hervorragend zurecht kommen. Fehlermeldungen sollen Ihnen ja weiterhelfen und das tun sie mit ihrer Klartextanzeige im INTELLIBOX-Display. Zur „analogen Zeit" schaltete irgendwann einmal der Bi-Metall des Trafos ab. Meistens war es da schon zu spät und so manches Bauteil oder Fahrzeug „verkohlte" im wahrsten Sinne des Wortes. So geht es viel besser, weil im Zweifelsfalle nichts passiert, und aus meiner Erfahrung heraus sind Fehlermeldungen eher selten bis ganz selten zu prüfen.

*Der klassische Handregler für die INTELLIBOX ist FRED. Mit dem IRIS System steht aber nun auch eine drahtlose, sogar noch komfortablere, Version zur Verfügung.*

## 3.1.2. Booster

### Booster geben Kraft

Am Beispiel der INTELLIBOX haben wir gesehen, dass einige Zentralen einen Booster, also einen Leistungsverstärker, direkt eingebaut haben. Bei vielen Systemen fehlt dieser jedoch und man ist immer gut beraten, beim Planen und Aufbau der Anlage sich darüber generell einige Gedanken zu machen, ohne dabei schon ein bestimmtes Fabrikat oder Format vorzusehen. Ausschlaggebend ist alleine, wie der Leistungsbedarf einer Anlage geplant und definiert ist. Sie sollten sich daher den späteren Betriebzunächst weitestgehend vorstellen und überdenken, wie viele Fahrzeuge gleichzeitig zum Einsatz kommen, welche davon beleuchtet sind und welche zusätzliche Funktionen noch dazu digital (mit gleichzeitiger Spannungsversorgung aus dem Digitalstrom, z.B. Märklin Weichendecoder k83, Kräne usw.) gesteuert werden sollen. Da die Zentrale einer Modellbahn auch der „technische Chef" ist, verteilt sie den Digitalstrom in die Anlage, wobei aber nur das an Leistung eingespeist wird, was auch effektiv zur Verfügung steht. Oft macht man dabei den Fehler, das Leistungsvermögen zu unterschätzen, welches auch bei der INTELLIBOX nicht unendlich vorhanden ist. Selbst bei mittelgroßen Anlagen sollte man für den Fahrbetrieb bereits mindestens einen zusätzlichen Booster ausschließlich für den Fahrbetrieb vorsehen. Bei größeren Projekten müsste man sich mit dem Gedanken anfreunden, sogar der Magnetartikelsteuerung einen eigenen Booster zu spendieren. Ich bevorzuge bei mittleren Projekten wie z.B. „Elberfeld" (dürfte wohl von der Dimension aus für viele Modellbahnen in Betracht kommen) die Lösung Weichen und Signale aus der INTELLIBOX direkt anzusteuern und zwei weitere Boosterkreise ausschließlich zum Fahren vorzusehen. Bei diesem Projekt teile ich übrigens in den Bereich der vorderen Anlagenseite (sichtbarer Teil) und den hinteren Bereich (Schattenbahnhof) ein. Wenn Sie eine Großbahn (LGB oder Märklin Spur 1) mit einem Booster versorgen müssen, greifen Sie unbedingt auf dafür besonders geeignete Produkte zurück (z.B. Uhlenbrock POWER 6), damit auch für die „Stromfresser" genügend Leistung zur Verfügung steht.

### Grundsätzliches

Für die Leistungsbereitstellung gelten jedoch einige

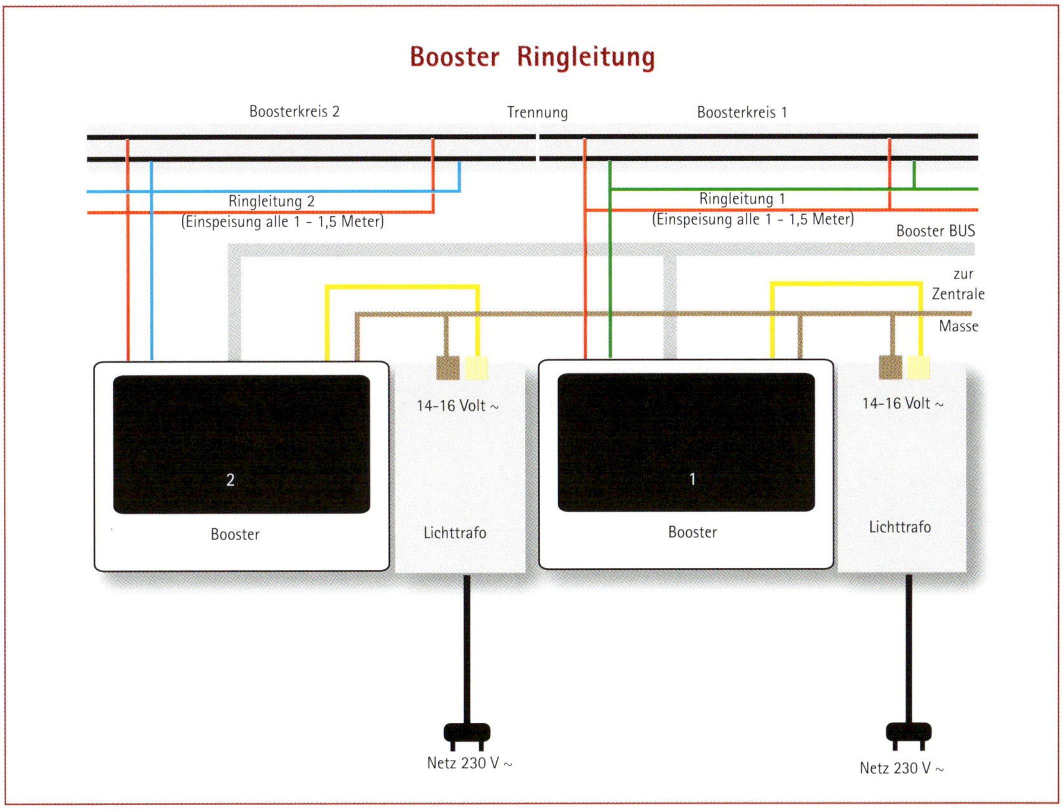

Ausnahmen, die Sie beachten müssen, um Schäden zu vermeiden. Verwenden Sie nur Booster bis zu einer Leistung von maximal 3 bis 3,5 Ampere, da der Zusatz für H0 Bahnen und kleiner fehlt. Natürlich sind Geräte für alle Baugrößen einsetzbar, man sollte aber eine Einteilung hinsichtlich der Leistung machen, da der Aufbau des Innenlebens der Fahrzeuge zwangsläufig von den Dimensionen her schon Unterschiede aufweist. Spur 1 oder LGB Modelle sind mit wesentlich massiveren Leitungsquerschnitten und Platinenbahnen als H0 oder N-Modelle bestückt, da diese für wesentlich höhere Leistungsaufnahmen ausgelegt sein müssen.

Was könnte nun passieren? Wenn Züge entgleisen oder auf falsch polarisierten Herzstücken von Weichen einen Kurzschlussfall in einem Boosterkreis verursachen, sind die Gefahren bei einem 6A-Booster im H0 oder N Betrieb nicht unerheblich. Es könnten als Folge Weichenzungen oder Radschleifer (in den Fahrzeugen) abbrennen, da diese dann dem Kurzschlussstrom von 6 A ausgesetzt sind, wie die Schienen selbst. Stellen Sie sich bitte vor, 6 A fliesen über eine N-Schiene mit schlechten Schienenverbindern, die einen hohen Übergangswiderstand haben. Auch Leiterbahnen in den Modelloks können dabei großen Schaden (abbrennen) nehmen, wobei unter Umständen mit Qualmwolken und unangenehmen Gerüchen materielle Verluste vorprogrammiert sind.

Achten Sie auch bitte auf einen phasengleichen Anschluss der jeweiligen Booster an die Zweileiter-Gleise. Dies geht ganz einfach: Eine Glühbirne mit Fassung und Kabelzuleitungen (z.B. für die Beleuchtung von Gebäuden) wird jeweils auf den beiden Schienen beidseitig der Boostertrennung angelegt. Brennt das Birnchen, liegt eine Verwechslung vor und Sie müssen dann die Gleisanschlüsse korrigieren.

Platzieren Sie die Booster möglichst nahe an die zu versorgenden Gleise, obwohl das eine „Dezentralisierung" bedeutet, auch wenn diese optisch schön zur Zentrale passen würden. Fast alle Digitalsysteme haben Bussysteme, die dies auch praktisch ermöglichen. Bei Lenz sind das die Klemmen C, D und E, bei Märklin und INTELLIBOX der Boosterbus, bei Selectrix kompatiblen Systemen der PX-Bus. Die Kabel zwischen Booster und Gleisen sollten eine maximale Länge von 5 bis 10 Meter haben, damit es keine Probleme mit den entstehenden Spannungsspitzen gibt.

Die Kabel zwischen Booster und Gleisen müssen grundsätzlich zuerst für den Kurzschlussfall bemessen werden und erst in zweiter Hinsicht für den Betriebsstrom. Der Booster könnte sonst im Kurzschlussfall nicht sicher abschalten, da die Kabelwiderstände zu groß werden könnten. Bis 1 Meter Kabellänge reichen Adern mit 0,75 qmm, besser sind aber 1,5 qmm Querschnitt. Ab 10 Meter Kabellänge sind dann aber immer 2,5 qmm vorzusehen. Da Gleise und besonders deren Schienenverbinder ein schlechter elektrischer Leiter sind, speisen Sie bitte den Boosterstrom je nach Möglichkeit alle 1,5 bis 2,5 Meter ein, damit Sie auf der absolut sicheren Seite sind! Bei der Wahl der Booster sollten Sie darauf achten, dass diese möglichst eine eigene Stromüberwachung besitzen, da die Zentrale an der Abschaltung nur indirekt beteiligt ist. Beim Märklin-System und bei der INTELLIBOX im Betrieb mit dem POWER 3, wenn INTELLIBOX und POWER 3 über den Märklin-Booster-Ausgang miteinander verbunden sind, passiert im Falle eines Kurzschlusses folgendes: Der Booster registriert den Kurzschluss und meldet diesen über das 5-polige Kabel an die Zentrale und diese schaltet wiederum über das 5-polige Kabel alle angeschlossenen Booster ab. Bei Märklin hat man sich so eine komplexe Überwachungsschaltung in den Boostern (6015, 6017) gespart. Der POWER 3 und auch die Lenz Booster können diese Funktion allerdings auch separat erledigen, sie benötigen nur eine Zuleitung und schalten dann intern ab und benachrichtigen daraufhin die Zentrale, wenn dies über die „E" Leitung eingerichtet wird. Diese Arbeitsweise ist dem POWER 3/6 zu eigen, wenn er über den CDE Anschluss mit der Zentrale verbunden ist. Falls der POWER 3/6 über CDE mit der INTELLIBOX verbunden werden, ist kein SX-Betrieb möglich, dieser funktioniert nur über das Flachbandkabel und dem Märklin-Booster-Anschluss.

## Der Praxisfall

Der POWER 3 von Uhlenbrock erfüllt im Besonderen die Bedingungen für N, TT oder H0 Modellbahnen. Er besitzt eine Ausgangsleistung von 3 Ampere, ist kurzschlussfest (auf allen Ausgängen), hat eine Kehrschleifenschaltung für den Zweileiterbetrieb, kann als Bremsgenerator im DCC Betrieb eingesetzt werden und ist vielseitig auch mit anderen Zentralen von Uhlenbrock, Arnold, Lenz und Märklin verwendbar. Die Trafoleistung sollte zwischen 52 VA und max. 70 VA liegen. Auf der Rückseite des Gerätes befinden sich insgesamt 4 Buchsen für den Anschluss an die weite „Digitalwelt". Zudem können sie mit den dort ebenfalls platzierten Dip-Schalter die unterschiedlichen Betriebsarten des Boosters einstellen.

| | |
|---|---|
| Schalter 1 | Umschaltung von DCC - Boostereingang oder Motorola –Boostereingang (INTELLIBOX/Märklin) |
| Schalter 2 | Bremsgeneratorbetrieb (mit oder ohne Kehrschleifenautomatik) |
| Schalter 3 | Kehrschleifenautomatik |
| Schalter 4 | Begrenzung der Ausgangsspannung (wahlweise H0 oder N mit max. 18V) |

Ganz wichtig ist die Wahl des Steuersignals durch den Schalter 1. Wenn er mit der INTELLIBOX oder Märklin Zentrale über die entsprechende Buchse (Zentrale) verbunden ist, muss er auf „AUS" eingestellt werden. „EIN" ist erforderlich, wenn er mit einer DCC Zentrale über die Buchse „DCC (CDE) von Lenz oder Arnold (86200) angeschlossen werden soll.

Mit dem Schalter 2 können Sie bei der Einstellung „EIN" den Bremsgeneratorbetrieb (ist nur bei DCC Decodern mit einstellbarer Anfahr/ Bremsverzögerung möglich) aktivieren. Dazu muss dann der Schalter 3 auf „Aus" stehen, um die Kehrschleifenautomatik abzuschalten. Nun kann ein spezielles Bremssignal zum sanften Bremsen und Anfahren der mit entsprechenden Decodern ausgerüsteten Loks vor „Halt" oder respektive „Fahrt" zeigenden Signalen ausgegeben werden. Sie müssen dafür vor jedem Signal (gegebenenfalls auch bei Haltestellen im verdeckten Bereich) einen isolierten Fahrabschnitt und einen Bremsabschnitt dafür einrichten. Der Fahrabschnitt sollte mindestens die Länge des längsten eingesetzten Zuges haben, um Kurzschlüsse zu vermeiden. Diese können dann auftreten, falls der Zug elektrisch eine Verbindung von normaler Versorgung über den Fahrabschnitt bis in den Halteabschnitt herstellt. Der Halteabschnitt sollte so bemessen sein, dass Fahrzeuge mit der extremsten Einstellung der Anfahr-/Bremsverzögerung hier noch sicher zum

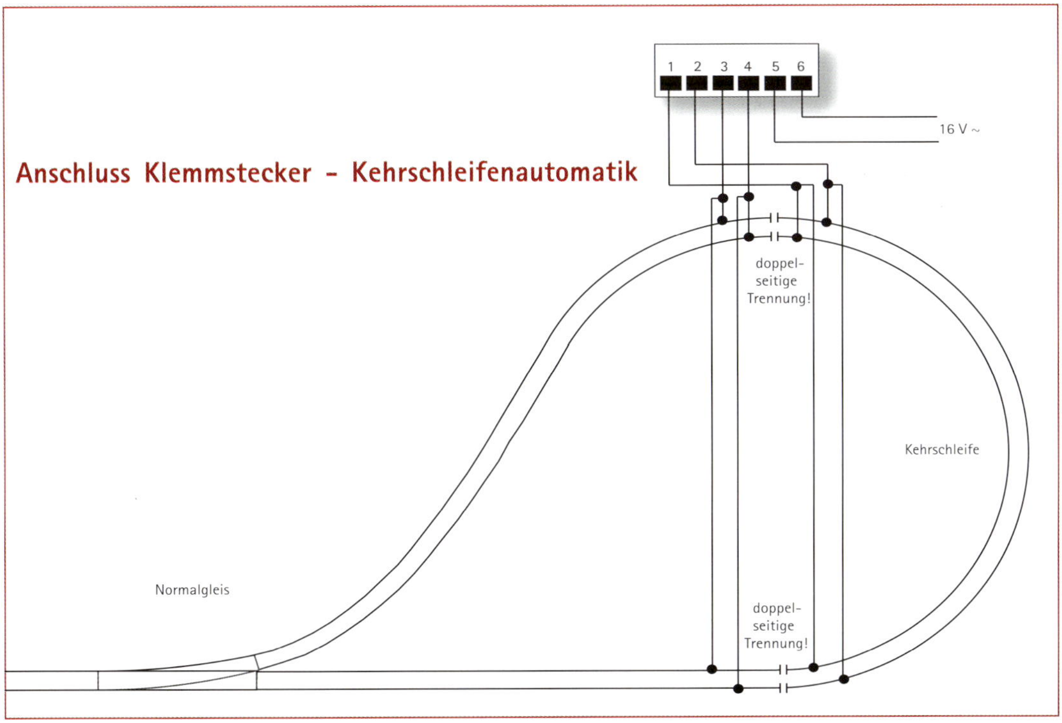

**Bremsgenerator - Booster (POWER 3)**

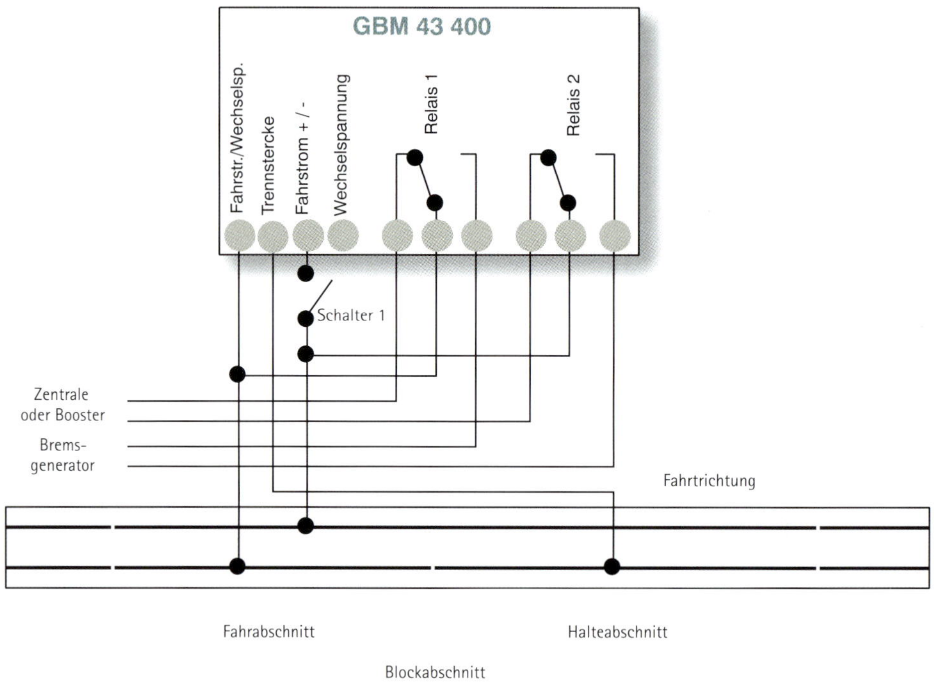


Stehen kommen. Die Einrichtung eines Bremsgenerators ist im Grunde nur einmal erforderlich, da von diesem Booster aus anschließend alle eingerichteten Bremsstrecken versorgt werden. Die Versorgung der normalen digitalen Fahrspannung kann die Zentrale übernehmen oder auch aus einem regulär eingestellten Booster stammen. Für die Auslösung des Haltsignals, also den Befehl an den Decoder zum Abbremsen, kann man einen am Signal befindlichen Schalter oder auch einen normalen Schalter mit nachgeschaltetem Relais nutzen. Da die Schaltung eine Belegtmeldung der Abschnitte benötigt, kann man auch auf für solche Anwendungen vorbereitete Module zurückgreifen, wie der Gleisbesetztmelder (GBM 43400) von Uhlenbrock. Er hat zwei Relaiskontakte mit eingebaut. Diese lassen sich vorzüglich zur Steuerung des Fahr- und Bremsabschnittes einsetzen. Die Skizze zeigt Ihnen den Aufbau im Detail.

Mit dem Schalter 3 lässt sich zudem noch eine besondere Kehrschleifenschaltung für den Zweileiterbetrieb aktivieren (Schalter 3 auf „Ein" und Schalter 2 auf „AUS" - Bremsgeneratorbetrieb). Die Problematik des „unweigerlichen Kurzschluss" bei diesen Gleisfiguren wurde bereits angesprochen. Mit dem POWER 3 können Sie praktisch eine Automatikeinstellung zum problemlosen Befahren von Kehrschleifen einstellen. Wichtig sind dabei die Zuleitungen von dem Booster zu den isolierten Gleisabschnitten. Technisch begründet, auf den ersten Blick aber unlogisch erscheinen die Kabelanschlüsse in direkter Nähe der zwingend notwendigen Gleistrennungen.

Die normale Booster-Versorgung muss mit den Zuleitungen zu den isolierten Gleisabschnitten aus dem selben Booster stammen. Sie können für diese besondere Option einen Booster für mehrere Kehrschleifen nutzen, aber es darf dann jeweils immer nur eine davon befahren werden. In der Praxis dürfte das kein Problem sein.

Verwenden Sie bitte für den Anschluss der INTELLIBOX und Märklin Control Unit 6021 die Flachbandkabel mit den konfektionierten Steckern. Dabei muss die Kabelfortführung am Stecker stets nach oben zeigen. Das gilt auch, falls Sie weitere POWER 3 für

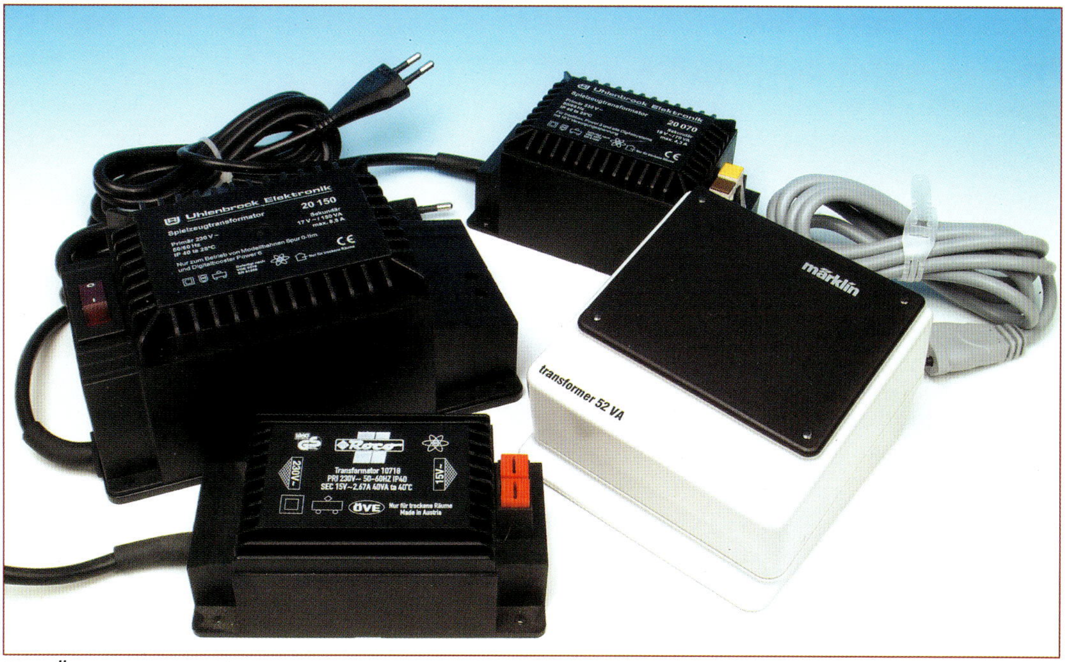


*Eine Übersicht an Trafos verschiedener Hersteller. Man sollte den technisch passenden zu seinem Booster genau aussuchen.*

zusätzliche Boosterkreise anschließen wollen; also Booster an Booster (Buchse: *„Booster“*). Falls Sie noch eine Märklin Zentrale 6020 oder einen Märklin Booster anschließen möchten, zeigen die Kabelfortführungen bei diesen Geräten nach unten. Übrigens kann bei den Isolierungen der Booster-Stromkreise die Masseleitung durchgängig ausgeführt sein (also ohne Trennung). Man muss im Zweileiterbetrieb aber dann zwingend eine der beiden Schienenstränge für alle Booster gemeinsam bestimmen! Ferner sollte man die Masseleitungen aller Boostertrafos (braune Leitung) miteinander verbinden (gemeinsame Systemmasse). Dies gilt allerdings nur bei der Verwendung von Power 2/3/6 oder Märklin Boostern 6015/ 6017.

Sollen der Lenz LV100 oder ähnliche Geräte gemischt mit verwendet werden, so darf auf keinen Fall der Trafo eines solchen Boosters mit den anderen Trafos in Verbindung stehen, der Trafo darf nur an diesen Booster angeschlossen werden. Es darf keine Verbindung mit einer anderen Leitung bestehen. Der Boosterausgang wird am Gleisabschnitt aufgelegt. Die korrekte Polung sollten Sie dann mit dem beschriebenen Birnchen prüfen und danach kann die Masseleitung von Uhlenbrock-/Märklin-Boostern mit der richtigen Ausgangsleitung des LV100 verbunden werden (dies ist notwendig, wenn andere massebezogene Komponenten an die Schienen angeschlossen werden sollen).

Den dreipoligen DCC-Anschluss nutzen Sie bitte nur für echte DCC-Zentralen, wie z.B. das Lenz Gerät LZ 100 oder Arnold 86200. Hier sind aber aus technischen Gründen alle stromführenden Schienen und Mittelleiter zu trennen.

**Klemmstecker - 3-polige Belegung (DCC Booster)**

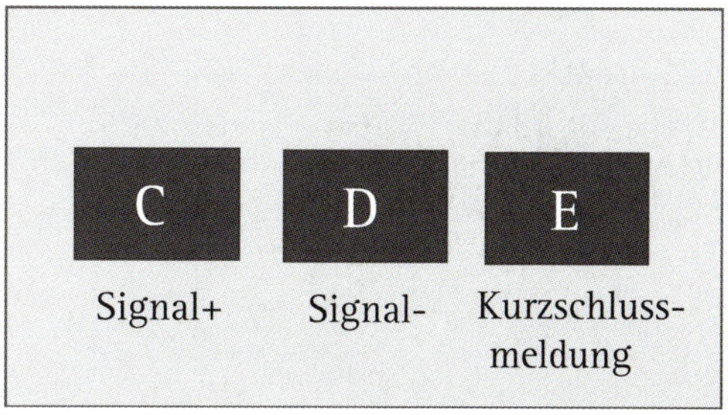

## 3.1.3. Der Daten BUS

### BUS – das digitale Transportsystem

Ein Netzwerk kann nicht grundsätzlich eine vollständige Kompatibilität auf einer Modellbahn gewährleisten. Durch eine überlegte Auswahl von Steuer- und Zusatzgeräten kann man aber heutzutage schon ein komfortables und kompatibles BUS-System nutzen. Hierzulande sind die angebotenen Digitalsysteme (DCC, Motorola, Selectrix usw.) in sich so unterschiedlich, dass man eine Vorentscheidung zu Gunsten des einen oder anderen Systems treffen muss. Selbst in der DCC-Welt gibt es zwei entscheidend unterschiedliche BUS-Systeme: Der X-BUS (Lenz) oder der LocoNet-Bus (Digitrax, Fleischmann, Uhlenbrock). Als eine sehr innovative Idee und als Empfehlung gilt der LocoNet-BUS. Damit gelingt es ganz bequem und einfach, die unterschiedlichsten dazu geeigneten Geräte und Module miteinander zu verknüpfen. Grossen Zuspruch hat dieser Bus in den USA, man muss dabei auch die Betriebsgewohnheiten der dortigen Kollegen mit den entsprechend bevorzugten Komponenten berücksichtigen. Es wird dort viel mit der Hand auf langen Strecken gefahren und vor allem rangiert, die vollautomatische Anlage ist dabei absolut verpönt! Ein Handregler „am Mann" und schon wird mit allen Vorzügen einer digital gesteuerten Lok guter Betrieb mit perfekten Fahreigenschaften gemacht.

Die Firma Uhlenbrock aus Bottrop schuf hierzulande mit der INTELLIBOX und dem DAISY-System eine hervorragende Ausgangsbasis für ein LocoNet-Netzwerk. Alle weiteren digitalen Neuerungen basieren im Zusammenspiel ebenfalls auf dem LocoNet-BUS, wie z.B. auch die DAISY oder der neue 6021-Infrarot-LocoNet-Adapter, mit dem die eventuell vorhandene Märklin Zentrale 6021 zu einer LocoNet-Zentraleinheit wird. Damit wird es dann möglich, alle Optionen entsprechender zusätzlichen Komponenten zu nutzen.

**LocoNet Bus mit DAISY**

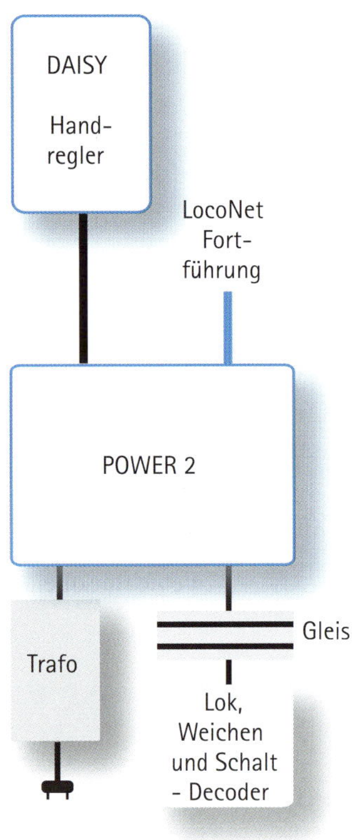


**LocoNet Bus mit INTELLIBOX**

## DAISY, Intellibox und andere

Jedes digitale Netzwerk benötigt eine leistungsstarke Zentrale. Die Intellibox ist geradezu für den LocoNet-Bus geschaffen, denn man hatte das Zusammenspiel bei der Entwicklung von Anfang an berücksichtigt. Mit dem LocoNet sollten alle weiteren (hauseigene und taugliche Fremdfabrikate) Komponenten und Steuergeräte verknüpfbar sein. Die eigentliche Kompatibilität entsteht somit über den Bus; im Grunde eine sehr gute Idee. Leider haben sich andere Hersteller nicht im erhofften Umfang diesem Bus-Prinzip angeschlossen. Somit muss die INTELLIBOX intern so manches Kunststück fertig bringen, um mit anderen Fremdkomponenten zu harmonieren. Hier sei vor allem an den „s88"-Rückmelde-Bus gedacht. Eigentlich ist diese Variante für den LocoNet Betrieb nicht erforderlich, aber aufgrund der vorhandenen, von Märklin vorgegebenen Infrastruktur vieler Modellbahnen, sah diese dann der Hersteller parallel mit vor. Nun gibt es aber auch bei Selectrix und anderen Systemen eine Rückmeldeeinrichtung. Alles dies zu beinhalten, schaffte dann auch die Intellibox nicht mehr. Die Kosten für eine solch umfangreiche Zentrale lägen wahrscheinlich eher im nicht durchsetzbaren Bereich.

## Der Praxisfall

Wir nehmen als Ausgangsbasis die INTELLIBOX, das Fleischmann TWIN-CENTER oder auch das DAISY-System. Die Zentrale von Digitrax wäre ebenfalls einsetzbar, dass Problem dürfte jedoch die allumfassende Verfügbarkeit sein. Die INTELLIBOX sowie das TWIN-CENTER besitzen gleich zwei LocoNet-Buchsen auf der Rückseite. Im Grunde ist es gleich, welche man mit den verfügbaren Geräten verbindet. Im Falle eines LocoNet-Boosters müsste aber ausschließlich (!) die Buchse *„B"* verwendet werden, da hier ein digitales Schienensignal anliegt. Die Buchse *„T"* eignet sich in erster Linie nur für Hand- und sonstige Steuergeräte, die kein solches Signal benötigen. Der Uhlenbrock Booster „Power 3" besitzt keinen LocoNet-Anschluss; er wird über ein Flachbandkabel direkt mit der INTELLIBOX verbunden, obwohl die LocoNet-Option wünschenswert und technisch möglich wäre. Die verschiedenen Betriebsmöglichkeiten im Multifunktionsbereich wären damit aber nicht gegeben. Dies ist wieder ein klassischer Kompromiss hinsichtlich der unterschiedlichen Digitalsysteme auf dem hiesigen Markt. In der weiteren Beschreibung werden daher in erster Linie die Steuergeräte beschrieben. Das diese zahlreich angebo-

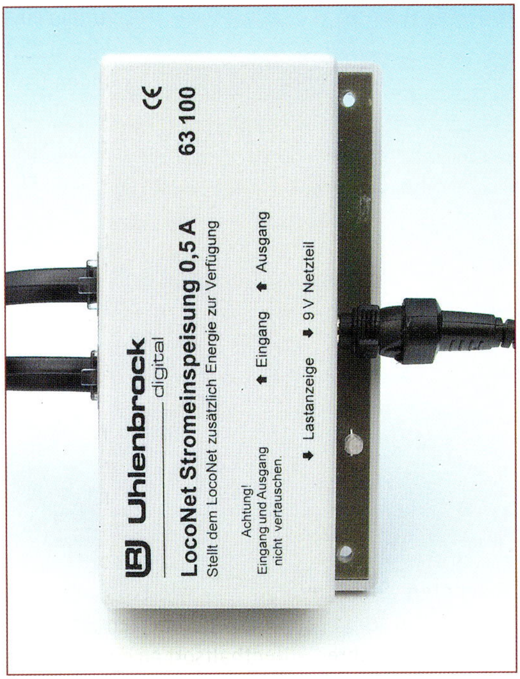


ten werden und auf diese Weise problemlos verknüpfbar sind, mag dies über das kleine geschilderte Manko hinwegtrösten.

Was ist nun tatsächlich möglich und sinnvoll? Zunächst schauen wir uns das Kabel und die Stecker an. Der aus zahlreichen anderen Bereichen bekannte Westernstecker dient als Verbindungselement. Das benötigte Kabel ist sechspolig, wie es auch genauso bei anderen Anwendungen (Telefon usw.) verwendet wird. Beachten Sie bitte, dass in Baumärkten häufig die 6/4 Kabel zu finden sind, bei denen nur 4 von 6 möglichen Adern benutzt werden, da diese Kabel in Deutschland zum Anschluss von analogen Geräten (Telefon, FAX, Modem) an die vorhandene TAE-Steckdose benutzt werden. Die beim LocoNet benutzten Kabel kommen aus den USA und werden dort für analoge Telefone benutzt. Uhlenbrock weist ausdrücklich darauf hin, dass nur bei Verwendung der eigenen Kabelsortimente eine Garantie übernommen werden kann.

Am LocoNet ist es unerheblich, wie die Kabel gepolt sind, solange das LocoNet zur Speisung von Zusatzgeräten benutzt wird. Es gibt nur wenige Fälle, bei denen es wichtig ist, dass nur Standard-Kabel verwendet werden. Das ist beispielsweise die Verbindung zwischen dem DAISY-Handregler und der DAISY-Buchse des POWER 2. Ein falsches Kabel führt hier dazu, dass das System den Handregler nicht mehr erkennt sowie die Verbindung zwischen den POWER 2 Boostern, bei einer Kette von Boostern zur analogen Steuerung von mehreren Stromkreisen. Hier führen falsch gepolte Kabel zu einer nicht vollständig durchnumerierten Boosterkette.

Soll allerdings der LocoNet-B Ausgang zur Speisung eines Boosters genutzt werden, so ist hier die Polung wieder entscheidend, da die B-Buchse die Schienensignale in unterschiedlicher Polarität führt. Wird damit ein LocoNet-Booster gespeist, so muss auf der Schiene wieder die Polung an den Trennstellen geprüft werden.

Hier die Belegung der LocoNet Buchsen:

**LocoNet-T :**

8,5 V Gleichspannung
Masse
LocoNet-Netzleitung
LocoNet-Netzleitung
Masse
8,5 V Gleichspannung

**LocoNet-B :**

Schienensignal +
Masse
LocoNet-Netzleitung
LocoNet-Netzleitung
Masse
Schienensignal –

Da die Belegung an der LocoNet-T-Buchse symmetrisch ist, ist es unerheblich, wie die Kabel gepolt sind.

Die Komplikationen mit den Roco Lokmaus Steckern sind schon beschrieben worden, auf keinen Fall dürfen diese im LocoNet-BUS verwendet werden und

*Oben: Die LocoNet Stromeinspeisung von Uhlenbrock. Unten: Der universelle Westernstecker des LocoNet BUS.*

umgekehrt! Nur an dem „MAUS-ADAPTER" dürfen die Verbindungen an den definierten Buchsen vorgenommen werden.

Das kinderleichte Lösen und Zusammenfügen der Klipsstecker erleichtert den Netzaufbau. Bei mobilen Handreglern kann man Buchsen in den Seitenblenden vorsehen und sich nach Bedarf blitzschnell mit einem Handregler vor Ort einklinken. Zum Aufbau des Netzwerkes bietet Uhlenbrock preiswert eine Vielzahl von Elementen an. Leitungswege von 100 Metern sind für das System absolut kein Problem, man muss allerdings ab einer gewissen Anzahl der verschiedenen Geräten deren internen Stromverbrauch berücksichtigen. Diese werden allesamt über den Bus mit Spannung versorgt, der zur internen Versorgung dient und mit der Digitalspannung am Gleis nichts zu tun hat. Ein Rückmeldebaustein benötigt ca. 0,01 A, der Handregler „FRED" um die 0,02 A, aber das IB-SWITCH braucht schon 0,14 A Leistung. Rechnet man drei IB-CONTROL, ein IB-SWITCH und die INTELLIBOX zusammen, ist der Stromverbrauch von max. 0,5 A beim LocoNet Ausgang *„T"* erreicht (bei der Buchse *„B"* sind es nur 0,2 A). Deshalb hat man bei Uhlenbrock eine Netzeinspeisung vorgesehen, die ab einer gewissen Größe des Netzwerks nötig ist. Dieses richtet sich nicht nur nach der Kabellänge, sondern auch nach der Zahl der angeschlossenen Geräte aus. Die Einspeisung besteht aus einem Steckernetzteil und dem Element mit Eingangs- und Ausgangsbuchse zum Einklinken in das Netz. Falls die Bus-Leitung bei der INTELLIBOX an die Buchse „B" angeschlossen würde, könnten über das Modul, also in das neue Netzwerkteil, keine Boostersignale gesendet werden.

Uhlenbrock bietet zum eigentlichen Netzaufbau eine Vielzahl von Kabeln (verschiedene Längen, Flach- und Spiralkabel), Verzweigungen, Kupplungen usw. an. Damit lässt sich ein Netz zügig aufbauen, in der Bildfolge kann nur ein kleiner Überblick darüber gegeben werden. Wichtig sind in diesem Zusammenhang die Steuerkomponenten mit LocoNet-Anschluss. Alle Fahrregler, auch das Führerstandsfahrpult PROFI-CONTROL und die speziellen Handregler, das IB-SWITCH zum Schalten von Weichen und Fahrstraßen und das neue SWITCH-CONTROL zum Anschluss eines selbst gebauten Drucktastenstellwerks, lassen sich so mit der Zentrale und untereinander vernetzen. Auch die Rückmeldungen kommen über die beiden Lieferformen der Uhlenbrock LocoNet-Rückmelde-Module dazu. Es wird eine Version für den Zweileiterbereich mit 8 Gleisabschnitten und im Dreileiterbereich eine mit 16 Gleisabschnitten angeboten. Stromverbraucher, wie Loks oder beleuchtete Wagen, liefern aus definierten isolierten Gleisbereichen ihren Aufenthaltsort an den Baustein und von dort aus weiter über das Netz an die Zentrale und an andere Auswerteelemente zur Ausführung der gewünschten Schaltvorgänge. Die Module können im Adressbereich von 1 – 2048 adressiert werden. Das reicht auch für Großanlagen auf jeden Fall aus. Der „Joker" dürfte aber sicherlich der neue X-BUS-ADAPTER sein. Wie gewohnt, fügt er sich zunächst in das LocoNet-Netzwerk an einer beliebigen Stelle ein. Als Besitzer einer Lokmaus 2 von Roco können Sie diese über den Westernstecker an den Adapter anschließen. Alle Möglichkeiten der Lokmaus stehen somit zu Verfügung. Der X-Bus beinhaltetet noch wesentlich mehr Möglichkeiten, es

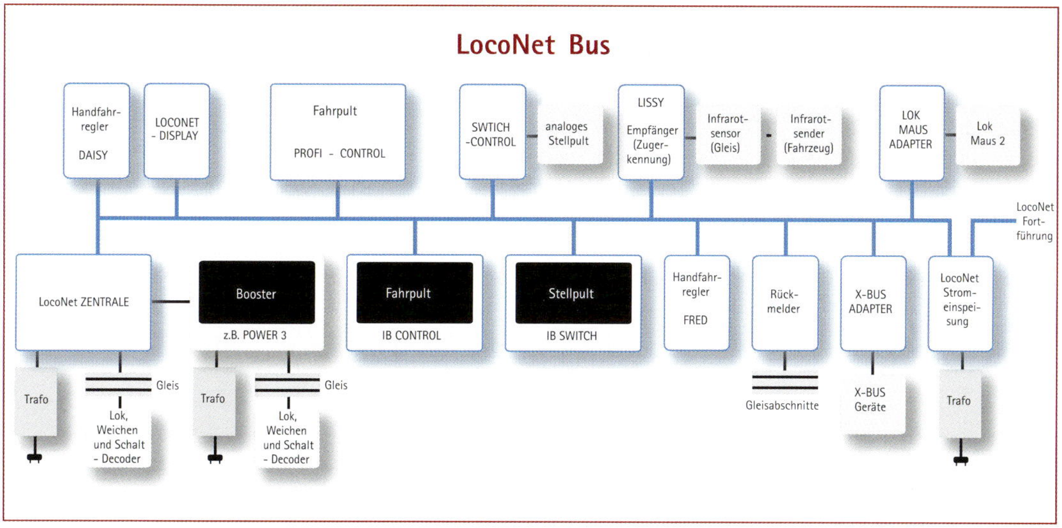

*LocoNet Kabel können mittels Kupplungen (Uhlenbrock) problemlos verlängert werden*

besteht dort die Möglichkeit, die Lenz Handregler LH 100 und 200, das Lenz Weichenkeyboard LW 100, das Roco Weichenkeyboard, die Lenz Digital Plus Compact Einsteigersteuerung und diverse Arnold Elemente (86220 und 86210) anzuschließen und vor allem zu betreiben. Daneben kann man an dem RS Bus Eingang Lenz Rückmelder (LR 100, LR 101) und Lenz Schaltempfänger (LS 100) anschließen. Damit ist es Uhlenbrock erfolgreich gelungen, fremde Bussysteme an das eigene Konzept anzubinden.

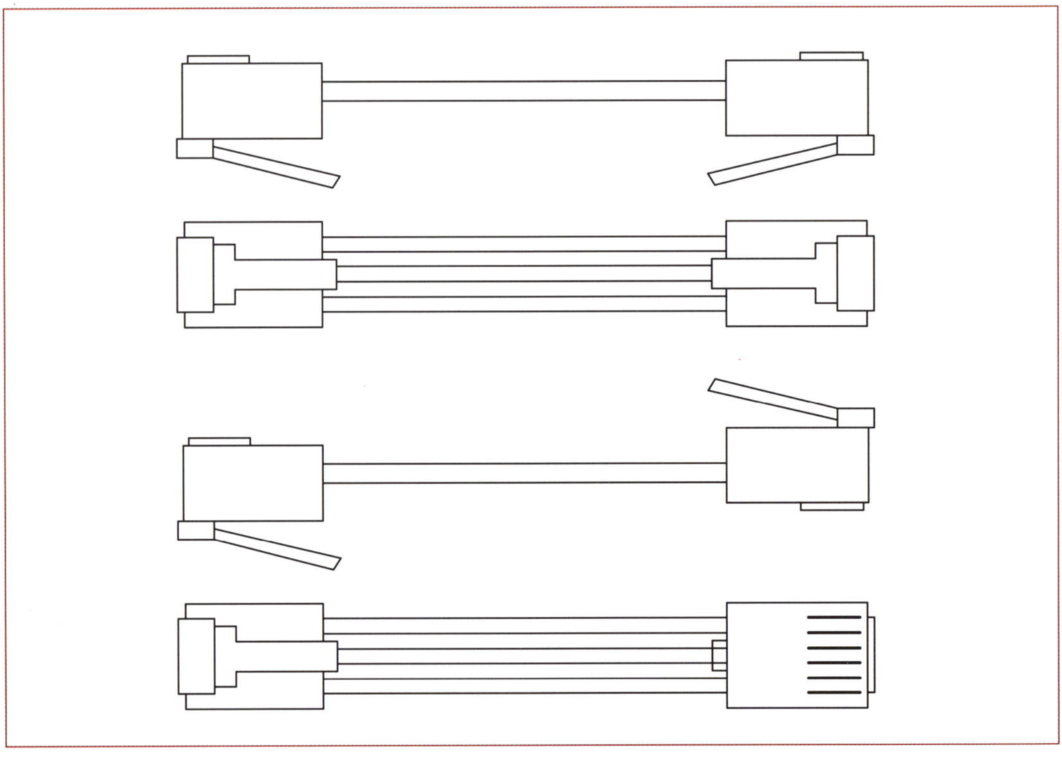

## 3.1.4. Weichen und Co.

### Problemfall Weichen

Schon ein anerkannter Vorbild-Fachmann stellte einst fest: „*Weichen sind der Tod der Eisenbahn*!" Das Problem ist die Mechanik, denn je komplexer diese ist, um so störanfälliger ist sie auch. Daher sind Doppelkreuzungsweichen bei der großen Bahn fast ganz aus dem Eisenbahnbild von heute verschwunden. Sie waren schlichtweg zu störanfällig und damit zu teuer; dafür waren vor allem Witterungseinflüsse wie z.B. Schnee oder Eis maßgeblich. Aber auch bei der Modellbahn sind die Weichen oder gar Doppelkreuzweichen nicht ganz ohne Probleme zu verwenden. Nun gibt es Hersteller, die in dieser Beziehung einiges verbessert haben, wie das Roco-Line Produkt oder das C-Gleis von Märklin. Andere Hersteller produzieren dagegen seit Jahrzehnten ihre alten Gleise und Probleme weiter. Was gibt es im Vorfeld zu beachten und was kann man vorsorglich tun? Weichenantriebe klingen manchmal unterschiedlich, wie zum Beispiel ein Schnarren statt einem Klicken. Was kann passiert sein? Die Weiche liegt im eingebauten Zustand nicht ganz vollständig mit ihrem Schwellenrost oder Bettungskörper auf der Trassenplatte auf. Sie ist dadurch verkantet und der Antrieb muss wesentlich mehr Kraft aufwenden, um diese sicher umzuschalten. Dieser Effekt kann durch häufiges Betätigen oder eine kurzfristig veränderte Umgebungstemperatur beeinflusst werden. Denken Sie da bitte an einen schlecht isolierten Dachraum im Hochsommer, wenn nach zwei Tagen mit einer Aussentemperatur von 30° ein Subtropenklima vorherrscht. Da versagt sogar die beste Feinmechanik ihren Dienst. Weichen müssen daher sorgfältig, spannungsfrei und planeben zum Untergrund eingebaut sein! Weichenantriebe oder deren beweglichen Weichenteile dürfen nicht eingeölt werden, da die Reste verharzen und sich mit den Staubablagerungen zu einer besonderen Art „Beton" verwandeln.

Die Endabschaltung der Weichenantriebe arbeitet oft nicht exakt. Dadurch prellt sich (das ist u.a. das besagte Schnarren) der im Antrieb liegende Anker und schnellt wieder zurück. Entfernen Sie, wenn möglich, die Endabschaltungen bei empfindlichen oder auffälligen Weichen. Die Ansteuerung der Spulen darf dann aber nur noch mit Momentimpulsen erfolgen, da der Dauerstrom erheblichen Schaden anrichten könnte. Viele Weichendecoder sind übrigens für Momentstrom bereits ausgelegt (z.B. k83), da in den Gleissortimenten einiger Hersteller noch Antriebe ohne Endabschaltung angeboten werden oder wurden und diese immer noch im täglichen Anlagenbetrieb anzutreffen sind (z.B. Märklin M-Gleise). Es gibt zwar durch das Entfernen der Endlagenkontakte eine theoretische Möglichkeit für das Verschmoren von Weichenantriebsspulen, aber die Vorteile der nun zuverlässig schaltenden Weichen überwiegen dafür. Fast alle Schauanlagen vermeiden das Schalten von Weichen, verwenden dazu handverlesene Antriebe und können zudem blitzschnell Antriebe durch gute Zugänglichkeit der Weiche tauschen.

### Einige Beispiele

Die Märklin K-Gleis Antriebe arbeiten nicht selten unzuverlässig. Entfernen Sie die Endabschaltkontakte in den Antrieben. Ausnahme: Die neuen K-Gleis Antriebe mit einer großen Haube.

Die Roco-Antriebe für das „Gummigleis" können Probleme verursachen. Da sie gekapselt sind, kann der Endabschaltkontakt nicht entfernt werden. Der große Unterflurantrieb zum nachträglichen Unterflureinbau von Roco hat sich aber bei verschiedenen Projekten bewährt.

Alle motorischen Weichenantriebe sind im Grunde

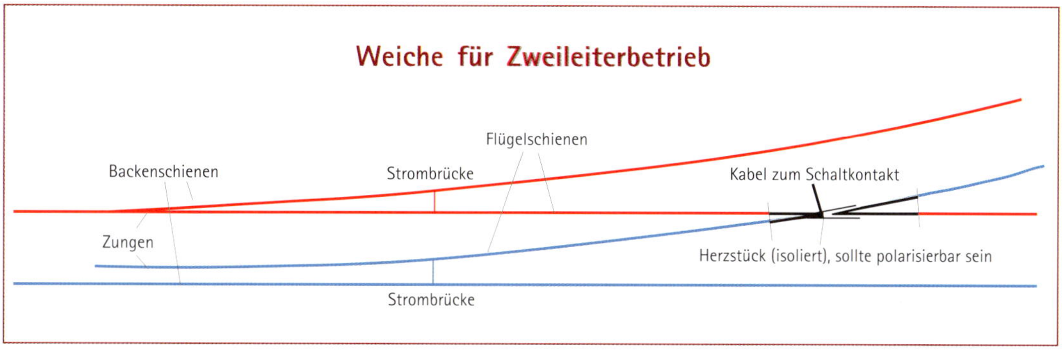

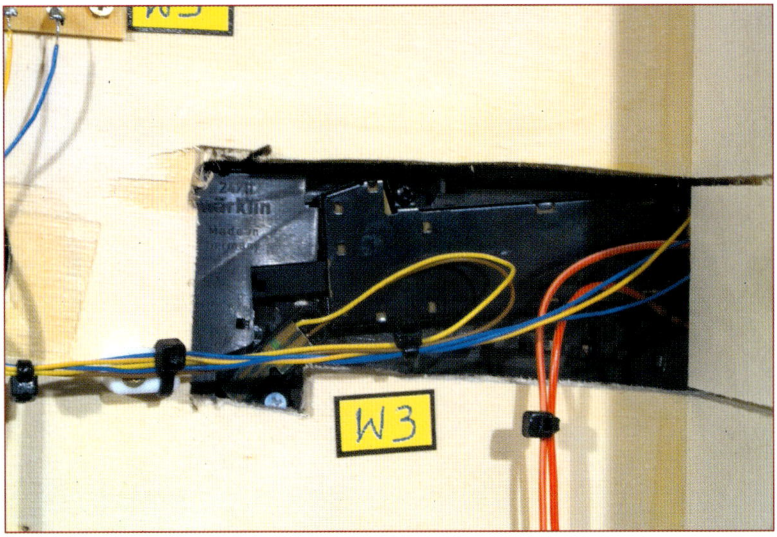


*Die Märklin Bettungsantriebe sind später nur noch von unten erreichbar. Hier kann man auch noch einen speziellen Weichendecoder direkt mit einbauen; die Zugänglichkeit wird aber dadurch nicht optimiert.*

gut geeignet. Vorsicht ist nur bei N-Anlagen und dem Fulgurex-Antrieb angeraten, da der Stellweg des Antriebes größer ist als der an der Weiche. Hier muss auf jeden Fall die Kraft abgefedert werden, um die Weichenzungen nicht zu beschädigen. Ich habe das in aller Regel mit Fahrradbremszügen (Prinzip von Bowdenzügen aus dem Flugmodellbau – nur preiswerter) realisieren können. Sie übernehmen das mechanische Umstellen der Zungen und durch eine Verlegung in einer Schlaufe oder rechten Winkel, nimmt der Bremszug überschüssige Kräfte des Antriebs sehr gut auf und schont somit die Weichenzungen.

Die Antriebe von Fleischmann, Trix, und LGB sind durchweg problemlos einsetzbar. Die robusten Peco Antriebe arbeiten sehr solide, sind aber sehr leistungshungrig (Spitzenwerte bis 2 Ampere). Das schaffen dann einige Weichendecoder allerdings nicht mehr. Keine Probleme gab es zum Beispiel beim Einsatz des Uhlenbrock Magnetartikeldecoder MD2, der sogar den Peco-Antrieb störungsfrei schaltete.

## Gedanken zum Decoder

Magnetartikel- und Schaltdecoder sind in allen gängigen Formaten und Preislagen (z.B. Bausätze bei Elektronik Versendern) zu erwerben. Der Preis an sich sagt noch nicht viel über die Qualität aus. Den klassischen Magnetartikeldecoder nutzen Sie in aller Regel für Zweispulenantriebe. Schaltdecoder weisen ein oder mehrere eingebaute Relais auf und man kann diese Umschalter zur Steuerung von abschaltbaren Gleisabschnitten (Halteabschnitte), Lichtsignalen oder auch motorischen Antrieben (mit Gleichstromansteuerung aus entsprechender Quelle) vorsehen. Auch deren Programmierung kann unterschiedlich erfolgen. Bei einigen gibt es den berühmten Dip-Schalter, andere werden ganz komfortabel über die Programmiertaste am Decoder im direkten Zusammenspiel mit der Zentrale programmiert. Ein Studium der Betriebsanleitung der beteiligten Geräte ist in aller Regel nötig. Es gibt noch weitere Dinge, ganz unabhängig von Herstellern und Formaten, zu beachten. Ab Spurweite H0 sollte man sich die Weichendecoder etwas näher ansehen, welche den Strom für die Weichenantriebe direkt der Digitalspannung entnehmen. Dies ist grundsätzlich bei allen Weichendecodern der Fall, die direkt in die Weichen eingebaut werden (Märklin C-Gleis, Roco Line, Viessmann C-Gleis kompatibel) und den Antriebsstrom direkt dem Digitalsystem entnehmen. Mehrfaches Schalten direkt hintereinander und schwergängige Weichen zehren massiv an der bereitgestellten Energie, die Weichen schalten dann nicht mehr zuverlässig! Wenn Sie die Weichen direkt aus der Digitalspannung versorgen, muss man berücksichtigen, dass schon bei drei fahrenden Zügen die Energie der Zentrale oder des Boosters nicht mehr ausreichen kann. Ein größerer Trafo hilft in diesem Fall nicht weiter, da der Gleisausgang einer Zentrale oder eines Boosters in seiner Stromabgabe begrenzt ist. Eine gezielte Abhilfe können Sie da-durch schaffen, dass ein weiterer Booster zur Versorgung der Weichenantriebe vorgesehen wird. Die Alternative sind Decoder, die eine zusätzliche Spannungsversorgung für die Weichen und Signale aus einem externen Trafo aufnehmen können.

## Beispiel: Weichendecoder

Einige offene Fragen in der Handhabung bereitete mir einst der DCC Weichendecoder 10771 aus dem Hause Roco. Er ist baugleich mit dem Lenz LS100. Jeder Ausgang ist für sich einstellbar, egal, ob man nun Momentstrom, Dauerstrom für Lichtsignale usw. benötigt. Auch separate Adapter für die Fulgurex-Motoren sind erhältlich. So lag es nahe, diesen universellen Decoder zu verwenden. Der Anschluss mittels Schraubklemmen ist absolut kein Problem und passt sich hervorragend in das Gesamtkonzept z.B. mit Uhlenbrock Artikeln ein. Zudem gibt es eine separate Stromversorgung, um den Digitalstrom nicht mit Stellstrom zu belasten. Eigentlich ist es eine perfekte Sache, aber wie bringe ich die einzelnen Ausgänge nur dazu, das zu tun, was sie in Zukunft auch machen sollen? Ich hatte über zwei Tage die entsprechende HOTLINE bei Roco und Lenz kontaktiert, um Auskunft darüber zu bekommen. Ab Werk sind alle Ausgänge auf Impulsstrom (für Zweispulenantriebe) programmiert. Die Aussagen aus Freilassing und auch Salzburg gaben keinen Aufschluss darüber, ob mit hauseigenen (Lokmaus 2/ Weichen-Keyboard) Eingabegeräten die Programmierung vorgenommen werden kann, was aber eigentlich schon der Fall sein sollte. Bei Lenz verwies man mit Recht darauf, dass ihre Decoder mit ihren Geräten auch entsprechend programmierbar sind. Ebenso gut geht es mit der Registerprogrammierung der INTELLIBOX. Allerdings muss jeder Decoder grundsätzlich von seiner Zuleitung wieder getrennt werden und separat an den Programmierausgang der Zentrale angeschlossen werden, um dann per Registereinstellung nach der dem Produkt beiliegenden Liste programmiert zu werden. Lästig ist dabei in der Tat, dass jedes Kabel am Decoder wieder gelöst werden muss. Ich habe mir im Anschluss an diese Erfahrung grundsätzlich angewöhnt, Magnet- und Schaltdecoder vor dem Einbau zu programmieren. Gleichzeitig konnte dann auch schon ein Funktionstest mit geeigneten Komponenten (Zweispulenantrieb usw.) durchgeführt werden. Man spart sich dadurch eine mögliche Fehlersuche in der Anlage.

Eine der ältesten Methoden zur Beeinflussung von Lokomotiven ist sicherlich die Abschaltung des Fahrstromes vor einem 'Halt' zeigenden Signal. Die Züge halten aber ziemlich abrupt an und beschleunigen wieder aus dem Stand mit einem gewaltigen Sprung oder gar durchdrehenden Rädern. Durch den fehlenden Strom geht auch das Licht aus und manche Lokdecoder älterer Märklin Loks verlieren nach längeren Pausen ihre Programmierung und wissen weder ihre alte Geschwindigkeit noch die letzte Fahrtrichtung oder eingeschaltete Sonderfunktion (z.B. Sound). Bei Fahrt in der entgegengesetzten Rich-

**Signalhalt mit Relais (Märklin-System)**

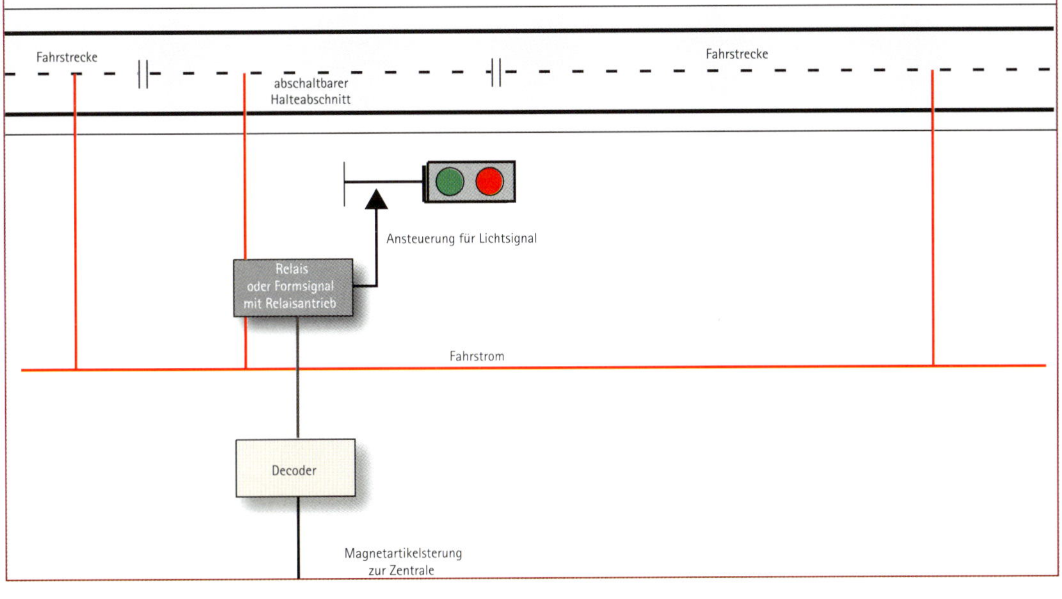

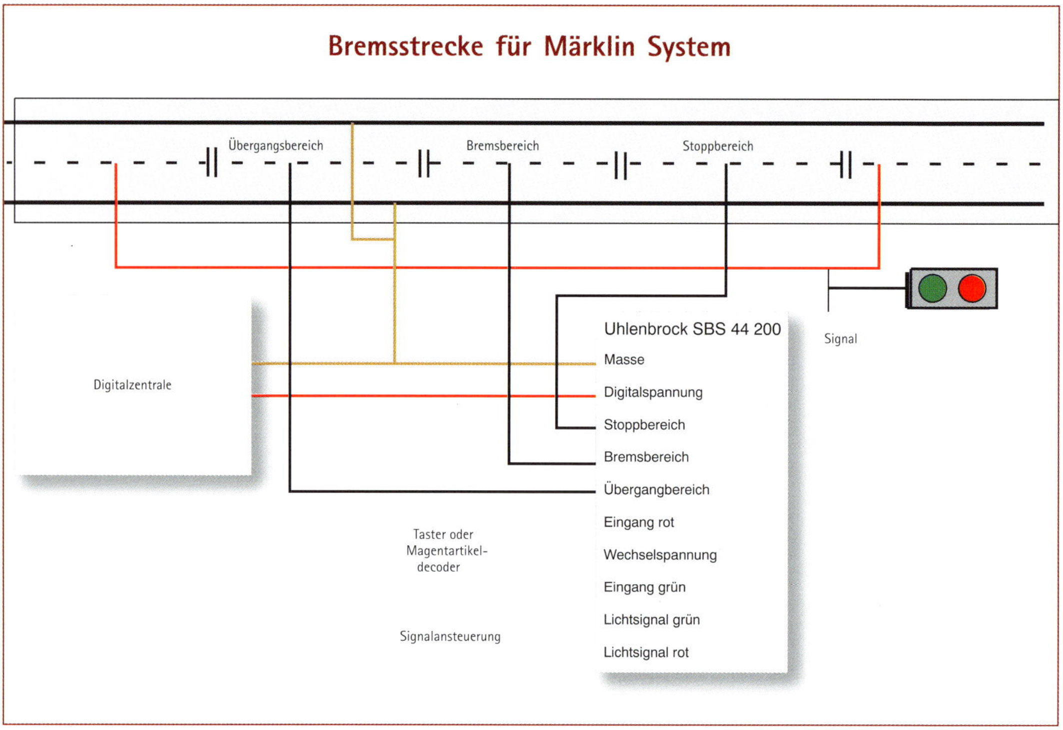


tung bei eingleisigem Betrieb muss dann auch immer noch das Signal fälschlicher Weise auf „Grün" gestellt werden, was nicht vorbildgerecht ist. Dieses Verfahren eignet sich, falls überhaupt, nur im Bereich von Schattenbahnhöfen, aber nicht für einen Blockstellenbetrieb auf einer sichtbaren Paradestrecke einer Modellbahnanlage. In den Skizzen werden verschiedene Möglichkeiten dieses Betriebs gezeigt. Sie sind für Zwei- oder Dreileitersysteme gleichermaßen geeignet, wobei die Märklinbahner den stromlosen Abschnitt natürlich im Mittelleiter anbringen. Nur bei zweigleisige Strecken sollte man dies vorsehen (Richtungsverkehr).

## Bremsstrecke für „Märklinisten"

Von verschiedenen Herstellern werden digitale Bremsbausteine oder Signaldecoder angeboten. Diese basieren alle auf einem einfachen Trick der Märklin-Decoder der 6090 Familie (respektive alle Digitalloks mit den Anfangsziffern 37). Natürlich bieten auch Uhlenbrock, ESU oder Lenz dafür geeignete Lokdecoder an.

Stets dann, wenn der Decoder durch eine negative Gleichspannung gespeist wird, leitet er einen von der eingestellten Anfahr-/Bremsverzögerung abhängigen Bremsvorgang ein. Wenn vor einem isolierten Gleisabschnitt an einem Signal eine negative Gleichspannung zugeführt wird, bremst die Lok bis zum Stillstand ab. Der praktische Aufbau gestaltet sich allerdings etwas aufwändiger. Fast alle angebotenen Bausteine basieren auf dieser Schaltung.

Sie müssen bei der Verwendung des Uhlenbrocks Signalbausteins SBS 44 200 oder des Märklin Signalmoduls 72441 dafür insgesamt drei Stromabschnitte vorsehen: einen Übergangs-, einen Brems-

*Der Signalbaustein von Uhlenbrock*

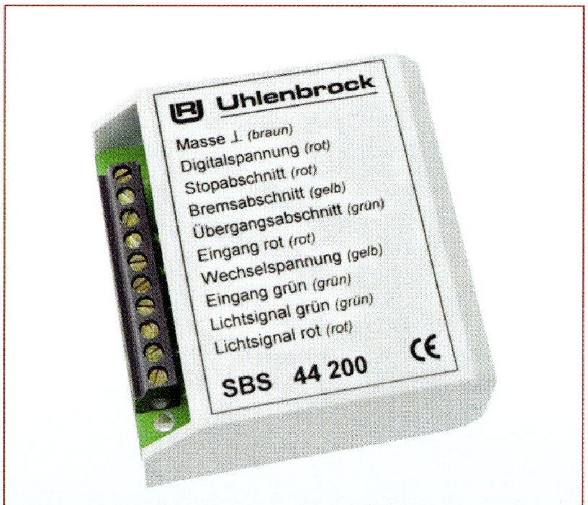

und einen Stoppbereich. Der Übergangsbereich sollte etwas länger als der längste Schleifer sein (ca. 10cm). Er verhindert eine unerwünschte Einspeisung der Gleichspannung in die normalen Digitalabschnitte bei der Überfahrt des Schleifers in den Bremsbereich. Bei einem Halt zeigenden Signal wird in den Bremsbereich eine negative Spannung eingespeist. Dieser sollte eine Länge von 50 bis 150 cm haben, wobei für den Stoppbereich ca. 20 cm Länge ausreichen. Er wird im Grunde nur dann benötigt, falls die Lok im Bremsbereich nicht zum Halten gekommen ist. Wendezüge lassen sich mit dieser Schaltung nicht ohne weiteres steuern. Es funktioniert nur dann, wenn der Steuerwagen ebenfalls einen Schleifer besitzt, der mit der Fahrtrichtung umgeschaltet werden kann. Die einfachen Märklin Delta Decoder, c80, c81 funktionieren nicht mit dieser Schaltung und bleiben sofort stehen.

Die Steuerung des Signals selbst übernimmt ein normaler, per Hand ausgelöster Taster oder auch das Digitalsystem über einen entsprechenden Magnetartikel- oder Schaltdecoder.

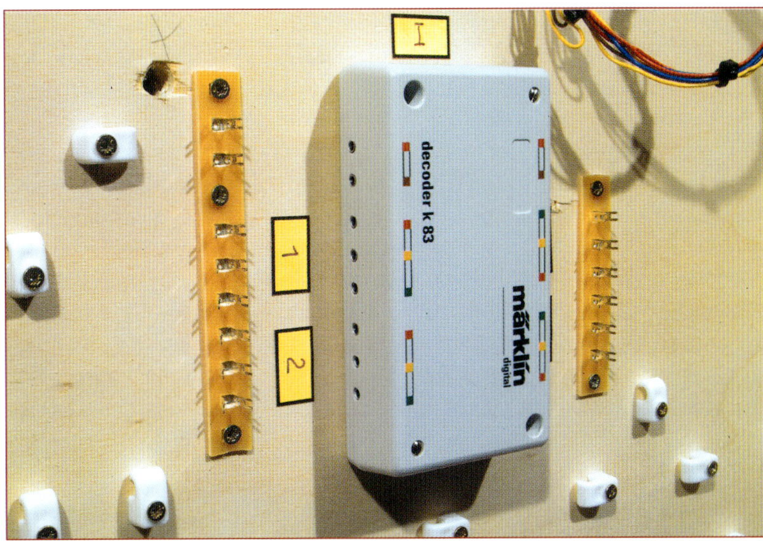


*Der Klassiker aus dem Märklin Programm: k83 Magnetartikeldecoder mit Buchsen für Bananenstecker.*

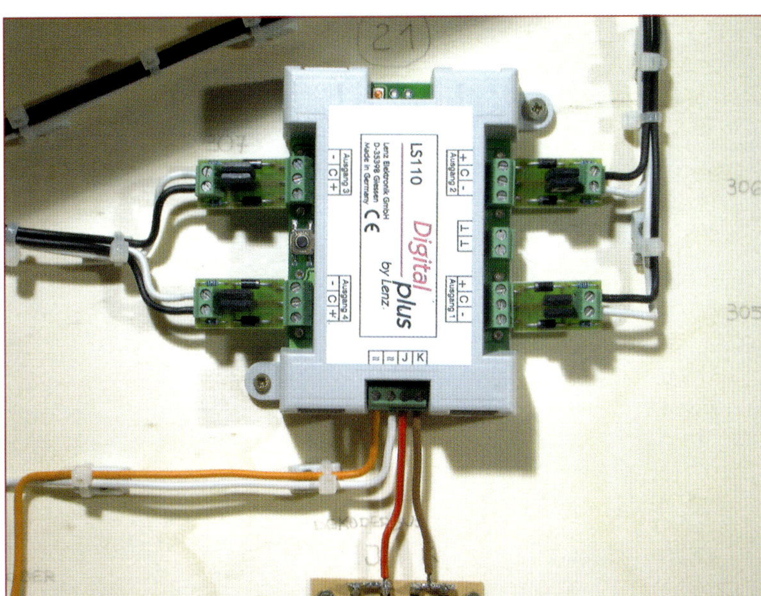


*DCC Weichendecoder von Roco (Lenz) mit Adaptern für motorische Weichenantriebe.*

## 3.1.5. Zusatzgeräte

### Was brauchen wir in „Kottenforst"

Wie Sie wissen, beschäftigen mich zur Zeit zwei aktuelle Anlagenthemen. Das Märklin-Modul-Projekt „Kottenforst" ist sehr überschaubar, aber dennoch möchte ich neben der DAISY-Zentrale noch die Option weiterer Zusatzgräte für die Steigerung des Bedienkomforts erhalten. Nun muss man unterscheiden zwischen Fahr - und Steuergeräten. Alles womit man neben dem DAISY Handregler noch weitere Loks steuern kann, gehört in die erst genannte Sparte. Als Daten-BUS steht dafür das LocoNet zur Verfügung. Ich plane zunächst einmal für einen weiteren Mitspieler einen zusätzlichen Handregler ein. Dafür käme FRED oder die Lokmaus 2 mit einem LOKMAUS -ADAPTER in Betracht. Das PROFI-CONTROL wäre zudem eine Überlegung wert. Die Verbindung mit der Zentrale kann wie beschrieben ohne große Probleme hergestellt werden. Die Lokmaus 2 wird als erstes Zusatzgerät eingebunden. Auf die Besonderheiten der geeigneten Kabel möchte ich Sie besonders hinweisen. Das original Lokmaus-Kabel muss unbedingt von der Maus bis zum MAUS-ADAPTER angeschlossen werden. Vom MAUS-ADAPTER geht es dann weiter bis zum DAISY LocoNet-Anschluss per konfektioniertem Uhlenbrock Kabel. Verwenden Sie auf keinen Fall LocoNet-Kabel zur internen Lokmaus Verkabelung, sondern nur solche von Roco.

Steuergeräte kommen bei „Kottenforst" zunächst einmal nicht in Betracht. Die 7 Weichen und 2 Signale sind perfekt mit dem DAISY Handregler steuerbar. Ich denke aber, dass später durchaus ein IB-SWITCH zur Steuerung des Schattenbahnhofs und der Blocksicherung eingesetzt werden kann. Auch hier ist über das LocoNet der Anschluss schnell hergestellt. Schauen wir uns das IB-SWITCH etwas näher an.

### Das IB-SWITCH steuert

Mit dem IB-SWITCH stehen grundsätzlich alle Möglichkeiten für eine systematische Überwachung der Magnetartikelsteuerung zur Verfügung. Ich betone es noch einmal: alle Magnetartikel wie Signale oder Weichen. Lokdecoder können nicht unmittelbar davon beeinflusst werden. Das heißt, man muss um dieses zu erreichen, Halteabschnitte mit oder ohne Bremsstrecken, einrichten. Die dafür notwendigen Bauteile, zum Beispiel einen Signalbaustein für die Märklin Bremsstrecke oder einen POWER 3 Booster mit der Option als Bremsgenerator hat Uhlenbrock in seinem Lieferprogramm. Also können Sie mit diesen Bausteinen mittelbar auch die Lokdecoder über das IB-SWITCH beeinflussen. Ohne die Installation

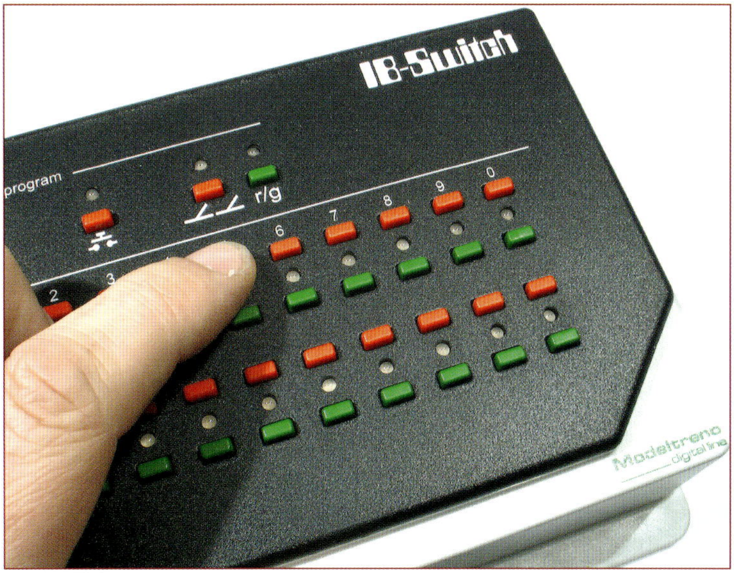


*Uhlenbrock liefert für den 3-Leiter – wie auch für den 2-Leiterbetrieb Rückmeldemodule mit dem Anschluss für den LocoNet BUS.*

einer automatischen Bremsstrecke dürfte ein gut anzusehender, automatischer Fahrbetrieb kaum möglich sein, da die Triebfahrzeuge mit einem Schlag im stromlosen Abschnitt stoppen würden. Das „Anfahren" ist davon nicht betroffen, wenn die Anfahrverzögerung entsprechend programmiert ist, fährt ein Decoder auch immer langsam an. Soweit die Optionen hinsichtlich der Automatiken.

Fahren Sie digital per Hand, steht natürlich mit dem IB-SWITCH eine sehr gut bedienbare und übersichtliche Magnetartikelsteuerung als Ergänzung der Zentrale zur Verfügung. Das IB-SWITCH ist im Grunde eine Kombination von Keyboard (Weichen- und Signaleinzelschaltung) und Fahrstraßenprogrammier- und Ausgabegerät. Das ist ganz ähnlich wie bei der INTELLIBOX, nur den Bereich der Fahrstraßen hat man wesentlich umfangreicher ausgelegt. Zunächst können Sie Magnet- und Schaltdecoder im Motorola- und DCC-Format wie bei der INTELLIBOX steuern. Da gibt es keinen Unterschied. Der Unterschied liegt aber dann bei den Möglichkeiten im Fahrstraßenbetrieb. Insgesamt können Sie 40 Fahrstraßen mit 20 dafür zur Verfügung stehenden Tastenpaaren aufrufen. Jedes Tastenpaar ist doppelt belegt und man kann zwischen den beiden Tastenbelegungen mit Hilfe einer Umschalttaste hin- und herschalten. Aber nun kommt es, Sie können jede Taste des IB-SWICH auch durch fahrende Züge über ein Rückmeldemodule auslösen lassen. Damit ist es in der Tat möglich, einen Selbstblockbetrieb oder eine Schattenbahnhofautomatik zu realisieren. Die Züge lösen sich sozusagen gegenseitig aus.

Wenn man ein Märklin „Memory" mit einer INTELLIBOX verbindet, kann man damit auch DCC Magnetartikel- und Schaltdecoder schalten, da alle an die INTELLIBOX angeschlossenen Geräte von dieser als Eingabegeräte angesehen werden. Eingaben über die INTELLIBXOX selbst oder angeschlossene Zusatzgeräte (bzw. über den Computer) werden immer völlig formatfrei behandelt. Sie wertet stets die Eingaben aus und erzeugt dann entsprechend der Formateinstellung ein Digitalsignal zur Ansteuerung der entsprechenden Digitaldecoder. Dies gilt für Lokdecoder genauso wie auch für Magnetartikeldecoder. Hierbei ist es jedoch nur möglich Rückmeldungen von s88-Modulen zur Auslösung der Automatiken zu nutzen, welche an den „s88"-Bus angeschlossen sind, der sich an dem jeweiligen „Memory" befindet. Rückmeldungen, die über LocoNet oder den s88-Bus der Intellibox eintreffen, können von einem „Memory" nicht ausgewertet werden. Das IB-SWITCH kann jedoch einerseits von „s88"-Modulen, die an den „s88"-Bus der INTELLIBOX angeschlossen sind und andererseits von LocoNet -Rückmeldern ausgelöst werden.

### Noch einige Daten dazu:

Für jede Fahrstraße ist ein Tastenpaar reserviert. Mit der roten Taste wird die Fahrstraße gesetzt, also der Schaltvorgang ausgelöst. Eine gelb leuchtende LED zeigt an, dass diese Fahrtstraße gesetzt und damit für eine Zugfahrt gültig ist. Die grüne Taste dient dazu die Fahrstraße wieder aufzuheben. Sie ist damit nicht mehr für eine Zugdurchfahrt gültig.

Maximal sind 20 Schaltvorgänge je Fahrstraße möglich.

Der Adressenbereich ist von 1 - 2048 mit freier Adressenwahl und diese sind in einer beliebigen Reihenfolge programmierbar.

Es ist möglich, das sich sogenannte feindliche Fahrstraßen, also solche die sich gegenseitig berühren, auch gegenseitig blockieren. Was heißt das? Enthalten Fahrstraßen gleiche Weichenadressen, so kann man davon ausgehen, dass sich die Fahrwege dieser Fahrstraßen in einem Punkt kreuzen. Wären beide Fahrstraßen gesetzt, so können u.U. die diese Fahrwege befahrenden Züge kollidieren. Die Option dient nun dazu, dies zu verhindern. Hierzu ein Beispiel: Die Fahrwege, die mit den Fahrstraßen 3 und 4 geschaltet werden, kreuzen sich, weil beide Fahrstraßen die Weiche mit der Adresse 10 schalten wollen. Wird nun die Fahrstraße 4 zuerst über die zugehörige rote Taste ausgelöst, so wird sie auch ausgeführt und alle hier enthaltenen Schaltvorgänge werden hintereinander ausgelöst. Die LED dieser Fahrstraße leuchtet gelb auf. Nun möchten Sie als nächstes die Fahrstraße 3 aktivieren und betätigen die entsprechende rote Taste am IB-SWITCH. Da sich beide Fahrwege kreuzen und die Fahrstraße 4 noch aktiv ist, wird die Fahrstraße 3 nicht ausgelöst. Es erfolgt kein Schaltvorgang, aber das IB-SWITCH hat sich gemerkt was als nächstes passieren soll, wenn die Fahrstraße 4 wieder frei ist. Wird nun im Spielverlauf die grüne Taste von Fahrstraße 4 betätigt, entweder von Ihnen selbst oder durch einen fahrenden Zug über einen Rückmeldebaustein auf der Anlage, so wird die Fahrstraße 4 wieder freigegeben. Damit erlischt die gelbe LED der Fahrstraße 4. Direkt danach löst das IB-SWITCH jetzt selbständig die Fahrstraße 3 aus, die Sie ja vorher angefordert haben. Der Fahrweg 3 wird

geschaltet und der Zug kann die Strecke gefahrlos passieren.

Welche Fahrstraßen sich gegenseitig blockieren sollen, können Sie beim IB-SWITCH manuell festlegen oder das Gerät ermittelt solche Abhängigkeiten selbständig bei der Eingabe von Fahrstraßen. Dies lässt sich in den Geräteeinstellungen festlegen.

Auch können Sie bei dem IB-SWITCH Fahrstraßen verknüpfen oder wie es bei Uhlenbrock heißt: „verketten". Damit sind eine Vielzahl von Automatiken und Teilautomatiken, genau wie man es gerade benötigt, möglich. In dem Falle „Kottenforst" weiß ich ja noch gar nicht genau, wie es einmal weitergehen soll. Es wird von der Konzeption immer eine Modulanlage bleiben. Gerade aus diesem Grund schätze ich die Gerätestruktur des IB-SWITCH sehr. Man kann für jeden neuen Aufbau nach Bedarf einen Schattenbahnhof oder eine Blockstreckenautomatik einrichten. Vielleicht will ja noch ein Hobbykollege mit dabei sein. Dann programmiere ich kurzerhand die nötigen Fahrstraßen für die dann aktuelle Anlagenform ein. Damit man dabei nicht durcheinander kommt, liegen dem Handbuch übrigens Listen zum Selbstausfüllen bei. Darin kann man nun alle gemachten Programmierschritte vermerken und später immer wieder, je nach Aufbau der Module, nachvollziehen. Für den Automatikbereich sind in „Kottenforst", wie schon beschrieben, „s88"-Rückmeldemodule vorgesehen. Ich werde wohl in Hinblick auf die Modulfähigkeit der Anlage dieses auf LocoNet-Rückmelder umstellen. Der Grund: Sie passen sich von der Programmierung besser einem variablen Aufbau an und sind nicht so starr ausgerichtet, wie der „s88"-Rückmelder. Im Kapitel „Rückmeldungen" sind dazu einige Ausführungen mehr nachzulesen. Im Band 2 wird das IB-SWITCH in allen Praxisanwendungen genau beschrieben und da ist sicher noch der eine oder andere Tipp dabei.

## Komfort für „Elberfeld"

Bei dem Projekt „Elberfeld" werde ich die Komfortebene deutlich nach oben ausrichten. Natürlich ist die INTELLIBOX dort die Zentrale. Daneben wird es dann zur Steuerung der Fahrzeuge zusätzlich die Lokmaus 2 (über den LocoNet Maus Adapter) und einen zusätzlich DAISY-Handregler geben. Ich denke auch, dass man das IRIS Infrarot System mit einplanen sollte. Gerade bei derart großen Anlagen ist man mit einem drahtlosen Handregler wesentlich flexibler. Der Anschluss ist mit der Lokmaus 1 Buchse auf der Rückseite der INTELLIBOX rasch hergestellt. Da sich der Schattenbahnhof hinter der Kulisse befindet und ich sehr wahrscheinlich öfters einmal während der Aufbau und Testphase in diesen von vorne nicht einsehbaren Bereich wechseln muss, ist man damit räumlich auch sehr weit von der Zentrale entfernt. Dafür ist IRIS dann geradezu ideal. Übrigens, viele Optionen neben dem eigentlichen Fahrbefehlen führt IRIS genau wie die INTELLIBOX aus. Das ist zum einen das Schalten der Weichen und zum anderen der Abruf von Fahrstraßen gemäß der Speicherung in der INTELLIBOX.

Als persönlichen Wunsch meinerseits, einfach nur weil's wirklich Spaß macht, werde ich mit Sicherheit noch das Führerstandspult PROFI-CONTROL mit vorsehen. Man braucht es nicht unbedingt aus einem bestimmten technischen Grund, sondern viel mehr um das Gefühl eines Lokführers zu vermitteln. Die Einbindung des Gerätes in das LocoNet ist denkbar einfach. Es bekommt die Lokadressen von der Zentrale zugewiesen und schon kann es losgehen. Natürlich sind dann auch Sonderfunktionen wie gewohnt schaltbar. Aber, und das ist es doch, man muss um eine Lok richtig zu „führen", eben auch zielgenau Bremsen oder diese wieder lösen, Fahrstufenschalter per Handrad bedienen und auf Wunsch auch die sogenannte Sifa (Sicherheitsfahrschaltung) bedienen. Diese muss regelmäßig alle 30 Sekunden ausgelöst werden, damit es nicht zu einem Zwangshalt kommt. Auf einer Vorbildlok ist das ganz genau so und dient zur Überwachung des Gesundheitszustands des Lokführers; gut zu wissen!

Noch etwas besonderes wird es in „Elberfeld" geben. Eine Stelltafel analog des Vorbilds nach dem „DrS 60"- Standard. Das heißt, dass der Gleisplan als Schema dargestellt wird und entsprechende Tasten dienen zum Stellen von Signalen und Weichen. Zudem gibt es beim Vorbild Start- und Zieltaster. Damit werden dann Fahrstraßen aufgerufen. Bis dato war dies alles in einem Digitalsystem recht schwierig zu realisieren. Bei Märklin gab es vor einigen Jahren das sogenannt Switchboard. Die Belegung war ähnlich dem Keyboard (16 Schaltmöglichkeiten) und es bestand die Anschlussmöglichkeit von externen Tastern und Lampen, bzw. LED für eine Stellungsanzeige. Eine tatsächliche Rückmeldung von Weichen ist dabei nicht möglich. „Stellungsanzeige" wäre dafür eher der richtige Ausdruck. Wenn sie eine Weiche rückmelden wollten, also tatsächlich die Lage der Zunge erkennbar machen möchten, müssen Kontakte an den Zungen und Backenschienen ange-

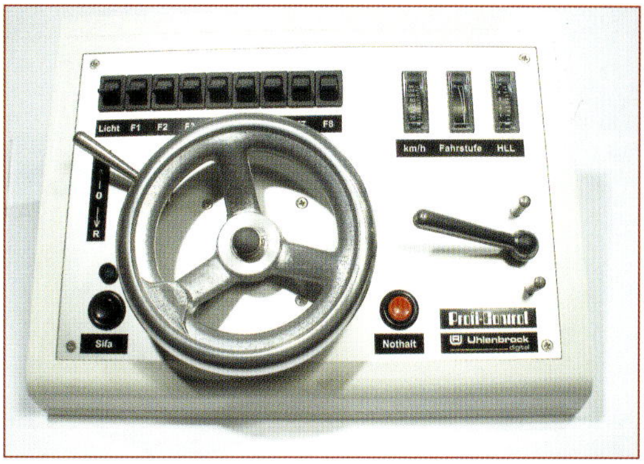


bracht weden. Praktisch ist das nicht oder nur mit unverhältnismäßig hohem Aufwand zu machen. Ich denke aber auch mit einer derartigen Anzeige wie es Märklin vorgemacht hat, kann man auf einer Modellbahn schon leben. Uhlenbrock hat diese Grundidee wieder aufgegriffen und ein sogenanntes SWITCH-CONTROL auf den Markt gebracht. An jedem Modul können Sie 10 Taster und 10 Kontrolllampen, bzw. 10 LED mit den geeigneten Vorwiderständen anschließen. Damit lassen sich nun Weichen und Signale im Adressenbereich von 1 – 2048 steuern. Genau so können Sie Fahrstraßen über die angesprochenen Start- und Zieltasten aufrufen. Das Modul greift hierbei auf die in der INTELLIBOX oder im IB-SWITCH abgespeicherten Fahrstraßen zurück. Um Weichen aber einzeln zu schalten, müssen Sie die Tastenanzahl durch zwei teilen. Das heißt also, dass mit jedem Modul 5 Weichen oder Signale einzeln geschaltet werden können. Der Anschluss an die Zentrale erfolgt wieder über das LocoNet. Die Kabel der Weichen und Kontrolllampen werden mit einem Pol an die dafür gekennzeichneten Anschlüsse verschraubt. Für den anderen Pol steht eine besondere mit der Kennzeichnung „+" zur Verfügung. Der Lichtstrom (16 Volt Wechselstrom aus einem nur dafür reservierten Trafo) wird mit zwei Kabeln in den markierten Schraubanschlüssen angelegt. Das war es eigentlich schon. Hinsichtlich der Programmierung, denn bei „Elberfeld" z.B. käme ich nie und nimmer mit einem Modul aus, sollte man die Beschreibung zugrunde legen, da es verschiedene Möglichkeiten gibt. Im Band 2 wird darüber noch zu berichten sein. An dieser Stelle möchte Ich Ihnen eigentlich nur zur einem Überblick hinsichtlich der vielseitigen Zusatzgeräte verhelfen. Alles im Detail zu beschreiben ist an dieser Stelle gar nicht möglich. In Band 2 werden teilautomatisierte und automatisierte Magnetartikelsteuerungen eine große Rolle spielen.

## 3.1.6. Rückmeldungen

### Rückmeldung - Besetztmeldung

Bei der digitalen Modellbahn unterscheiden wir in Belegtmelder- und Rückmeldemodule. Bei erstgenannten wird der Standort des gerade verkehrenden Zuges an einer bestimmten Stelle der Anlage ermittelt. Damit er auch für das System sichtbar und steuerbar wird, werden zusätzlich Rückmeldemodule benötigt. Natürlich gibt es auch Kombinationen von beiden. Als Faustregel kann man davon ausgehen, dass bei Märklin Modellbahnen mit Stromabnahme über den Mittelleiter und den beiden Außenschienen als Masseleitung, eine Rückmeldung am einfachsten zu realisieren ist, da man die Radsätze als Schalter nutzen kann. Dafür muss eine der Schienen in einen bestimmten Bereich von der anderen isoliert werden. Die isolierte Schiene wird dann an den Eingang eines Rückmelders gelegt. So einfach geht das im Zweileiterbetrieb leider nicht. Hier sind sogenannte Stromfühler als Belegtmelder empfehlenswert. Diese geben dann den Kontakt in das Rückmeldemodul weiter und das Digitalsystem kann dann diesen weiterverarbeiten. Auf weitere Möglichkeiten von Kontaktauslösungen, wie Reedkontakte (Schutzgasrohrkontakte) und entsprechende Magnete unter den Fahrzeugen, Lichtschranken usw., möchte ich nicht weiter eingehen, da dies alles relativ umständlich zu realisieren und auch relativ störanfällig ist. Stromfühler sind hier eine gute Empfehlung. Wozu benötigen wir aber all diese Geräte und Module? Für einen reinen Handbetrieb sind diese sicher nicht erforderlich. Sobald aber Überwachungsaufgaben für einen Mehrzugbetrieb mit automatischer Steuerung, wie Schattenbahnhöfe oder Blockstrecken vorzusehen sind, benötigen wir auch Rückmeldemodule für eine digitale Koordination.

### Mit LocoNet

Eine völlig neue Art der Zugerkennung ist das LISSY-System von Uhlenbrock. Mittels Infrarot-Sendern und Empfängern ist es möglich, den Zug zu erkennen und die Daten an die Zentrale weiter zu leiten. Dort können über Zusatzgeräte, wie z.B. das IB-SWITCH, Schaltvorgänge ausgelöst werden. Aber das können die anderen Rückmelde Systeme genau so. Bei LISSY ist es dagegen möglich, das einzelne Fahrzeug über seine genaue Lokadresse und seine Zuggattung zu erkennen. Ferner ist das System in der Lage festzustellen, wie schnell der Zug ist und ob er gleich abbremsen muss, weil das Signal noch auf „Halt" steht. Man kann so einen direkten Einfluss auf die Fahrzeugdecoder nehmen. Das ist bei den bisherigen Techniken ohne Computer fast nicht möglich. An dieser Stelle werde ich aber nicht weiter auf LISSY eingehen, denn es wird eines der Hauptthemen des Band 2 sein.

LISSY wird in den LocoNet-Bus integriert, für diesen BUS bietet Uhlenbrock auch zwei verschiedene LocoNet-Rückmeldemodule an. Das Zweileitermodul besitzt eine Anschlussmöglichkeit für 8 Gleisabschnitte, wobei der Adressenbereich von 1 – 2048 frei wählbar ist. Die Verzögerungs- bzw. Reaktionszeit ist für jeden der 8 Eingänge individuell einstellbar. Mit dem Modul können Stromverbraucher (Fahrzeuge, beleuchtete Waggons usw.) mit einer Stromaufnahme ab 1 mA in dem Trennabschnitt erkannt werden. Man hat hier einen Belegtmelder mit einem

*Uhlenbrock liefert für den 3-Leiter – wie auch für den 2-Leiterbetrieb Rückmeldemodule mit dem Anschluss für den LocoNet BUS.*

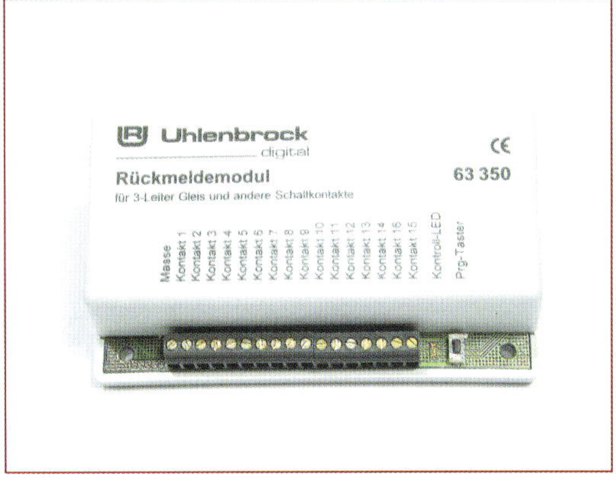


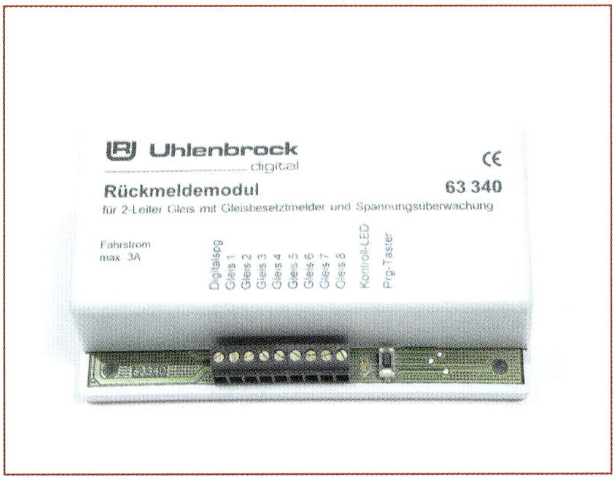

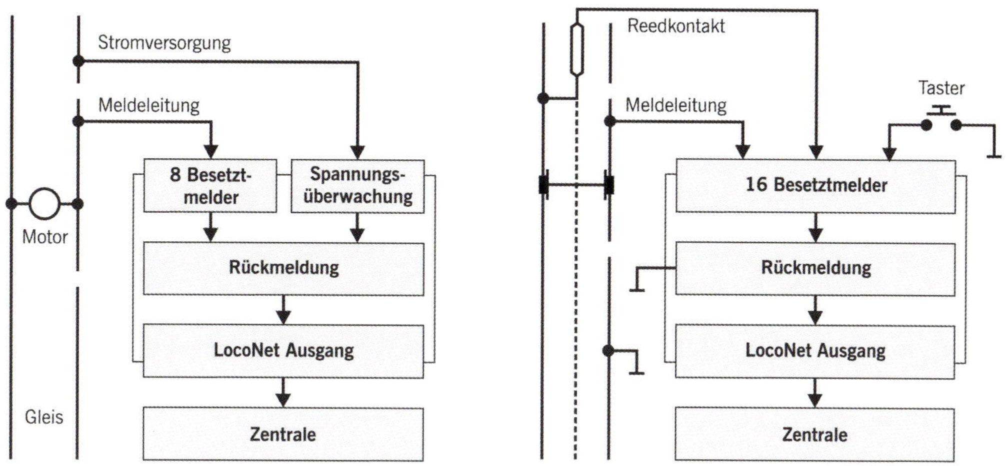


**Rückmelder 2-Leiter digital** **Rückmelder 3-Leiter digital**

Rückmelde Decoder kombiniert. Das Modul erkennt auf diese Art und Weise zwar Fahrzeuge über den Stromverbrauch im allgemeinen, ist aber im Gegensatz zu LISSY nicht in der Lage festzustellen, um welche Fahrzeuge es sich dabei im Detail handelt.

Ganz ähnlich arbeitet das16-fache Dreileiter Rückmeldemodul von Uhlenbrock. Die Erkennung eines Fahrzeuges erfolgt aber auch hier nur im allgemeinen und wird über die isolierte Masseschiene und die leitenden Radsätze als Schalter erreicht. Der Adressbereich ist auch hier von 1 bis 2048 einstellbar. Zudem können Sie die Verzögerungs-/Reaktionszeit bei jedem Eingang individuell einstellen.

Beide zuvor vorgestellten Rückmeldemodule werden über das LocoNet mit der Zentrale verbunden. Die Programmierung ist über eine entsprechende Taste am Gerät und des Menüs der INTELLIBOX recht einfach zu bewerkstelligen.

## Märklin und s88

Die Technik des wohl bekanntesten Rückmelders stammt ursprünglich von einem Märklin Zulieferer, damit in diesem Digitalsystem eine Rückmeldung von Zügen zu erreichen ist. Über das Märklin Memory kann mit Hilfe der Rückmeldung eine Schaltfolge von Magnetartikeln (z.B. für Fahrstraßen) ausgelöst werden. Der Rückmeldebaustein von Märklin heißt „s88" und ist technisch recht einfach aufgebaut. So entstanden nach einiger Zeit zahlreiche Kopien von verschiedenen Herstellern, was letztendlich zum hohen Verbreitungsgrad des „s88" ganz wesentlich beigetragen hat. Seit geraumer Zeit gilt das System aber als nicht besonders zuverlässig. Bei mittleren und größeren Anlagen ist der Einsatz in der Tat nicht ganz einfach. Wenn man jedoch die Hinweise der Hersteller beachtet und die hier an dieser Stelle dargestellten Eigenheiten und Ratschläge berücksichtigt, kann das „s88"-System weitestgehend zuverlässig eingesetzt werden, muss dabei aber die Schwächen kennen. Pro Baustein sind 16 Rückmeldeeingänge für Gleisabschnitte vorhanden. Über ein 6-poliges Buskabel werden alle Bausteine in einer Linie sowohl untereinander als auch an das „Memory" oder das Interface bei Märklin oder an die INTELLIBOX direkt angeschlossen. Märklin sah eine Begrenzung von maximal 31 Bausteinen vor. Daran orientierten sich meistens auch die anderen Hersteller. Aufgrund des technischen Aufbaus des „s88" (Schieberegister) ergaben sich die 16 Eingänge. Durch das hintereinander Schalten weiterer Bausteine mittels des erwähnten BUS-Kabels verlängert sich das Schieberegister und adressiert sich selbst. Das Märklin System (Interface 6051) überträgt dabei immer alle Rückmeldeinformationen zum PC, egal, ob diese sich verändert haben oder nicht. Zusammen speichern sie die Rückmeldeinformationen im System und übertragen, wenn eingestellt, nur die Änderungen an den PC. Für eine Steuersoftware, die dieses auch ausnutzt, ist das von großer Bedeutung, weil dadurch das System wesentlich effizienter wird. Wenn innerhalb der „s88"-Kette ein neues Modul eingefügt wird, verändern sich die Nummern der Bausteine nach dem neu hinzugefügten Baustein.

Eine Erweiterung des BUS-Systems um Rückmeldebausteine sollte darum, falls es möglich ist, stets am Ende des „s88"-BUS erfolgen. Eine Besonderheit sind Bausteine mit nur 8 Eingängen. Insbesondere Rückmeldemodule mit integrierter Belegtmeldung, wie zum Beispiel das RM-GB 8 von LDT Littfinski, haben aus Platzgründen nur 8 Eingänge. Durch Einfügen eines solchen Bausteins verschiebt sich die Adressierung auch nur um 8 Stellen. Dadurch stimmen die Bausteinnummern natürlich nicht mehr mit den physikalischen Bausteinen überein, da die gesamte Nummerierung nur auf 16-fache Bausteine ausgelegt ist und keinerlei Informationen über die Anzahl der Eingänge pro Baustein über den Bus transportiert werden können. In solchen Fällen bauen Sie bitte „s88"-Rückmeldemodule mit nur 8 Eingängen immer paarweise ein. Dann bilden immer zwei Bausteine ein komplettes „s88"-Modul. Während der Planung sollten die Standorte und Anzahl aller benötigter „s88"-Bausteine bereits definiert werden. Bauen Sie diese möglichst von Beginn an ein! Nachträgliche Änderungen der Reihenfolge oder der Einbau weiterer Bausteine sind meist mit einiger Arbeit verbunden. Die „s88"-Bausteine sollten auch mit ihren Bausteinnummern direkt beschriftet werden!

## Verbindung mit Problemen

Märklin nennt 2 Meter als maximale Länge zwischen 2 Bausteinen. Deswegen stehen auch von Märklin und anderen Herstellern keine längeren Kabel zur Verfügung. Zudem wird empfohlen, das „s88"-Kabel nicht parallel zu energieführenden Leitungen (Boosterleitungen zum Gleis usw.) zu platzieren. Verlegen

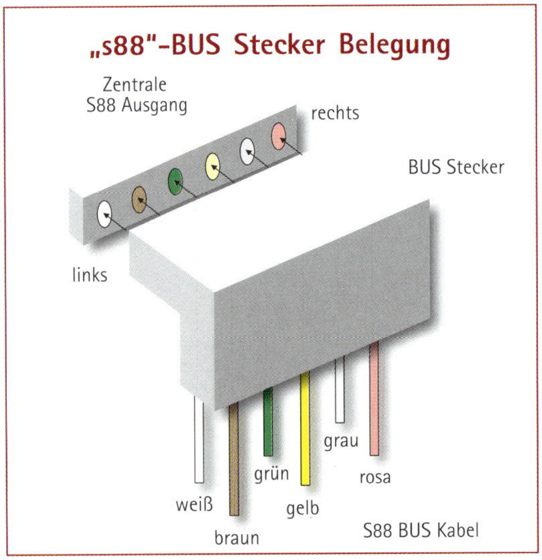

*Eine selbstgebaute „s88"-Schnittstelle. Sie wurde probeweise mit einem „Würfelnorm" -Stecker aus dem Hifi-Bereich realisiert. Die Belegungen der Stifte finden Sie auf der nächsten Seite*

Sie „s88"-Kabel aber auch niemals parallel zu digitalen Versorgungsleitungen wie z.B. zu Anschlusskabeln der Weichenantriebe (Weichendecoder - Weichenantriebe) und anderen Wechselspannungsleitungen (z.B. für Beleuchtungen). Halten Sie dabei möglichst einen Abstand von mindestens 20 cm ein! Montieren Sie „s88"-Kabel niemals parallel zu den Gleisen (z.B direkt unter der Trassenplatte). Gleise sind in diesem Zusammenhang wie digitale Versorgungsleitungen zu betrachten. Sind längere Verbindungskabel als 2 Meter erforderlich, dann verwenden Sie ein abgeschirmtes Kabel. Preiswert und bestens geeignet sind Netzwerkkabel (Cat 5 bis 7). Achten Sie darauf, dass die Abschirmung an die Masse der Module (Pin 2) angeschlossen wird. Für die Anschlüsse der Gleisabschnitte an den Modulen stehen bisweilen Schraubverbindungen zur Verfügung. Durch den Schraubvorgang können einzelne Adern der Litze gequetscht oder sogar zerbrochen werden. Verwenden Sie nach Möglichkeit die Aderendhülsen. Sie werden auf das abisolierte Kabelende aufgesteckt und mit einer Zange darauf gequetscht. Sie sind günstig zu erwerben und verhindern Kabelbrüche.

## Auf die Kabel achten

Verwenden Sie ausreichend dimensionierte Kabel zwischen Boostern und Gleisen. 1,5 qmm sind das absolute Minimum, besser sind 2,5 qmm. Die bei Modellbahnherstellern (z.B. Märklin, Brawa usw.) handelsüblichen Kabel sind viel zu dünn und können bei einem Kurzschluss sogar Kabelbrände verursachen(!). Führen Sie den am „s88"-Baustein vorhanden Masseanschluss direkt und auf kürzestem

Wege zum nächsten Masseanschluss der Gleise. Verwenden Sie „s88"-Rückmeldebausteine mit integrierten Optokopplern (elektronische Trennung der verschiedenen Stromflüsse). Bei diesen können keine Störungen auftreten, weil keinerlei galvanische (elektrisch leitende) Verbindung zwischen den Gleisen und dem „s88"-Bus besteht. Optokoppler wandeln Spannungsimpulse zu Licht und anschließend wieder zurück.

## Probleme mit Loks

Manche Lok verursacht bereits beim Fahren Störungen. Meist tritt dies nicht überall auf der Anlage auf, sondern in bestimmten Anlagenpassagen und besonders bei Langsamfahrt. Anschließend gelangt diese Störung über das Buskabel in das Rückmeldesystem und kann dort völlig unsinnige Rückmeldungen auslösen. Haben Sie alle vorherigen Hinweise beachtet, könnte eine zusätzliche Entstörung der Lokomotive helfen. Lokomotiven, die direkt vom Hersteller mit einem Digitaldecoder ausgestattet wurden oder die in einer (autorisierten) Fachwerkstatt auf Digitalbetrieb umgerüstet wurden, kennen in der Regel diese Problematik nicht.

Manche nachträglich durch den Modellbahner eingebauten Lokdecoder neigen bei bestimmten Motorentypen zu vermehrter Störstrahlung. Einige Hersteller zeigen in den Anschlussbeispielen der Betriebsanleitung Hilfestellungen auf. Zusätzliche Entstörmaßnahmen, wie Kondensatoren oder Drosseln sind dann notwendig. Halten Sie sich aber beim Einbau und Auswahl der Bauteile exakt an die Betriebsanleitung.

### Steckerbelegung „s88"-Bus

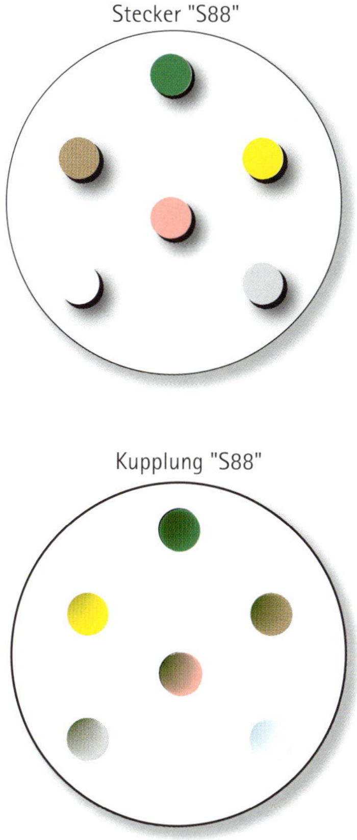


## „Störenfriede" im Modellbahnzimmer

Auch an das Lichtnetz des Hauses angeschlossene Stromverbraucher können Störungen verursachen. Diese können aber kaum entfernt und damit neutralisiert werden. Wenn Sie die störungsverursachenden Geräte kennen, lassen sich deren Auswirkungen auch größtenteils begrenzen. Dazu zählen sehr oft Neonbeleuchtungen, Heizlüfter und Luftbefeuchter. Während des Bahnbetriebes sollte diese Teile daher nicht an- oder abgeschaltet werden. Sie können die fraglichen Geräte auch durch einen Fachmann entstören lassen; immer wird dies wohl aber nicht gehen.

Auch Handys, aber keine drahtlosen Heimtelefone, können sich negativ auswirken. Telefoniert man mit ihnen in Anlagennähe, so senden diese mit, je nach Entfernung zur Sendestation unterschiedlicher, aber verhältnismäßig hoher Energie nahe des Mikrowellenbereiches. Die Modellbahnanlage mit ihren Kabeln und Gleisen wirkt im ungünstigsten Falle wie ein Empfänger und Störimpulse übertragen sich so in den „s88"-Bus oder die Rückmeldebausteine. Sie dürften den Effekt vielleicht von ihrem Fernsehgerät oder der Musikanlage kennen, wenn sich ein Mobiltelefon in der Nähe befindet, hört man Knacken und Brummen und bei einem Anruf sogar eine Art „Galoppgetrappel" aus den Lautsprechern. Beim Betrieb der digitalen Modellbahnanlage sollte man daher Handys ausschalten wie Sie das übrigens im Flugzeug ja auch tun müssen und dort ist die Flugzeugelektronik gegenüber Ihrer Modellbahnausstattung wesentlich teurer.

## Motorische Weichenantriebe

Motorische Weichenantriebe sind eine sehr häufige Quelle für Störungen im Rückmeldesystem. Besonders der laute aber robuste Fulgurex Antrieb ist ein echter „Störenfried". Abhilfe schafft hier ein über die beiden Anschlüsse des Motors aufgelöteter Kondensator.

## Fehler suchen

Obwohl Sie alle Hinweise beachtet haben, treten die Störungen nun aber weiterhin nur noch an einem bestimmten Baustein auf. Dann tauschen Sie diesen komplett gegen einen gleichartigen Reservebaustein aus. Ist das nicht möglich, tauschen Sie zwei Bausteine gegeneinander (z.B. Baustein 2 und 7) aus. Wandert der Fehler mit dem Baustein mit, dann haben Sie den fehlerhaften Baustein gefunden. Andernfalls liegt die Störung im Umkreis des verursachenden Baustein. Koppeln Sie dann einen oder mehrere Bausteine durch Abziehen der Kabel am Ende des Busses ab. Funktioniert nun alles, dann verursachen die abgezogenen Bausteine oder deren Verbindungskabel die Störung. Benutzen Sie daher im Zweifelsfall nur Bausteine eines Herstellers und mischen Sie nicht Fabrikate von verschiedenen Anbietern miteinander.

Natürlich können diese Hinweise nur grundsätzliche Hilfestellungen sein, denn jede Störung ist auf ihre Art individuell. Wichtig ist, dass man wissen muss, wo man zuerst suchen sollte. Gerade beim „s88"-Bus sind Störungen nicht ausgeschlossen. Das Wissen über seine Strukturen und Schwächen ist bei der Suche daher immer hilfreich.

*Der bekannte Fulgurex Motorantrieb. Der Keramik-Scheibenkondensator mit dem Wert 1 nF - 10 nF muss über die Motoranschlusskabel (rot und weiß) wie eine Verbindung untereinander angelötet werden*

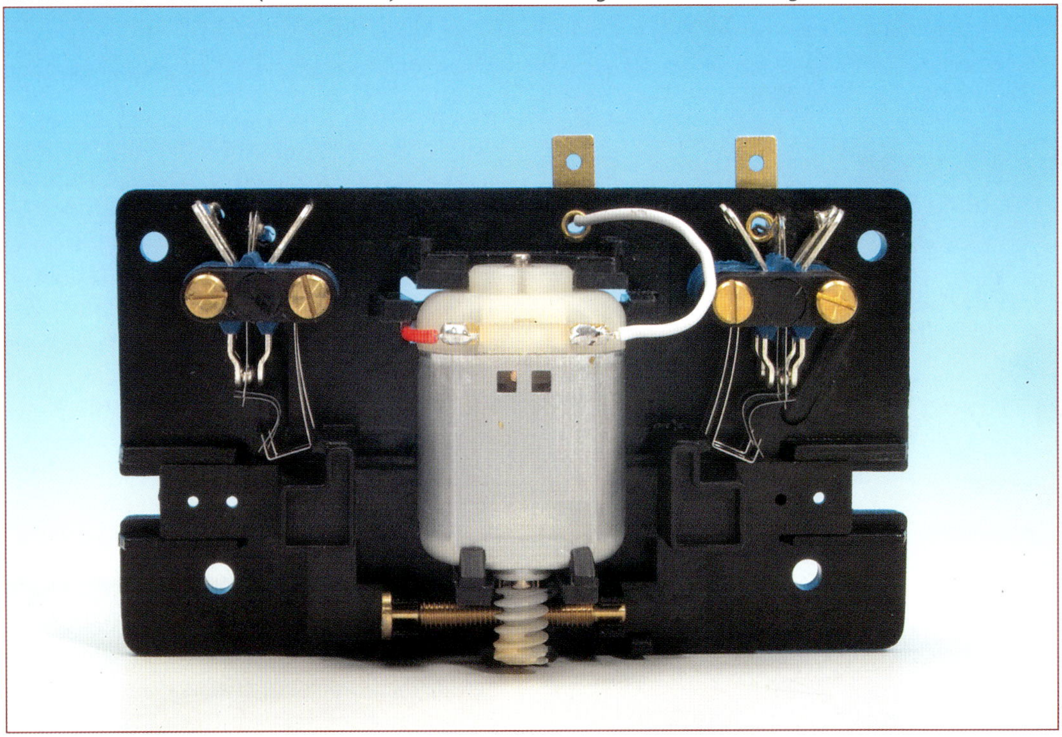

## 3.2. Der Leitungsaufbau

Auch für das Modellbahnhobby gibt es in Deutschland Normen. Für Modellbahnkabel stellt die NEM (Normen Europäischer Modellbahnen) 604 die technischen Regeln für Leitungsquerschnitte auf, die vor allem auch für digitalen Modellbahnanlagen wichtig sein können. Die NEM 605 stellt ein Schema für die zu verwendenden Farben vor. Aber ist das alles wirklich praktikabel? In der NEM 600 finden wir zu lesen: „Diese Norm soll dem Nutzer die wichtigsten Begriffe der Modellbahn-Steuerungen und ihre Systematik vermitteln, um das Verständnis und die Verständigung darüber zu fördern". Weiter heißt es: „Eine Modellbahnsteuerung ist eine Steuerung, die im komplexen Prozess einer Modellbahn (Modellbahn-Prozess) eine oder mehrere modellbahntypische Funktionen (Modellbahn-Funktion) aufgaben- bzw. programmgemäß beeinflusst." und „Eine Modellbahnsteuerung ist eine Programmsteuerung, genauer eine zeitgeführte Ablaufsteuerung." Seit Jahrzehnten wird von Märklin ein bewährtes und vor allem auf breitester Front etabliertes Farbschema verwendet, bei dem „braun" die Masse ist und „rot"

der Mittelleiter. Woran sollen wir uns jetzt orientieren? Entscheiden Sie am besten selbst, wie die Kabel mit welcher Farbe wohin geführt werden. Die Märklin „Haus-Norm" dürfte sicher vom Farbschema praktikabel sein, da viele andere Anbieter sich auch in dieser Hinsicht daran orientiert haben. Ein wichtiges Kriterium ist natürlich auch der Leitungsquerschnitt, wir kommen darauf noch zurück. Bei einer digitalen Modellbahn muss man in dieser Hinsicht ab einer gewissen Größe umdenken. Haben Sie sich schon einmal Gedanken über die Kabelwege einer Modellbahn gemacht? Jeder Modellbahner mit Baupraxis hat seine speziellen Erfahrungen schon gesammelt. Nun unterliegt aber die Digitaltechnik ganz besonderen Erfordernissen. Zwei Kabel vom Anfangsset – und schon geht es los ist eine bekannte Aussage. Das dies nur bedingt richtig ist, wissen Sie schon aus dem vorhergehenden Kapitel.

### Die Aufgabenstellung

Die aktuelle Projekte von mir sind ja zurzeit in H0 „Kottenforst" und „Elberfeld". Zudem habe ich vor einiger Zeit eine N-Anlage fertig gestellt. Die verschiedenen Baugrößen stellen heutzutage kein Hindernis für eine Digitalsteuerung mehr da. Auch die Zeiten, dass ein bestimmter Hersteller ausschließlich kleine Lokdecoder herstellte, gehört der Vergangenheit an. Es sollte versucht werden, möglichst viele Komponenten bei allen Projekten, zumindest welche besonders für den einen oder anderen Zweck geeignet erscheinen, zu bündeln. Multiprotokoll – so heißt das Zauberwort für ein solches Unternehmen. Genau das wollen wir bei diesen Projekten wieder probieren.

Die Gleise stammen bei der N-Anlage im sichtbaren Bereich durchgängig von Peco. Hier fiel die Wahl auf das Fine Scale Produkt in Code 55. Die verdeckten Gleisstrecken entstanden mit ganz normalen Roco Material. Hier muss auf die im direkten Zusammenspiel mit der Digitalsteuerung relevanten Teile hingewiesen werden. Die Roco-Weichen behielten ihre angestammten Zweispulenantriebe. Bei den Peco-Produkten wurde es ein wenig diffiziler, da die hauseigenen Zweispulenantriebe nicht weiterverwendet werden sollten. Zum einen benötigen sie für Weichendecoder immer noch sehr viel Strom und zum anderen ist der Einbau durch den seitlichen Überhang bei sehr verschachteltem Aufbau nicht immer problemfrei. Sie eignen sich von den Dimensionen bestens für H0, da sie genau im Schwellenbereich, bzw. darunter, platziert werden. Als Antrieb kam der Fulgurex-Motor zum Einsatz, der ziemlich laut, aber im Gegenzug auch sehr solide und wartungsfreundlich ist. Zur eigentlichen Kraftübertragung dienen Bremszüge aus dem Fahrradhandel. Diese sind, zumindest im Vergleich zu Bowdenzügen aus dem Flugmodellbau, äußerst preiswert. Alle Magnete, Lichtsignale und Motoren sollten nun über einen universell verwendbaren Decoder angesteuert werden. Die Wahl fiel dabei auf den Roco Decoder 10 771, der absolut baugleich mit dem Lenz Produkt LS 100 ist. Auf die Anschlüsse kommen wir im weiteren Verlauf noch zurück. Für die Erkennung von besetzten Gleisabschnitten kamen Bausteine aus der Werkstatt von Gerhard Dallwitz zum Einsatz. Es sind „s88"-kompatible Elemente mit eingebauten Stromfühlern. Es reichen also einseitig isolierte Abschnitte in der Gleisanlage und schon wird jeder Verbraucher zurückgemeldet. Besonders in Hinblick mit einer PC-Steuerung auf der Basis von Railware 4.0 ist eine flächendeckende Rückmeldung aus der Anlage sehr hilfreich. Es wird so eine ziemlich komplexe Modellbahnanlage entstehen, das Herz ist das TWIN-CENTER aus dem Hause Fleischmann. Das Gerät ist in weiten Teilen baugleich mit der INTELLIBOX, unterscheidet sich aber in einigen grundlegenden Details. Mit dem TWIN-CENTER lassen sich beispielsweise keine Motorola Decoder ansprechen, daher fiel auch die Entscheidung zugunsten der DCC Roco/Lenz Weichendecoder. Zwei Booster (POWER 3 von Uhlenbrock) werden die Anlage mit Fahrstrom versorgen. Mit dem Strom der Zentrale wird ausschließlich der Stellbus für die Magnetartikel gespeist. Zur Entlastung gibt es noch eine separate Wechselstromversorgung der einzelnen Weichendecoder. Das gesamte Energiemanagement dürfte somit als ziemlich sicher angesehen werden.

## Überschaubar: „Kottenforst"

„Kottenforst" wurde mit Märklin Artikeln (C-Gleise und Magnetartikeldecoder) ausgerüstet. Die Antriebe der Weichen stammen vom selben Hersteller. Über die separat montierten „k83"-Magnetartikeldecoder werden diese sowie die Viessmann Formsignale angesteuert. Die „s88"-Rückmeldedecoder stammen ebenfalls von Märklin und wurden mit dem hauseigenen Flachkabel untereinander verbunden. Dies ist jedoch eine eher vorausschauende Maßnahme, denn mit dem Basisbetrieb, das DAISY-Konzept von Uhlenbrock, ist eine derartige Rückmeldung („s88" kompatibel) nicht möglich. Stattdessen müsste man, falls es jetzt schon notwendig wäre, entsprechende 3-Leiter Rückmeldebausteine auf LocoNet Basis von Uhlenbrock vorsehen. Auch diese haben jeweils 16 Eingänge zur weiteren digitalen Verarbeitung. Es stellt sich natürlich die Frage, ob dies bei dem bisherigen Umfang der Anlage notwendig ist. Für den späteren Ausbau, das bedeutet, es kommen noch Blockstrecken und Schattenbahnhöfe hinzu, ist eine gewisse Vorsorge sicherlich praktikabel, da spätere Kabelmontagen und Eingriffe immer sehr beschwerlich sind, wie beispielsweise beim C-Gleis, da die Trassenplatte eine freizügige Bestückung von unten an die in der Bettung platzierten Kontaktlaschen verbietet. Es mag in diesem Moment etwas überdimensioniert sein, aber mit der jetzigen Struktur in „Kottenforst" ist man für die Zukunft gerüstet.

Durch die Trennung der beiden Masseschienen (Schienenprofile) wurde der Einbau von Rückmeldemodulen vorbereitet, so dass der leitende Radsatz wie ein Schalter arbeiten und den entsprechenden Kontakteingang am Rückmeldemodul auslösen kann.

Die Kabel, die von den isolierten Schienenprofilen kommen, wurden nun alle auf Lötleisten gesammelt

*Zum „Verdrahten" stellt man die Anlage, soweit dies möglich ist, hochkant auf Böcke. Das erleichtert die Arbeiten wesentlich.*

*Rechts:*
*Die Kabel wurden ihrer Bedeutung nach in räumlich getrennte Trassen verlegt.*

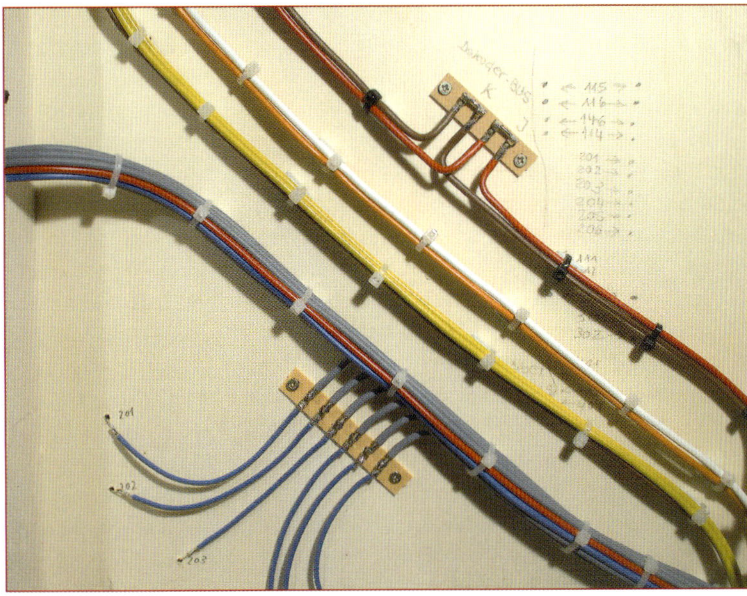

*Unten:*
*„Farnell"-Stecker dienen als elektrische Verbindungen bei transportablen Anlagen.*

und auf der anderen Seite mittels einem abisolierten, quer aufgelöteten Silberdraht, gebrückt. Somit stehen beide Schienen für die Stromabnahme bereit. Später wird es nur noch eine sein, was eigentlich schon reichen dürfte, die andere erhält die Spannung dann über den Radsatz. Die ersten Probefahrten absolvierte ich noch mit einer Märklin Zentrale. Nach dem Erhalt der DAISY steigerte sich der Fahr- und Bedienkomfort recht deutlich. Auch die Weichen lassen sich von diesem Handregler aus steuern; bei den 6 Weichen und 2 Signalen bleibt das sehr überschaubar! Bei Märklin wäre auf jeden Fall zusätzlich ein Keyboard dafür erforderlich. Falls später ein PC mit entsprechender Steuersoftware installiert werden sollte, die Möglichkeit ist offen gehalten, kann DAISY problemlos mit der INTELLIBOX getauscht werden, damit dann ein Interface zur Verfügung steht. Auf einen besonderen Booster (bis auf den POWER 2 bei DAISY) konnte ich bisher verzichten. Es handelt sich bei diesem Thema um eine Nebenbahn und dafür reicht die Ausrüstung aus!

## Herausforderung „Elberfeld"

Ganz anders verhält sich die Sache bei „Elberfeld"; hier muss wesentlich diffiziler geplant werden. Die Anlage wird im Schattenbahnhofbereich gegenüber den ersten Überlegungen wesentlich umfangreicher. Mittlerweile ist jetzt auch noch ein zweites Stockwerk vorhanden und es sind Erweiterungsmöglichkeiten in die „Ruhrtalbahn" oder sogar in ein neues Projekt auf der rechten Seite geplant. Auf die Besetztmelder („s88" oder LocoNet) soll verzichtet werden, denn mit dem Lokadressenrückmeldesystem über die Infrarottechnik von Uhlenbrocks LISSY stehen für Projekte dieser Größenordnung ganz neue Möglichkeiten offen. Im Folgeband wird das noch ganz ausführlich behandelt werden. Hier möchte ich nur auf die Ausrüstungen der Anlagen insgesamt hinweisen.

Das Gleismaterial stammt durchweg von Roco-Line. Im Schattenbahnhof werden dazu ganz normale passende Oberflurantriebe vorgesehen. Im sichtbaren Bereich befinden sich teilweise Roco-Line Gleise mit Bettung, auch wenn diese noch mit Schotter und Farbe erheblich „veredeltet" wurden. Bei diesen sah ich auch gleich den hauseigenen Klipsantrieb für das Bettungsgleis vor. Die Herzstücke können durch

einfaches Einstecken eines seitlich platzierten Kabels intern mit einem Umschalter verbunden werden. Auf diesen Punkt möchte ich an dieser Stelle noch einmal hinweisen: Bei schlanken Weichen, aber am besten bei allen dafür geeigneten, sollte eine Herzstückpolarisierung ermöglicht werden. Die zusätzlichen Unterflurantriebe von Roco und Conrad Elektronik haben daher entsprechende Umschaltkontakte. Auf eine Endabschaltung kann man eigentlich verzichten, wenn die Weichendecoder über eine Einstellungsoption an den Ausgängen den Stromfluss zeitlich begrenzen können, bzw. die Zentrale dies berücksichtigt. Alle vorgesehenen Antriebe haben aber eine solche Endabschaltung und ich belasse es auch dabei, sie gehören im Grunde zu den empfehlenswerten Produkten. Im Schattenbahnhof werden in den Richtungsgleisen die Weichen „aufgefahren", d.h., die Fahrzeuge stellen sich vom Herzstück kommend die Zungen selber mechanisch um. In diesem Zusammenhang kann natürlich eine Umschaltung der Herzstückpolarität nicht erfolgen. Da ich an den besagten Weichenstraßen ausschließlich 15° Weichen vorgesehen habe, minimieren sich bei normal schnell fahrenden Loks die Aussetzer auf den nicht versorgten Herzstücken. Eine langsam fahrende Köf könnte aber hier schon Probleme haben, denn auch bei den angesprochenen Roco Weichen ist der stromlose Abschnitt noch immer relativ lang. Aus der Erfahrung heraus gehe ich aber davon aus, dass solche Rangierfahrten im Schattenbahnhof eigentlich nicht vorkommen werden. Ich gehe daher das Risiko ein, da auf diese Weise viele Antriebe gespart werden können. Mit den Antrieben sind es auch die Decoder und notwendigen Bedienelemente, die nicht benötigt werden, damit kann man Ausgaben sparen.

*Alle Kabel warten nun auf die fachgerechte Verlegung.*

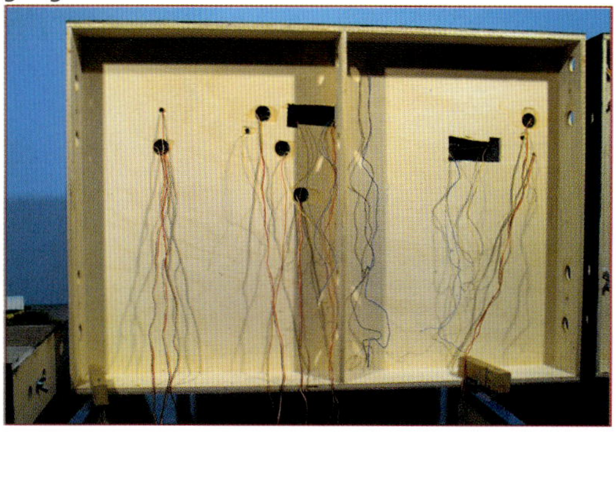

Die ursprüngliche Steuerung war vor rund 10 Jahren bei Baubeginn noch analog strukturiert, nun plane ich eine vollständige Digitalversion. Vor allem die entgegengesetzten Polaritäten der Richtungsgleise hätten einen enormen Steueraufwand an Elektronik mit all seinen Problemen und Relais erfordert. Gut, dass ich in dieser Hinsicht ab einem gewissen Zeitpunkt instinktiv weitergedacht hatte, denn im Digitalzeitalter tut man sich bei solchen Projekten doch enorm leichter.

Schauen wir uns die Grundplanung von „Elberfeld" an. Basis wird auf jeden Fall die INTELLIBOX aus dem Hause Uhlenbrock sein. Die Gleisanlagen werden in den sichtbaren Bereich und in den Schattenbahnhof hinter der Kulisse in zwei Booster-Kreisen geteilt. Hier kommen die POWER 3 von Uhlenbrock zum Einsatz. Im Verlauf der Kulissen muss man sich dann auch die beidseitigen Trennungen der Boosterbereiche vorstellen. Mit einem Stromkreis im üblichen Sinne hat das nichts mehr zu tun. Man teilt seine Anlage möglichst wirtschaftlich und zweckmäßig ein. Bedenkenswert wäre noch eine komplette Abschaltmöglichkeit der Schattenbahnhofgleise, um bei einem Stillstand des Zuges den Beleuch-

tungsstrom der Wagen auszuschalten. Das würde den Booster enorm entlasten und im Schattenbahnhof sieht man eh nichts von den schön ausgestatteten Wagen und Triebzügen. Ein Lok-Spitzensignal macht dabei fast nichts aus, das ist leistungsmäßig immer gegeben.

Zum Stellen der Magnetartikel, Weichenmotore habe ich hier inzwischen nicht mehr vorgesehen, plane ich durchweg die Zweifach-Weichendecoder MD2 von Uhlenbrock ein. Sie erhalten ihre Ansteuerung aus einer separat ab der INTELLIBOX getrennt verlegten BUS-Leitung. Für die Betätigung der Tageslichtsignale werde ich ebenfalls (von Brawa, Viessmann und Erbert) einen entsprechenden Schaltdecoder (mit eingebauten Umschaltkontakten) oder über den MD2 und davon angesteuertem Relais (z.B. Roco) zur Darstellung der verschiedenen Signalbilder vorsehen. Für die Versorgung der Lichtsignale sind 14 – 16 V Wechselstrom erforderlich. Dieser wird in einem Versorgungsbus quer durch die Anlage geführt und an den entsprechenden Stellen abgegriffen. Die Steuerung der Magnetartikel und Signale übernimmt ein IB-SWITCH und auch einige SWITCH-CONTROL von Uhlenbrock mit einer selbstgebauten Stelltafel, die sich sehr an eine Stellwerkstechnik der DB (DrS 60/600) anlehnt.

Jetzt haben Sie einen Überblick hinsichtlich der Erfordernisse der verschiedenen Anlagenprojekte. Viele Handgriffe bei den weiteren Arbeiten sind dabei gleich und nur in bestimmen Bereichen gibt es noch Besonderheiten. Die Eingangs gezeigten Pläne dienen ab hier auch als Bauanleitung für eine effektive Leitungsführung und deren korrekten Aufbau.

## Der Leitungsaufbau im allgemeinen

Jeder Modellbahner, der sich auch um den Bau einer Anlage bemüht, wird die folgende Situation kennen. Drähte werden am Gleis angelötet, dann unter die Platte verlegt und anschließend mehr oder minder gut miteinander als Netzwerk für die verschiedenen Anwendungszwecke strukturiert. Da man ja später kaum noch etwas von diesen Mühen sieht, verfällt man schnell in eine Art Lethargie, da man nicht gerade einen Schönheitspreis gewinnen und lediglich die Funktionalität herstellen will. Damit kann man natürlich leben, aber bei der ersten Störung wird man wegen seiner Großzügigkeit schnell die Übersicht verlieren. Die Beschriftung der Gleisanschlüsse und Signale wäre jetzt sehr hilfreich, um sich gleich richtig auszukennen. Schnell verliert man die Lust an der Fehlersuche und arrangiert sich möglicherweise mit einem Kompromiss zwischen Fehler und Funktion. Ein wenig Selbstdisziplin sollte man sich daher bereits vor dem Baubeginn selbst auferlegen. Gerade bei komplexen Digital-Anlagen hat dies eine weitergehende Bedeutung. Wollen Sie etwa später unter der knapp über der Grundebene schwebenden Oberleitung am fertig gestalteten Gleis noch verschiedene Drähte anlöten? Sie sollten daher im Vorgriff die Vorgehensweise überlegen und dann wie nach einem Katalog die Schritte abarbeiten. Wichtig ist hierfür ein detaillierter Schemaplan, bei dem die Signale und Weichen nebst Antrieben ihre Beschriftung erhalten haben, das gilt auch für die Gleisabschnitte. Ich habe mich meist bemüht, diese analog der Richtlinien des Vorbildes zu vergeben. Da es sich um eine teilbare Segmentanlage handelt, wurden auch gleich alle Teile nummeriert. Wichtig ist zunächst, die erforderlichen Kabelwege für die Projekte zu definieren. Eine „lange Leitung" wird es wohl allerorten sein müssen, wenn auch nicht am Stück, sondern aufgeteilt in verschiedene Stränge für verschiedene Verwendungen. In der Fachsprache nennt

*Stück für Stück werden die zuerst auf Lötleisten aufgelegten Anschlüsse (hier Kottenforst) mit Kabeln untereinander verbunden.*

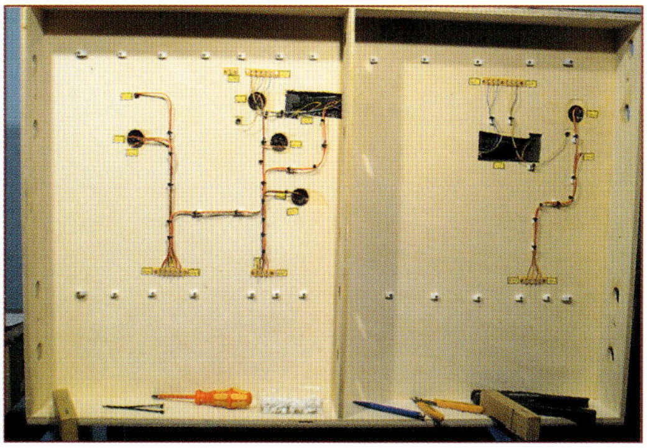

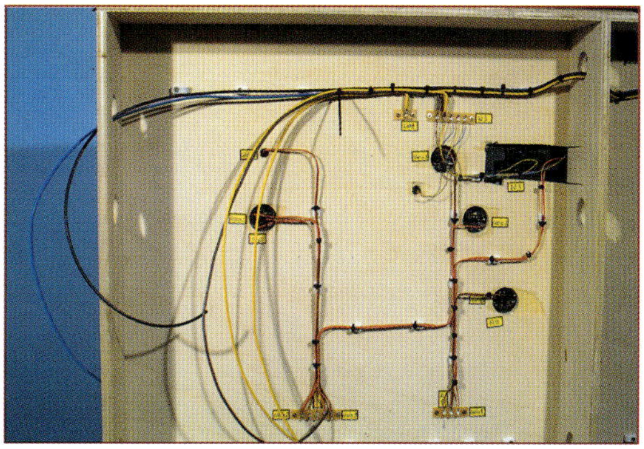

man das „Bus-Leitungen". In einen Bus steigt man ein, fährt ein Stück bis zu seinem Ziel und steigt dann wieder aus. Andere Fahrgäste tun dies auch, haben aber unterschiedliche Zielorte. Genau nach diesem Schema funktioniert auch der digitale Bus. Man muss daher jetzt genau bestimmen, welche Busse und Versorgungsleitungen notwendig sind. In den gezeigten Strukturskizzen werden die digitalen Busse schon erkennbar, zum Schalten der Weichendecoder ist ein zweipoliger erforderlich. Alle Decoder werden mit einer Stichleitung von der Zentrale aus versorgt. Die ebenfalls zweipoligen Fahrbusse werden von den beiden Boostern versorgt. Der Pluspol ist bei uns rot markiert; der Minuspol dann braun. Er wird dann auch durch Belegtmelder (LocoNet oder s88) überwacht. Einige Schalt- und auch Magnetartikeldecoder werden zudem noch aus einer Ringleitung mit Wechselstrom (gelb/braun 1) versorgt, zumindest dort, wo eine entsprechende Möglichkeit besteht. Damit wird der eigentliche Digitalbus entlastet. Allerdings sollten an dieser Versorgungsspannung keine Beleuchtungen außerhalb der Signale angeschlossen werden, da ein Umschalten zum kurzzeitigen Flackern der Hausbeleuchtung führen kann, wie das zumindest bei stark ausgelasteten Anlagen sein kann. Dafür werden besondere Lichtspannungen (gelb/braun 2) vorgesehen. Es müssen daher eine Menge Kabel als durchgängige Leitung verlegt werden. Noch eine ganz wichtige Besonderheit für komplexe Großanlagen: Gerade die Digitalleitungen, also der oder die Bus(se), sollten sich grundsätzlich nicht direkt kreuzen. Manchmal ist das nicht einzuhalten, aber die Berührungspunkte können Sie in aller Regel auf ein Minimum beschränken. Ca. 2 cm Abstand untereinander sind schon ausreichend. Auf verschieden Bildern mag Ihnen daher Verlauf der Leitungen nicht gerade rationell und durchgängig erscheinen, aber manchmal ging es einfach nicht in direkter Linie und so führte der Bus wieder zurück und machte eine Schleife. Bei einer große Messe (Intermodellbau) beispielsweise störte ein (gut bestückter) Stromkanal im Innern des Hallenbodens permanent das komplette System, vor allem das „s88"-Rückmeldesystem. Der zu steuernde PC wurde daraufhin soweit wie möglich davon entfernt aufgestellt und alle herunterhängenden Busleitungen mittels auf dem Boden ausgelegter Alu-Haushaltsfolie abgeschirmt. Daraufhin ging die Steuerung um einiges besser zu bedienen bis sogar zur absoluten Störfreiheit. Die Magnetfelder in den einzelnen Bus-Leitungen stören sich gegenseitig, es handelt sich hier um eine Art Elektrosmog. Um die unangenehmen Randerscheinungen wirkungsvoll einzuschränken, sollte man auf einen kreuzungsfreien Weg in der Anlage achten. Kabelkanäle oder dicke Mehrfachkabel bringen nichts, außer eine gewisse Gefahr, mit unerklärlichen Störungen konfrontiert zu werden.

## Es wird ernst

Jeder der nun folgenden Schritte bringt uns ein Stück näher an den digitalen Fahrspass. Kurze Abschnitte von gut lötbarem Silberdraht werden jeweils an die Schienenprofile angelötet. Durch entsprechende Bohrungen werden sie nun unter die Trassenplatte geführt. Wir haben uns dabei angewöhnt, sie ober- und unterhalb gleich zu beschriften. Bei den Peco- und Tillig-Weichen ist Vorsicht angebracht. Wie schon mehrfach beschrieben, reagiert jede Digitalzentrale auf Kurzschlüsse in irgend einer Form. Meist ist dies ein Umschalten auf Nothalt. An sich ist das korrekt, aber im Bereich von einigen Weichenkon-

*Die Beschriftung analog den Planungsunterlagen sollte direkt beim Aufbau an den tatsächlichen Anschlusspunkten vorgesehen werde.*

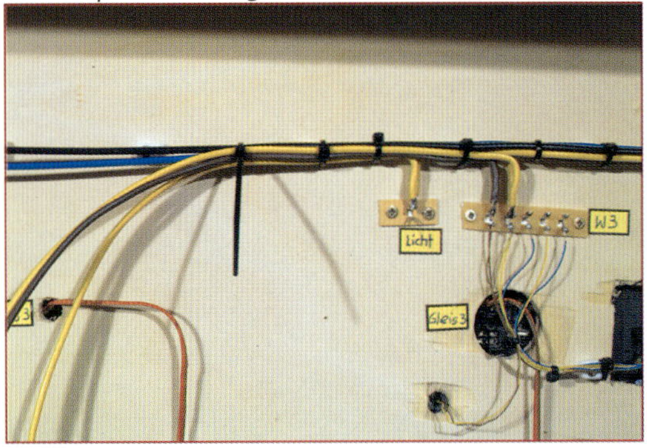


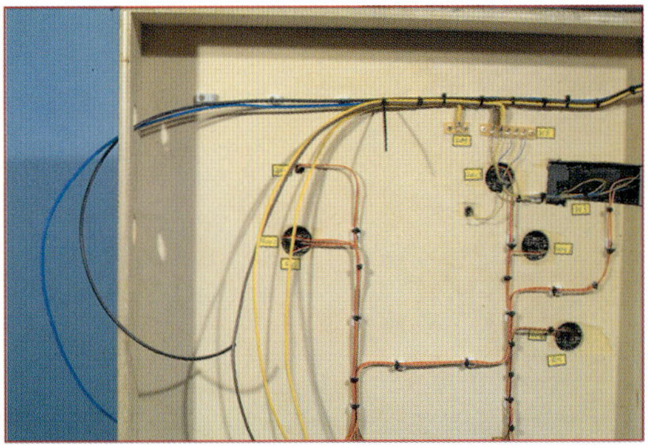

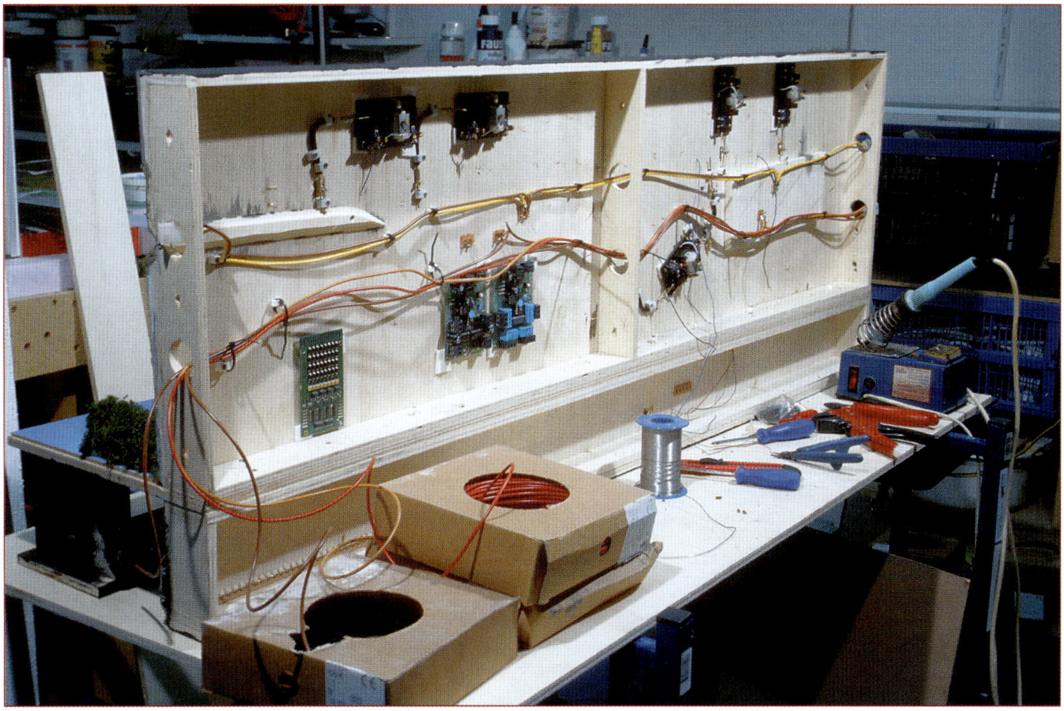

struktionen können diese ganz kurz beim Befahren von getrennt versorgten Backenschienen und Zungen durch den Kontakt von den Radreifen, bzw. Spurkränzen auftreten. Deshalb trennten wir das Herzstück an seiner ursprünglichen Stelle ziemlich auf und versorgten die Backenschienen und die Zungen grundsätzlich mit der gleichen Polarität. Das Herzstück musste dafür mittels Trennscheibe isoliert werden. An den beiden Zweiggleisen sind dazu zwingend Kunststoffverbinder notwendig. Bitte beachten Sie dies stets bei Peco und Tillig Weichen mit Federzungen (vorrangig ist dies dort bei H0 Elite Produkten anzutreffen). Es kann sogar sein, dass die umlaufenden Zungen nicht parallel mit den Umschaltkontakten des Antriebs arbeiten und dann sogar kurzzeitig, aber dafür einen nachhaltigen Kurzschluss produzieren. Genau so verhalten sich Spurkränze von längeren Maschinen mit entsprechenden Fahrwerken (z.B. BR 50 usw), falls diese eine Strombrücke zwischen der Backenschiene über das Lokrad zur abliegenden Zunge herstellt. Bei der Digitaltechnik ist das eine nachhaltige Problematik, denn unter Umständen will die Zentrale gar nicht mehr ohne einen „Reset“, also ein Neuanfang, starten. Weder der Zentrale noch der eventuell vorhandenen PC Programmsteuerung kann man dabei einen Vorwurf machen. Es sind wichtige Sicherheitsabfragen und die Reaktion darauf ist dabei nur logisch. Die

*Anschluss an das Märklin C-Gleis von unten.*

*Die Verdrahtung des Märklin Weichendecoders wird vorbereitet.*

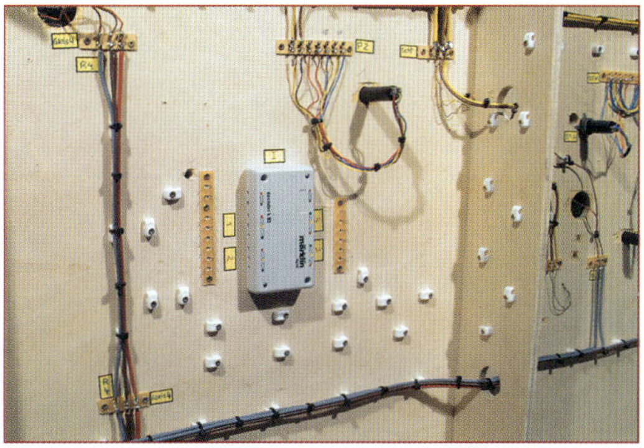

Systeme schützen sich so vor Fehlern. Beim Analogbetrieb ist ein kurzzeitiger Kurzschluss eher verkraftbar. Ich habe es aber auch schon erlebt, dass es bei immer wieder auftretenden Kurzschlüssen zu bleibenden Schäden an den Laufflächen der Radsätze kommen kann. Dunkle Punkte, sie können übrigens nicht mehr entfernt werden, wurden regelrecht eingebrannt. Wenn gewisse Störquellen bekannt sind sollte man deren Ursachenbehebung unbedingt vornehmen, wie z.B. die richtige konsequente Isolierung an den richtigen Stellen bei Herzstückpolarisierungen, denn kleine Ursachen haben große Wirkungen.

Ein wichtiges Element zur Kabelordnung stellen die bewährten Lötleisten dar. Sie sind relativ preiswert im Fachhandel erhältlich und bieten sehr viele Vorteile. Zum einen können dort weitere Komponenten angeschlossen werden, zum anderen bietet sich an dieser Stelle die Möglichkeit zur einfachen Kabelverlängerung. Die kurzen, relativ dünnen Silberdrähte erfahren genau an dieser Stelle ihre Fortführung in der festgelegten Farbzuordnung, nun aber mit einem Leitungsquerschnitt von 1,5 Millimeter im Quadrat. Im Elektrogroßhandel sind diese Litzen in den gebräuchlichen Farben in 100 Meter Ringen erhältlich. Aufgrund der doch großen Länge sind sie gegenüber 10 Meter Abpackungen sehr preiswert. Das gilt auch für die Farnell Steckersysteme für den professionellen Einsatz. Die von mir bevorzugten und auch auf den Bildern sichtbaren Stecker sind ab Werk, also über Farnell, nicht direkt für Privatkunden erhältlich. Die Firma WE elektronik in Wuppertal wird aber diese zukünftig speziell für Modellbahner auf dem Versandwege oder im Ladengeschäft anbieten. Des weiteren führt das Geschäft die schon beschriebenen Kabel und Litzen in allen Farben und Stärken. Auch das Montagematerial, wie Lötleisten, Rasterbänder, Bananenstecker (Märklin kompatibel), DIN Würfel- und Diodenstecker usw. ist auf diesem Wege erhältlich. Man will in Kürze speziell für die Modellbahn und deren Elektrotechnik ein passendes Angebot maßschneidern. Interessenten können sich direkt an folgende Adresse wenden:

WE elektronik Vertriebs GmbH
Sedanstraße 88
42281 Wuppertal
Rufnummer: 0202 510 444 – Fax: 510 666
www.info@we-wuppertal.de

Als Montagemittel habe ich eine Zeitlang spezielle Schraubsockel zur Aufnahme der Rasterbänder verwendet. Bei dieser Anlage gingen wir nicht nur aus Kostengründen davon ab, wesentlich preiswerter sind die normalen Kabelschellen. In aller Regel dienen sie zur Montage von Aufputzleitungen. Für unsere Zwecke sind sie als Schraubsockel geradezu ideal. Der Preis ist deutlich niedriger, man kann sie im nächsten Baumarkt erwerben und sie sind universell für alles unter der Anlage einzusetzen. Dazu gehören beispielsweise auch die Fahrrad-Bremsleitungen für die Motorantriebe. Vielleicht sind einige zu dicht montiert, aber eine saubere Verdrahtung ist damit fast garantiert. Die Rasterbänder bringen die Kabelleitungen, zumindest die, die zusammengehören, perfekt in Form. Bei dem Abbinden sind allerdings die Verlegehinweise eindringlich zu berücksichtigen. Bitte nur die Adern zusammenlegen, die sich untereinander durch Störfelder nicht beeinträchtigen können. Der Stellbus sollte also möglichst weit entfernt von der normalen 16 Volt Lichtstromleitung sein. Sollte es einmal erforderlich sein, ein Rasterband wieder lösen zu müssen, sollte dies nur mit einem kleinen Seitenschneider geschehen. Verzichten Sie auf jeden Fall auf den Einsatz eines Mes-

*Die Stell BUS Leitung zum Decoder ist fertig gestellt.*

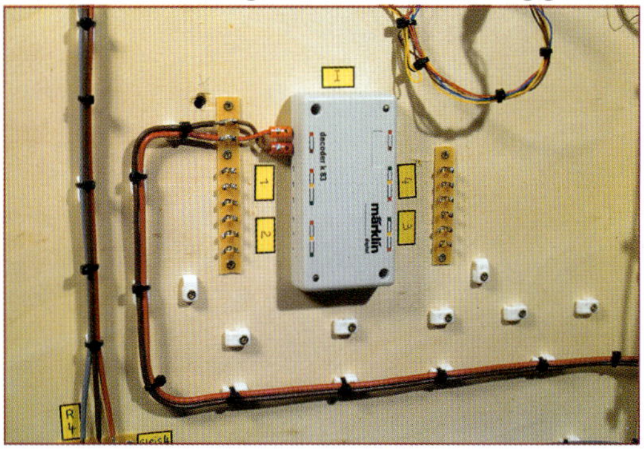

sers. Nicht nur die eigene Gesundheit steht dabei auf dem Spiel, auch die Isolierungen können durch die Kraftanwendung in Mitleidenschaft gezogen werden. Ansonsten halten die beschriebenen Kombinationen eigentlich für die Ewigkeit. Noch ein Wort zu den Kabeln. Außer bei den direkten (kurzen) Drahtbrücken, angelötet an den Schienenprofilen, verwenden wir ausschliesslich Litze. Für die Märklin-C-Gleise gibt es konfektionierte Zwillingslitze in brauner und roter Isolierung nebst den passenden Steckschuhen. Die Litze lässt sich an sich sehr gut, auch bei den stärkeren Querschnitten, verlegen und die Gefahr von Drahtbrüchen ist weitestgehend ausgeschlossen. Je größer der Querschnitt (1,5 qmm), um so kleiner ist der Spannungsabfall in der Leitung. Gerade bei Digitalanlagen sollte dies berücksichtigt werden, da wir ja unter Umständen auf einem Gleisabschnitt mehrere Lokomotiven gleichzeitig nutzen wollen und trotz des erhöhten Stromverbrauchs durch mehrere Züge auch noch eine gute Datenübertragung gewährleisten müssen. Zudem sollten die Einspeisungen an den Gleisen grundsätzlich alle 1 – 1,5 Meter erfolgen. Aufgrund der Besetztmelder geschieht das bei der anstehenden Anlage eigentlich schon ganz automatisch. Denken Sie aber bitte immer wieder an den Grundsatz: Möglichst keine Leitungen kreuzen und wenn, dann nur mit einem gewissen räumlichen Abstand. Benutzen Sie auch keine Tackerklammern nebst entsprechenden Geräten zum Fixieren von Kabeln, denn diese können dadurch regelrecht durchgeschlagen werden und machen Sie sich außerdem einen Plan, an dem Sie sich dann auch halten. Zudem macht es auch keinen Sinn, aus Sparsamkeit Kabelreste in den falschen Farben weiter zu verwenden. Allein schon das Farbschema an sich gibt Ihnen unter der Anlage einen sehr guten Überblick und hilft auch bei der Fehlersuche weiter. Beschriften Sie Lötleisten, Steckverbindungen und alle Schaltelemente wie Weichen, Signale, Decoder usw.. Der Lohn wird eine perfekte, technische Ausrüstung der Anlage sein und die Gewähr auf ein funktionierendes Digitalsystem. Modellbahnen gehören der Warengruppe der Spielwaren im klassischen Sinne an und in dieser Hinsicht kann man auch nicht die höchsten technischen Standards, alleine schon aus Kostengründen, erwarten. Alles, was man selbst dazu tun kann sollte auf jeden Fall durchgeführt werden; dann klappt es auch mit dem digitalen Fahrspaß!

*Mit ein wenig Übung ist das Verlegen der Kabel kein Problem. Man beachte den reichlich dimensionierten, aber bei komplexen Anlagen notwendigen Querschnitt, der einzelnen Litzen.*

*Nächste Seite:*
*Schritt für Schritt entsteht die „Verdrahtung" von Kottenforst. Später benötigt man keinen „Kabelplan", denn alle Wege sind deutlich nachvollziehbar und der Begriff „Suchen" ist hinfällig.*

I
1
2
3
4
decoder k 83
märklin
digital

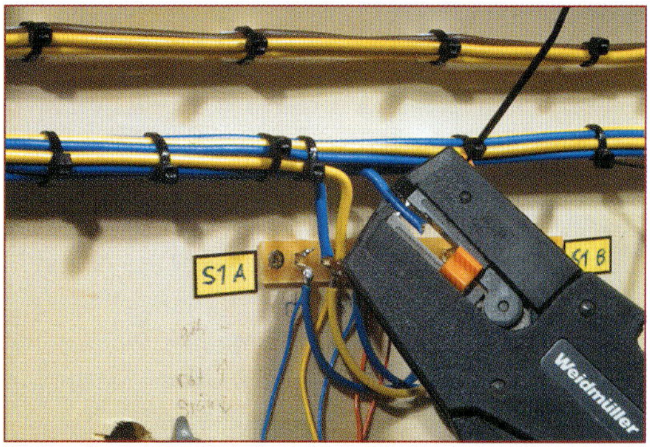
S1 A
S1 B
Weidmüller

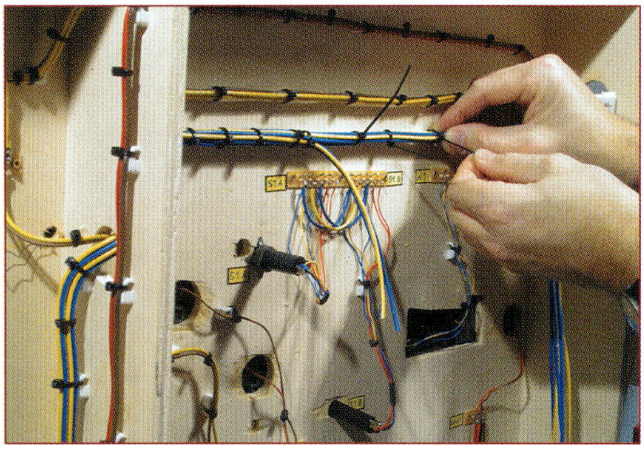

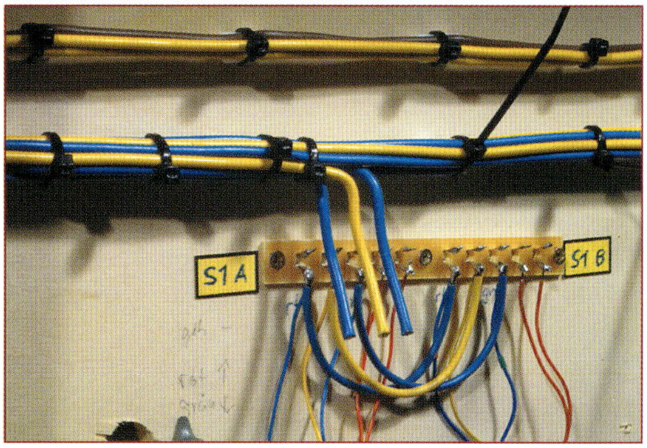
S1 A
S1 B

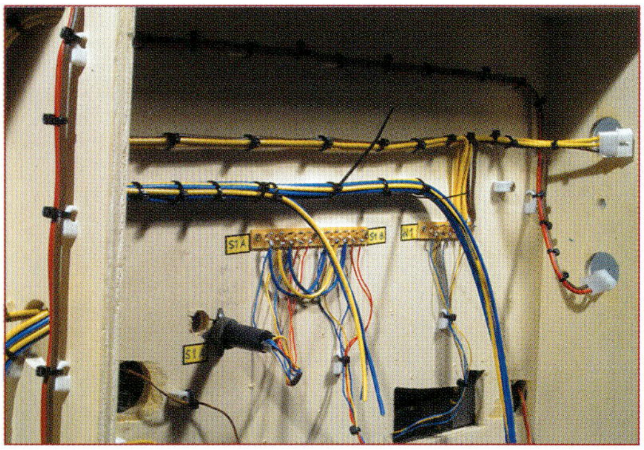

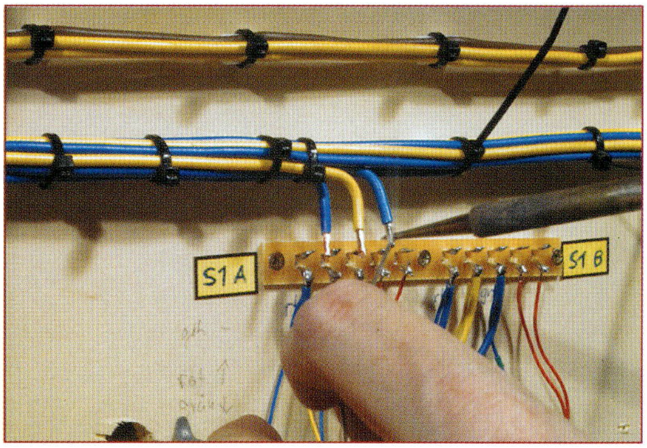
S1 A
S1 B

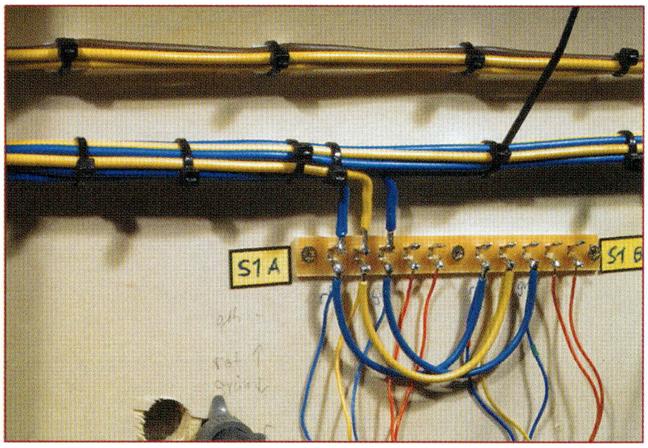
S1 A

## 3.3. Besonderheiten rund ums Gleis

### Grundsätzliches zum Märklin Gleis

Das Gleis der Anlage sollte „digitaltauglich" sein. Dies bezieht sich in erster Linie auf normale Weichen, Dreiwegweichen und Doppelkreuzungsweichen von Modellgleisen. Bei den Dreileiterfahrern (Märklin Gleise) ist das Gleismaterial im Grunde fast uneingeschränkt für den Digitalbetrieb geeignet. Ein Problem kann allerdings bei den schlanken C-Gleis-Weichen von Märklin auftreten. Aufgrund des ausgesprochen schlanken Winkels von rund 12° muss der Schleifer auf den Flügelschienen über diese geführt werden. Besonders bei kurzen Schleifern kann es zu Berührungen der Masse (Schienenprofil und Punktkontakten) kommen und damit wird dann zwangsläufig über die Kurzschlussmeldung ein Nothalt ausgelöst. Beobachten Sie genau, wann was passiert und tauschen Sie den Schleifer gegebenenfalls aus. Damit ist hinsichtlich der Märklin Gleise eigentlich schon auf alles hingewiesen. Auf die Optik und Gesamteindruck einer fertigen Gleisanlage kann man bei Märklin hingegen geteilter Meinung sein. Hier stelle ich aber in erste Linie technische Dinge in den Vordergrund. Meine Empfehlung geht daher eindeutig in die Richtung C-Gleis. Ich würde aber für die Weichenantriebe immer auf externe Weichendecoder zurückgreifen und nicht auf solche, die mit dem Antrieb direkt eingebaut werden. Das betrifft die Kostenseite und auch die Zugänglichkeit im Bettungskörper. Man kommt, vor allem bei komplexen Anlagen, trotz berücksichtigter Arbeitsöffnungen, später sehr schlecht an die Bauteile heran. Beim K-Gleis, hier gibt es auch Flexgleise, ist einige Vorsicht bei den Gleisverbindungen angeraten. Schnell biegen sich die Kupferbrücken unterhalb der Schienenverbinder beim Zusammenstecken nach oben und man produziert so einen Kurzschluss, ohne direkt die Ursache zu erkennen. Schauen Sie sich bei der Montage daher auch immer noch einmal die Schienenverbindungen von der Rückseite aus an.

### Zweileiterbetrieb

Früher gab es die Stopp-(„denkende") Weichen, um Gleisabschnitte je nach Stellung der Zungen stromlos schalten zu können. Darauf basiert übrigens die Grundausrüstung von „Mariensiel". Im Digitalbetrieb sollten aber alle Gleise wieder grundsätzlich permanent Strom führen. Hier müssen Sie wieder zusätzliche Einspeisungen vornehmen und Relaistechnik oder weicheninternen Schaltungen wieder zurückbauen. Ich würde mich nie auf ein Zuschalten von Weichzungen für den Fahrstrom verlassen. Vor allem in Baugröße N ist das eine große Fehlerquelle. Stellen Sie daher die Stromversorgung wieder so her, dass alle Bereiche der Weiche Spannung führen. Über das Problem der polarisierten Herzstücke und den gleichzeitig damit angeschlossenen Zungen habe ich Sie schon hingewiesen. Herzstücke sollten immer polarisiert werden, heutzutage ist das fast bei jedem Gleissystem möglich, auch in N. Das neue Piko A-Gleis ist da eine Ausnahme, da es grundsätzlich Kunststoffherzstücke besitzt. Es ist in erster Linie für Spielbahner gedacht und ein Auffahren der Weiche, also ohne korrekt gestellte Zungen, ist kein Problem. Ist das Herzstück polarisiert und die Zungen liegen nicht konform, verursacht die darüber fahrende Lok sofort einen Kurzschluss und löst somit zwangsläufig den Nothalt der Zentrale aus. Auch Roco-Line-Weichen können ohne Polarisierung befahren werden, im „Elberfelder" Schattenbahnhof sind in den Ausfahrten solche Weichen eingebaut. Diese Einschränkung gilt nur für die 15° Modelle; alle anderen Typen sollten unbedingt die Herzstückpolarisierung erhalten. Bei vielen Weichenantrieben und ganz besonders bei den beliebten Fulgurex-Motorantrieben gibt es zusätzliche und grundsolide Kontakte für die Herzstückumschaltung. Eine Empfehlung in diesem Zusammenhang: Sehen Sie zwei gegenüberliegende Umschaltkontakte für das Polarisieren vor, von denen Sie immer nur eine Hälfte verwenden. Dadurch wird das Herzstück während des Umschaltvorgangs spannungslos und man minimiert die Gefahr eines Kurzschlusses, während der Umschalter gegebenenfalls noch beide Kontaktfedern berühren könnte. Abschließend noch ein Tipp bezüglich der Gleistrennungen. Dieser ist nicht unbedingt ein Erfordernis der Digitaltechnik, sondern gilt auch für andere Elektroniken, welche insbesondere mit Stromfühlern arbeiten. Am besten richten Sie Gleistrennungen mittels Isolierverbindern aus Kunststoff ein. Falls Sie nachträglich mit der Trennscheibe eine Trennung anbringen müssen, sollte die entstandene Lücke wieder mit Isoliermaterial aufgefüllt werden. Man verhindert dadurch, dass der Radsatz, er ist meistens aus Metall und somit leitend, in die Lücke hineinfällt und damit wieder eine elektrische Verbindung herstellt. Ganz kurz und bei jedem Radsatz erhält dann dieser Abschnitt wieder die

*Trennungen im Schienprofil sollten immer direkt aufgefüllt werde. Eine offene Trennung kann einige Folgeschäden, wie das Zusammendrücken der Schienen aufgrund von Temperaturschwankungen, verursachen.*

Stromversorgung aus dem Nachbarabschnitt. Damit kommt es dann auch bei der besten Elektronik zu Schwierigkeiten. Zudem verhindert ein „Füllstoff" in dem Trennungsschlitz, dass sich „wandernde" Schienenprofile aufgrund von Temperaturschwankungen wieder berühren könnten. Führen Sie daher alle Trennungen korrekt aus.

Lassen Sie sich beim Gleisausbau die nötige Zeit, zumal Sie heutzutage wirkliche gutes und digitaltaugliches Gleismaterial erhalten. Es liegt dann an Ihnen selbst, wie sauber alles in der Anlage verlegt wird, denn die Digitaltechnik kann schlecht verlegte Gleise nicht korrigieren.

# 4. Lokdecoder

## 4.1. Grundsätzliches

Wofür Lokdecoder nötig sind und was sie bewirken, haben wir Eingangs bereits angesprochen. Nun geht es darum, geeignete Decoder für unsere Zwecke auszuwählen und wie sie anschließend in das Fahrzeug montiert werden. Zunächst stellt sich aber die Frage, welche Erfordernisse zugrunde liegen.

### Die Baugröße

Hier ist in erster Linie die Abmessung und das Leistungsbild des Decoders ausschlaggebend. Kleine Baugrößen (N) lassen eben auch nur kleine Bauausführungen zu, aber sie brauchen auch keine üppige Strombelastung, also über 0,5 A in aller Regel, auszuhalten. In H0 muss sehr oft beides berücksichtigt werden. Zu groß darf der Decoder nicht sein, aber 1,0 A bis 1,5 A sind je nach Loktyp und Motorausführung notwendig. Ab der Spurweite 1 spielt die Größe des Decoders eher eine nachrangige Rolle. Die Strombelastung beträgt hier fast immer um die 3 A und mehr, dafür müssen die Lokdecoder besonders ausgerüstet sein.

Der Decoder sollte grundsätzlich möglichst an einer Stelle in der Lok vorgesehen werden, bei der eine Erwärmung, z.B. durch denn Motor, weitestgehend vermieden wird. Die Leistungsfähigkeit des Decoders könnte so beeinträchtigt werden. Achten Sie darauf, dass die Belastung des Maximalstroms des Decoders über der tatsächlichen Stromaufnahme des Lokmotors liegt. Günstig wäre es, wenn in der entsprechenden Beschreibung des Decoders der Strom des Motorausganges und die Summe aller Ströme (Motorausgang und Funktionsausgänge) ersichtlich wären. Viele Hersteller bieten daher auch ganz spezielle Decoder für bestimmte Baugrößen an. Das hat seinen Sinn, wenn man sich an dem durchschnittlichen Stromverbrauch der Lokmodelle orientiert und seine Bauteile darauf abstimmt. Sie können sich als Käufer somit auf die Angabe „H0 Decoder xyz" eigentlich schon verlassen.

### Sonderfunktionen

Sie sollten diese tatsächlich anhand der Lok auflisten: Licht vorne und hinten, Rangierkupplung, Rauchgenerator, Sound und noch einiges mehr. Beachten Sie dabei auch den Strombedarf der verschiedenen Sonderfunktionen. Eine Faustregel: Bei einer Beleuchtung mit LED's müssen je LED etwa 20 mA und bei Glühlampen je Lampe 50 mA berücksichtigt werden. Gerade Rauchgeneratoren usw. brauchen bisweilen reichlich Strom; schauen Sie unbedingt in deren Betriebsanleitungen nach.

### Motor

Handelsübliche Motoren, die verschiedenen Ausführungen haben wir bereits besprochen, stellen grundsätzlich kein Problem dar. Etwas mehr Aufmerksamkeit verlangen die Glockenankermotoren (z.B. Faulhaber). Sie verursachen bei Verwendung normaler Decoder in Verbindung mit der Lokkonstruktion vorrangig im unteren Drehzahlbereich leichte Knarrgeräusche. Bei der Verwendung von Decodern mit einer speziell dafür ausgerichteten Frequenz der Motoransteuerspannung (ca. 16 kHz) minimieren sich diese Geräusche praktisch auf Null. Entsprechende Decoder bietet u.a. Uhlenbrock an (z.B. 73500, 76500/76520).

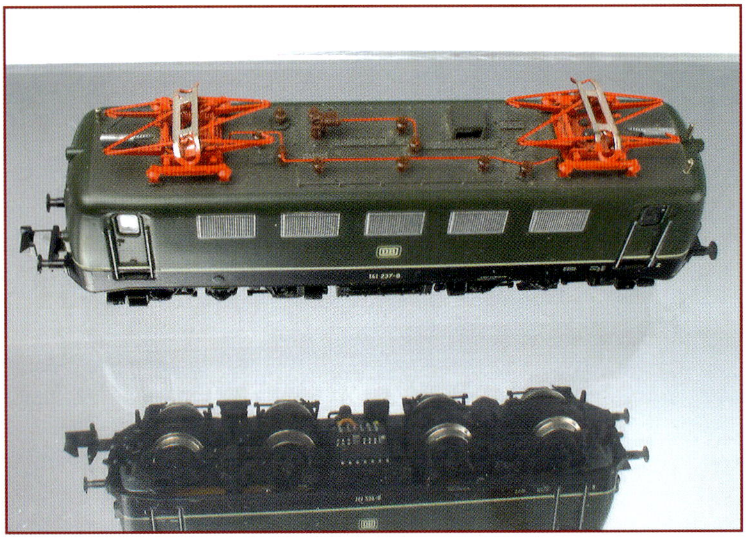

*Bei diesem N-Modell von Fleischmann fand der Decoder auf der Unterseite der Lok seinen Platz.*

## Spezialitäten

Hier sein nochmals auf die Option der „Lastregelung" hingewiesen. Damit hätten sie auf jeden Fall die Gewähr, dass die Lok bei der eingestellten Fahrstufe konstant Steigungen und Gefällestrecken gleichmäßig fahrend bewältigen kann. Natürlich muss die Steigung konform der Baugrundsätze, ich hatte die Problematik bei dem Kapitel der Anlagenplanung angesprochen, ausgerichtet sein. 3 cm Steigung auf einen Meter Strecke – das ist die Grenze für Hauptstreckenbetrieb! Da nutzt später auch die beste Lastregelung nichts, wenn die Steigung zu stark ausgefallen ist.

Noch etwas hat sich in letzter Zeit immer mehr etabliert: Soundoptionen. Viele Loks werden heute bereits ab Werk damit ausgerüstet. Falls Sie so etwas nachrüsten wollen, geht das mit der heutigen Technik recht einfach. Ausschlaggebend ist dabei aber immer der erforderliche Raum für den Lautsprecher. Je größer er sein kann umso „satter" und natürlicher ist dann auch der Sound. H0-Loks sind, bedingt durch die Baugröße, die untere Grenze, bei der der Sound noch einen akustischen Genuss bietet. Falls sie sich für Decoder mit einer Soundschnittstelle entscheiden, können Sie zunächst den eigentlichen Decoder einbauen und später den Soundbaustein mittels Steckverbindung nachrüsten. Die Firmen Dietz und Uhlenbrock haben so etwas entwickelt. Man hat dies auf den schönen Namen „SUSI" Soundschnittstelle getauft. Auch besteht die Möglichkeit ganz nach Wunsch „seinen" Sound per Baustein auszusuchen. Mehr dazu folgt dann noch im Band 2.

## Grundsätzliches

Es gilt vor allem: Ein Digitaldecoder kann eine im Analogbetrieb nicht sauber und korrekt funktionierende Lok <u>nicht</u> „reparieren". Mechanische Probleme oder Kontaktschwierigkeiten müssen im Vorfeld beseitigt werden. Testen Sie am besten erst einmal die fragliche Maschine. Es könnte noch einiges zu tun sein. Die Stromabnehmer sollten Sie säubern und gegebenenfalls justieren. Auch wäre es ratsam andere, bisher versäumte, Wartungsarbeiten in diesem Zusammenhang durchzuführen, dazu gehört sozusagen ein Tropfen Öl und das ganze übliche Serviceprogramm. Sind die Kohlen bei älteren. schon gebrauchten Loks noch in Ordnung? Am besten auch diese direkt auswechseln. Nun schauen Sie sich nach einem geeigneten Platz für den Decoder um. Ist eine Schnittstelle vorhanden, dürfte der Raum für einen Decoder nicht weit davon entfernt vorgesehen sein. Bei den anderen Modellen kann es etwas schwieriger werden. Der Decoder sollte nicht in direkter Nähe des Motors platziert sein, da dessen Wärmeentwicklung nicht besonders zuträglich ist. Denken Sie auch daran, dass die Kabel noch ihren Platz benötigen; dies trifft auch bei solchen mit Normstecker zu. Einige N-Decoder besitzen direkt an der Platine diesen Stecker. Hier wurde dann ganz auf Kabel verzichtet. Das ist eine gute Lösung, nur der Platz muss dann auch unmittelbar neben der Schnittstelle vorhanden sein, sonst nutzt die ganze Vorkehrung nichts.

Bevor Sie den Decoder einbauen, das nachfolgend gesagte trifft natürlich nicht bei Vorhandensein ei-

*Die Roco V 60 ist oben ab Werk mit eingebautem Decoder ausgerüstet. Unten wurde er nachträglich eingebaut. Man beachte die unterschiedlichen Gewichte!*

ner Schnittstelle zu, müssen alle Verbindungen zwischen dem Motor, Stromabnahme und Zusatzfunktionen (z.B. Beleuchtung) aufgetrennt werden. Bei einigen Fabrikaten (z.B. Fleischmann) hat der Motor konstruktionsbedingt (Rundmotor) über das Motorschild eine elektrische Verbindung zum metallischen und damit leitenden Lokrahmen. Diese Verbindung muss man unbedingt auftrennen. Fragen Sie Ihren Fachhändler nach einem entsprechenden isolierten Motorschild, das einen Digitalbetrieb zulässt. Über Ersatzteillisten dürfte er Ihnen dieses besorgen können. Wer das Bastelen nicht scheut, kann natürlich die Trennung im Motorschild selber durchführen. Aber, bitte tun Sie das nun unbedingt, führen Sie anschließend eine Durchgangsprüfung mit dem Messgerät durch. Nur so hat man die Gewähr, dass wirklich keine Verbindung mehr besteht. Wenn man hier nicht sauber arbeitet, kann dies später zur Zerstörung des Lokdecoders führen. Merken Sie sich die Anschlüsse oder sehen sogar kleine Markierungen mit Tesa-Film o.ä. vor. Das hilft später bei der Frage, was wohin gehört.

## Werkzeuge

Sie sollten für den Einbau von Lokdecodern folgendes Werkzeug bereithalten:

verschiedene Schraubendreher (Kreuzschlitz und Schlitz - zum Öffnen der Lok)

Das wäre im Falle eines Decoders mit passender NEM Schnittstelle bei der Lok schon alles. Ist dies nicht der Fall, müssen Sie etwas Arbeit in Kauf nehmen.

Dazu benötigen Sie in der Regel:
Pinzette
Seitenschneider
Lötstation (15-30 Watt, mit Temperaturregelung wäre sicherlich ratsam)
Messgerät (zum Messen von Strom, Spannung und Widerstand - Ohmmeter)
Zusätzliches Material:
Thermoschrumpfschlauch zur Isolierung von gegebenenfalls offenen liegenden Lötstellen in den Kabeln, doppelseitiges Teppichklebeband zum elektrisch isolierten Fixieren der Decoder (liegt meistens den Decodern bereits bei).

## Einbau des Lokdecoders

Grundsatz gilt für alle Decoder: Fassen Sie nach Möglichkeit nicht direkt mit den Fingern auf die elektrischen Bauteile, sondern umgreifen die Platine an ihren Rändern. Vermeiden Sie jeden Kontakt der Platine mit metallischen Gegenständen, wie z.B. das Lokgewicht oder sonstigen leitenden Fahrzeugteilen. Hierbei könnte ein Kurzschluss innerhalb des Decoders verursacht werden, was im ungünstigsten Falle zur Zerstörung führen kann. Vor Beginn der Einbauarbeiten ist es ratsam, sich selbst zu erden (elektrische Entladung). Fassen Sie dazu ein Wasser- oder Heizungsrohr kurz an.

Bei Loks mit den Decoderschnittstellen müssen Sie natürlich auf die entsprechende NEM Ausführung achten. Diese Bezeichnung sollte und ist auch in den Katalogen und in der Betriebsanleitung angegeben und Sie können den dazu passenden Decoder schnell bei den verschiedenen Anbietern finden. Ein kleiner Nachteil dieser Technik wären die relativ begrenzten möglichen Sonderfunktionen, da der Stecker diese in der dort vorgegebenen Anzahl (nämlich Licht vorne und hinten) vorgibt. Natürlich sparen sie sich auf der anderen Seite eine Menge Arbeit gegenüber dem freihändigen Einlöten. Das Platzproblem der Kabel ist aber allgegenwärtig. Achten Sie darauf, wo der Decoder selber seinen Platz finden kann und wie die Kabel verlegt werden können. Abschneiden sollten Sie diese nicht mehr, sonst wäre ja der schöne Effekt mit dem fertigen Stecker umsonst. Die Kabel sollten auf jeden Fall nicht mit Gewalt eingeklemmt werden, da es sonst zu Beschädigungen der Kabel und damit zu Kurzschlüssen in der Lok kommen kann. Auch durch eine solche Unachtsamkeit können Lokdecoder zerstört werden. Bei Neukonstruktionen von Loks werden von den Herstellern oft Kabeltrassen berücksichtigt, damit man die Kabel der Decoder leichter unterbringen kann.

Noch ein Hinweis im allgemeinen: Es kann immer wieder vorkommen, dass Sie den Decoder aus Platzgründen beim besten Willen nicht in die Lok montieren können. Es müssen dann am Lokrahmen oder am Gewicht Fräsarbeiten vorgenommen werden. Bitte prüfen Sie das für sich, ob Sie sich so etwas zutrauen oder ob Sie die Hilfe eine Fachwerkstatt in Anspruch nehmen wollen. Vor allem bei Arbeiten an Ausgleichgewichten kann es vorkommen, dass eine Instabilität der Stromabnahme aufgrund der ungleich verteilten Gewichtsmasse auftritt. Erfahrene Werkstätten wissen, wo man da ansetzten kann, ohne dass später die Lok stottert. Tut sie es dennoch, haben Sie die Gewährleistungspflicht dann auf Ihrer Seite.

## Lokdecoder ohne NEM Schnittstelle

Man hat sich bei einigen Herstellern seit geraumer Zeit auf definierte Farben für den Anschluss eines Lokdecoders verständigt. Die genauen Farben entnehmen bitte der Tabelle auf Seite 150.

*Verschiedene Motoren im Überblick. Ganz links Fleischmann (Rundmotor), Faulhaber und Weinert Fahrwerk und rechts eine Märklin Lok mit einem Allstrommotor.*

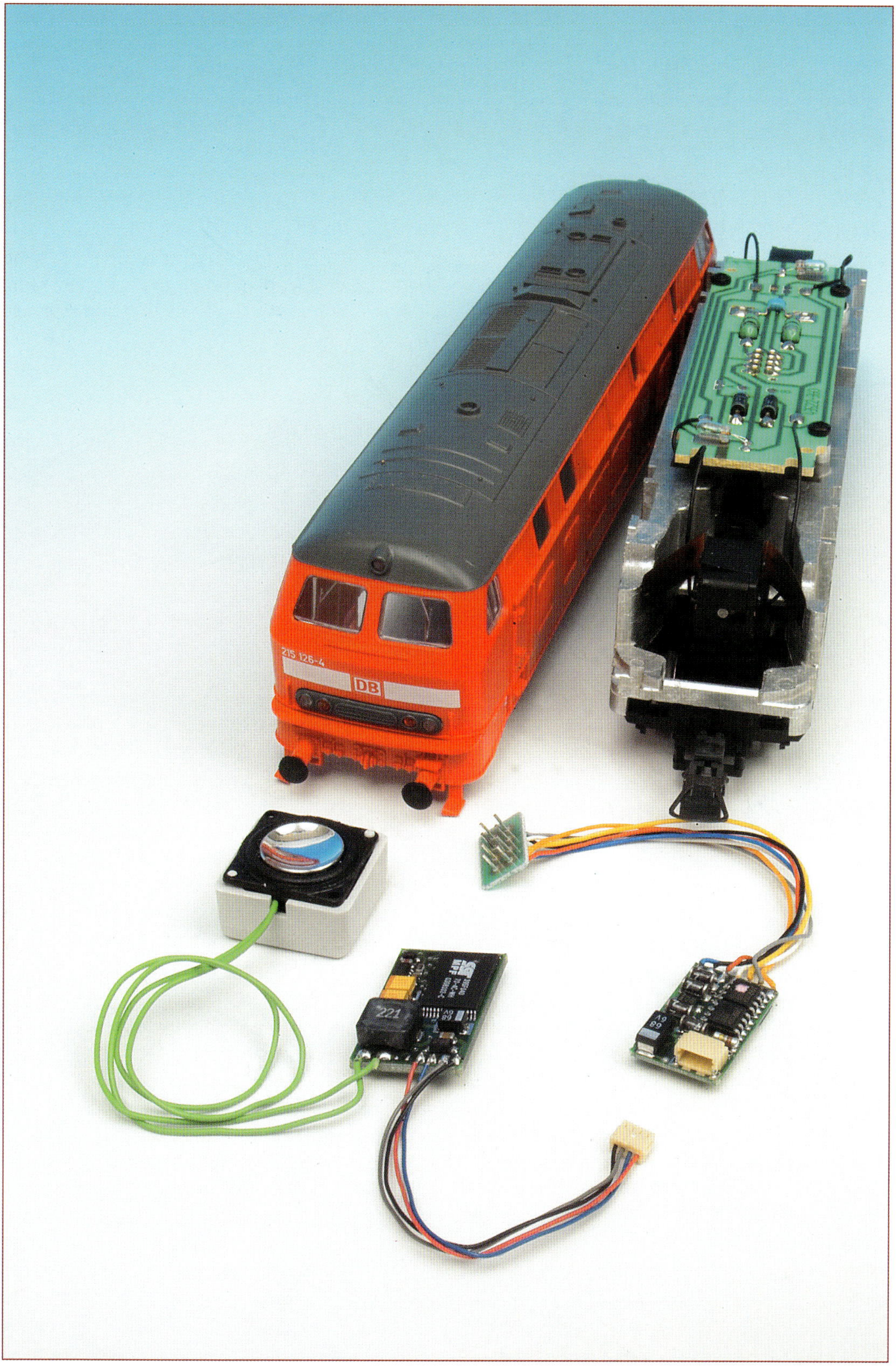
215 126-4
DB
221

## Farben bei Märklin Decodern

| | |
|---|---|
| Rot | Schleifer (Mittelleiter) |
| Braun | Räder (Masseschienen) |
| Grün | Motor |
| Blau | Motor |
| Gelb | Licht (Sonderfunktion) |
| Grau | Licht (Sonderfunktion) |
| Schwarz | Rückleiter für Licht und Motor (+20V) |

## Farben bei DCC Decodern

| | |
|---|---|
| Rot | Stromabnahme in Fahrtrichtung rechts |
| Schwarz | Stromabnahme in Fahrtrichtung links |
| Orange | Motorpol + (Am Fahrzeug mit der rechten Schiene verbunden) |
| Grau | Motorpol - (Am Fahrzeug mit der linken Schiene verbunden) |
| Blau | Positiver Pol der Versorgungsspannung für die Sonderfunktionsausgänge und das Licht |
| Weiß | Sonderfunktionsausgang 1 (z.B. Spitzenbeleuchtung vorne / Schlussbeleuchtung hinten) |
| Gelb | Sonderfunktionsausgang 2 (z.B. Schlussbeleuchtung vorne / Spitzenbeleuchtung hinten) |

Im folgenden Absatz werde ich mich auf die DCC Farben beziehen. Verbinden Sie den roten Draht des Decoders mit dem rechten Radschleifer (in Fahrtrichtung gesehen) und den schwarzen mit der linksseitigen Stromabnahme der Lokomotive.

Ein Hinweis für „Märklinisten":

Soll eine Märklin 3-Leiter-Lok umgebaut werden, so wird der rote Draht mit dem Schleifer und der schwarze (braune) Draht mit der Lokmasse, das ist im Grunde das Chassis der Lok, verbunden.

Zurück zum DCC Decodereinbau: Nun ist der Motor an der Reihe. Der orange Draht gehört zu dem Motoranschluss, der vor Einbau des Decoders mit der rechten Stromabnahme verbunden war. Der graue wird respektive links angeschlossen. Ein Verwechseln macht sich in Form einer falschen Fahrtrichtung bemerkbar, die nicht mit der Fahrtrichtung übereinstimmt, die vom Handregler angezeigt wird. Nun können Sie die Funktionsausgänge anschließen. Der Decoder stellt am blauen Draht die positive Versorgungsspannung für die Funktionsausgänge zur Verfügung. Über die gelbe und die weiße Zuleitung schaltet der Decoder die Sonderfunktionen an den negativen Pol der Versorgungsspannung.

Noch ein wichtiger Hinweis hinsichtlich der Sonderfunktionen. Nicht immer können Sie z.B. die Lampen der Lok ohne Weiteres über zwei getrennte Zuleitungen anschließen. Besonders wenn hier eine Lampenseite mit dem Fahrwerk bzw. Lok-Chassis verbunden ist, müssen Sie noch tätig werden. Sie gehen immer auf Nummer Sicher, die entsprechende Lampe komplett zu isolieren und mit zwei besonderen Zuleitungen an die Anschlüsse blau auf der einen Seite und gelb, bzw. weiß auf der anderen Seite zu führen. Bei einigen Loks habe ich dann sogar eine Lampe mit anderer Bauart eingebaut, damit ich eine Trennung vom Lok-Chassis erreichen konnte. Gute Erfahrungen habe ich dabei mit den Kleinstbirnchen von Faller gemacht. Sie sind sehr zierlich und lassen sich eigentlich überall ohne Fassung verwenden, da die Kabel werkseitig angelötet sind.

Noch ein Hinweis: Man kann aber auch, wenn es nicht anders geht, die Lampen in den Fassungen belassen und nur mit einer Leitung vom Decoder aus versorgen. Nur hier kann es, bedingt durch die Einweggleichrichtung der Digitalspannung über den Decoder, zum Flackerlicht kommen, wenn die Lok mit einem Motorola oder DCC/Motorola Multiprotokoll - Datensignal gespeist wird.

Bitte prüfen Sie bei allen Handlungen immer die Trennung aller metallischen Verbindungen zum Lokfahrwerk oder sonstigen Teilen. Mit den in aller Regel beiliegenden doppelseitigen Klebestreifen kann nun der Decoder an seinen ausgesuchten Platz fixiert werden. Nicht nur die Art der Klebung ist dafür beson-

*Roco hat bei diesem neuen Modell der 215 bereits im Gewichtsblock eine Auskerbung zur Aufnahme der Decoderkabel vorgesehen; ein Idealfall!*

ders geeignet, sondern auch die Isolierung der Decoderplatine. Sind Sie soweit mit allen Arbeiten fertig, können Sie das Lokgehäuse aufsetzten. Dabei sollten keine Drähte abgerissen oder eingeklemmt werden.

## Der erste Einsatz

Setzen Sie die fertige Lok am besten auf das Programmiergleis der Zentrale. Nun wird das Konfigurationsregister 1 (CV 1) ausgelesen. Es enthält nämlich die Adresse der Lok. Bei allen Decodern hat man ab Werk den Wert 3 hier gespeichert. Zeigen sich keine Reaktionen, sollten sie nochmals die Verdrahtung in allen Punkten, auch bei der Stromabnahme, kontrollieren.

Mit der Adresse können Sie nun die Lok im unteren Fahrstufenbereich fahren und die Fahrtrichtung überprüfen. Will die Lok nicht anfahren oder stottert nur bzw. gibt nur einen leisen Brummton von sich, ist etwas falsch eingebaut. Schalten Sie sofort die Zentrale ab, denn wahrscheinlich liegt ein Kurzschluss in der Lok vor. Sie müssen nun diese noch einmal öffnen und die Verdrahtung komplett kontrollieren. Bei einem Befehl „vorwärts" sollte die Lok auch vorwärts fahren. Falls nicht, sind bei DCC-Decodern wahrscheinlich die Motoranschlüsse vertauscht. Das sollten Sie jetzt korrigieren. Prüfen Sie jetzt noch die Sonderfunktionen. Das Spitzenlicht der Lok muss mit der Fahrtrichtung übereinstimmen. Ist das nicht der Fall liegt auch hier ein Vertauschen der Anschlussleitungen vor.

## Konfigurationsvariablen

Wenn Sie die Einstellungen ihrer Digitallok ändern möchten, stehen Ihnen dafür bei komfortablenen Decodern Konfigurationsvariablen zur Verfügung. In diese Variablen (Register) können Sie bestimmte Werte in einem Programmiervorgang durch die Zentrale hineinschreiben. Diese werden dann im Lokdecoder gespeichert und bleiben auch nach dem Ausschalten Ihrer Anlage im Lokdecoder erhalten. Natürlich kann man sie stets durch einen erneuten Programmiervorgang verändern.

Man hat den Konfigurationsvariablen Namen gegeben und sie liegen immer an bestimmten fest definierten Speicherplätzen, die die DCC-Norm vorgibt. In der DCC Welt sind daher grundsätzlich alle Decoder und Zentralen untereinander kompatibel, sie können also miteinander Daten austauschen und sich vor allem auch „verstehen". Es stehen annähernd einhundert genormte Konfigurationsvariablen zur Verfügung. Allerdings gibt es eine überschaubare Anzahl verbindlicher, sozusagen unbedingt erforderlichen Variablen, (z.B. die Lokadresse) und sogenannte optionalen Variablen (z.B. die erweiterte Lokadresse bis zum Adresswert 9999). Die optionalen Variablen werden aber auch nur von einigen Decoderherstellern benutzt. Um in dieser Hinsicht den genauen Leistungsumfang Ihres Decoders zu erfassen, ist es unbedingt nötig, in der Betriebsanleitung nachzuschauen. Dort sind die Konfigurationsvariablen samt Erklärung und dem programmierbaren Wertebereich angegeben.

*Mäuseklavier eines original Märklin Decoders. Die Einstellungen erfolgen mit einem kleinen Schraubendreher.*

Welcher Lokdecoder nun der richtige ist, liegt in Ihrer Wahl. Falls Sie sozusagen „Märklin kompatibel" fahren, bietet Uhlenbrock eine Reihe von Decodern mit verschiedenen Qualitätsmerkmalen (Lastausgleich, Multiprotokollfähig) für Allstrommotoren (Märklin und HAG) und Gleichstrommotoren für das Märklin System an. Mit einer Märklin Zentrale sind 80 Adressen und mit der INTELLIBOX oder DAISY sogar bis zu 255 Lok-Adressen nutzbar. Sollten Sie eine Märklin-Lok nachträglich umrüsten wollen, wäre auf jeden Fall meine Empfehlung, zuvor bei Uhlenbrock in den Katalog zu schauen.

*Hier ist Digitalbetrieb absolut kein Problem mehr: diese V 200 von Märklin ist ab Werk mit einem Hochleitungsdecoder und Sound ausgerüstet.*

## 4.2. Einbau von Decodern in Großbahnlokomotiven

Während neuere Großbahnlokomotiven mittlerweile schon mit Schnittstellen ausgerüstet sind, müssen ältere Maschinen umgebaut werden. Anhand einer LGB 251 ohne Digitalvorbereitung werden nun die erforderlichen Schritte beschrieben.

Zuerst wird das Gehäuse vom Fahrwerk getrennt, in dem man die 251 auf den Rücken legt und die 8 Schrauben, welche den Lokkasten fixieren, mit dem Kreuzschraubendreher entfernt. Der Lokkasten wird nun wieder vorsichtig auf die Räder gestellt, um dann das Gehäuse nach oben abzuziehen und, wegen der Verbindungskabel, parallel hinter dem Fahrwerk abzulegen. Nun werden von der unter dem Führerhaus liegenden Platine die beiden Kabelstränge zu den Drehgestellen abgezogen sowie die Beleuchtungskabel mit der Zange abgeschnitten. Die Platine kann nun herausgenommen werden und in die Bastelkiste wandern - sie wird für den Digitalbetrieb nicht mehr benötigt.

Das eigentliche Problem des Umbaus wird nun angegangen. Digitaldecoder brauchen wie schon beschrieben getrennte Leitungen zu den Stromabnehmern sowie zu den Motoren. Bei allen LGB-Lokomotiven ohne Schnittstelle muss deshalb ein viertes Kabel aus dem Motorgehäuse geführt werden, da für den herkömmlichen Betrieb eine Sammelmasse ausreicht.

Dazu löst man zuerst Drehgestell eins komplett vom Lokrahmen, in dem man die Kreuzschraube am Rahmen aufdreht, an der das Gestell beweglich befestigt ist. Nun löst man die beiden Halteplatten an den jeweiligen Enden des Drehgestellunterbodens, um dann den Motorblock bequem herausziehen zu können. Da es sich bei diesem Typ um ein sogenanntes „Sandwich"-Gehäuse handelt, gestaltet sich die weitere Demontage einfach. Durch einfaches Abschrauben des Gehäusedeckels legt man Motor und Getriebe frei, nachdem man zuvor das dreiadrige Kabel abgezogen hat. Beim Betrachten der Seite, aus dem das weiße Kabel ausgeführt ist, erkennt man, dass die Motorzunge und die Stromzuführung der Stromabnahme über Federdruck in elektrischem Kontakt stehen, was nun für den Digitalbetrieb geändert werden muss. Hierzu wird der Motor zuerst aus dem Gehäuse gehoben. Die kontaktbildende Metallzunge wird genau auf die Mitte gekürzt (nicht zu kurz, sonst ist der Motor ruiniert) und danach ein (rotes) Kabel angelötet. Anschließend wird in den Getriebedeckel, genau neben der weißen Kabelaustrittsöffnung, ein Loch gebohrt, aus dem das rote Kabel ausgeführt wird. Abschließend wird der Getriebedeckel wieder aufgeschraubt und die 3 anderen Kabel genau nach Farbbezeichnung aufgesteckt. Bei Vertauschen der Kabel besteht Kurzschlussgefahr, was zur Zerstörung des Decoders führen kann. Das Drehgestell wird dann in umgekehrter Reihenfolge zusammengebaut, wie es demontiert wurde.

Das zweite Drehgestell wird in der gleichen Art und Weise genau wie Drehgestell eins umgebaut und dann ebenfalls wieder an den Lokkasten angeschraubt, wobei die Beweglichkeit nicht eingeschränkt sein darf.

Bevor es nun an die Neuverkabelung gehen kann,

*Geöffnete Lok vor der Entfernung der alten Komponenten*

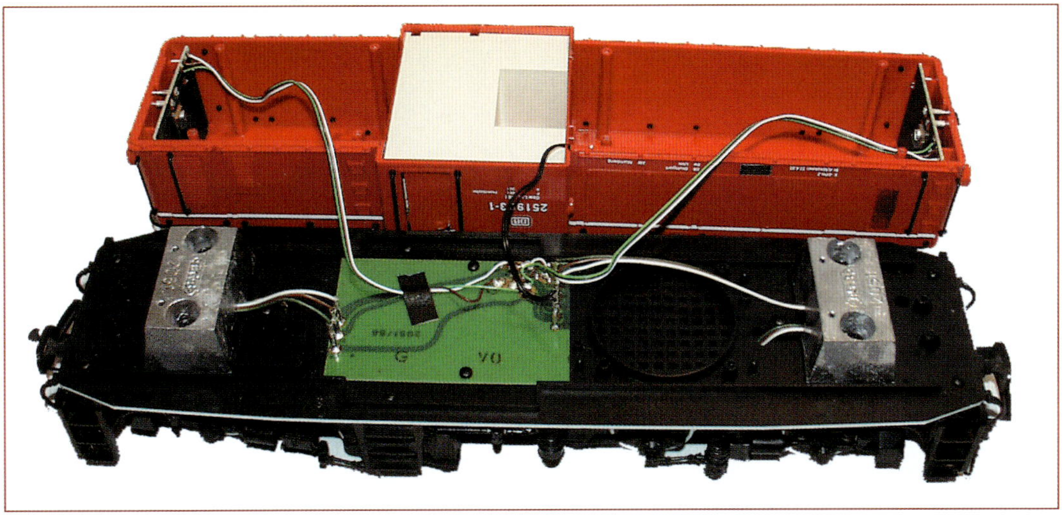

wird ein handelsüblicher, 66 mm runder Lautsprecher, in die vorgesehene Öffnung je nach Bauart geklebt oder geschraubt. Für einen guten Klang muss der Lautsprecher luftdicht mit dem Gehäuse verbunden sein.

Die Decoderbefestigung wird auf dem Balastgewicht, längs zum Rahmen mittels einer 3 mm Kunststoffträgerplatte, vorgenommen. Durch diese Platzierung kann die entstehende Wärme keine Probleme verursachen, da buchstäblich „genug Luft zum Atmen" vorhanden ist. 2 kleine Distanzstücke an den Befestigungsenden sorgen dafür, das die Lötstellen am Fuß keinen Kontakt haben. Mit wenig Kontakt- oder Heißkleber ist die Befestigung schnell erfolgt. Der Soundbaustein wird mit dem beiliegenden Klebeband unter dem Decoder direkt auf dem Wagenkasten befestigt und das Kabel in den Decoder eingesteckt.

*Eingebauter Motor mit Trennung der Masse und neuem Kabel*

*Befestigung der Komponenten mittels Heißkleber*

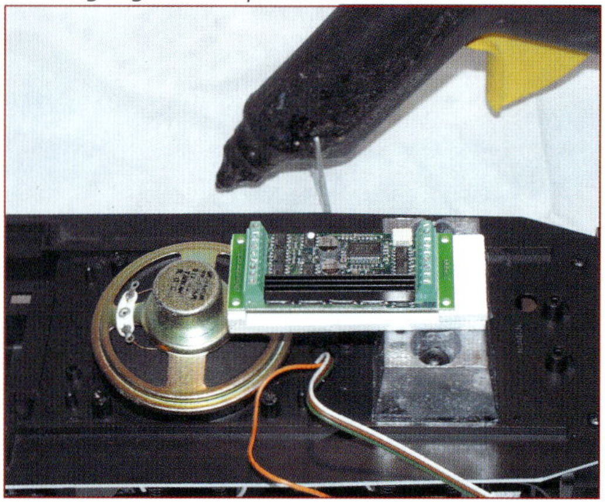

*Neu ausgeführtes Kabel aus dem Getriebegehäuse*

*Intelli-Soundmodul und Decoder eingebaut in die Lokomotive*

Nachdem die Lautsprecherkabel angelötet worden sind, kann nun der Decoder nach der vorgeschriebenen Belegung verkabelt werden. Zuerst werden die beiden Radsätze braun und weiß auf die Klemmen 1 und 2 aufgeschraubt, wobei hier die beiden Drehgestelle parallel aufgeklemmt werden. Auf die gleiche Weise werden die beiden Motoren auf Klemmen 8 und 9 mit den orangen und weißen Kabeln angeschlossen. Nun sollte der erste Fahrversuch ohne Lokkasten vorgenommen werden. Nachdem die Lokadresse 3 eingestellt ist, müsste die Lok schon bei Stufe 2 oder 3 losfahren. Steuern Sie bitte mit 28 Stufen im DCC-Betrieb, um alle Funktionen testen zu können. Nach Prüfung der Funktionen kann das Geräusch über F3 zugeschaltet werden. Danach erfolgt das Aufklemmen der Beleuchtung, wobei auf Klemme 5 die beiden „+"-Pole und auf Klemme 6 die

Front sowie auf Klemme 7 das Heck geklemmt wurden. Bei dieser Lok mussten die Kabel für das Heck verpolt werden, damit die Beleuchtung auch bei der Rückwärtsfahrt brennt. Auf die Sonderfunktionsausgänge 5 und 6 wurden die Führerstandsbeleuchtung bzw. die Loksteckdosen gelegt. Die Führerstandsbeleuchtung muss für den Dauerbetrieb auf 18-Volt-Birnchen umgestellt werden.

Nun kann die Lokomotive wieder zusammengebaut werden. Bevor der Fahrspaß beginnen kann, müssen jedoch die CV-Adressen angepasst werden, um Doppel- bzw. Fehlfunktionen zu vermeiden. Dies ist erforderlich, weil der Soundbaustein für alle „SUSI"-gängigen Decoder konzipiert ist und sowohl in der DCC- wie Motorolawelt arbeitet.

Bei dieser Lok wurde unter F3 der Sound sowie der Rangiergang ausgelöst. Nachdem die 212 nur ein Horn besitzt, wurde die Soundauslösung auf F2 gelegt, in dem der CV 905 auf 3 und CV 906 auf 0 gesetzt wurde.

Diese Angaben können aber auf keinen Fall für alle Typen angewendet werden, da ständig konstruktionsbedingt Änderungen in den Belegungen vorgenommen werden. Die beiliegende Tabelle mit den CV-Werten muss daher unbedingt aufgehoben werden.

*Der Großbahndecoder 77500 von Uhlenbrock ist mit seinen 8 Sonderfunktionsausgängen und 3 A Dauerleistung sowie Susi-Schnittstelle für die Digitalisierung von großen Lokomotiven hervorragend geeignet.*

*Verdrahtung des Decoders: Im Hintergrund liegt seitenrichtig die Betriebsanleitung, von der aus 1:1 die Anschlüsse überprüft werden*

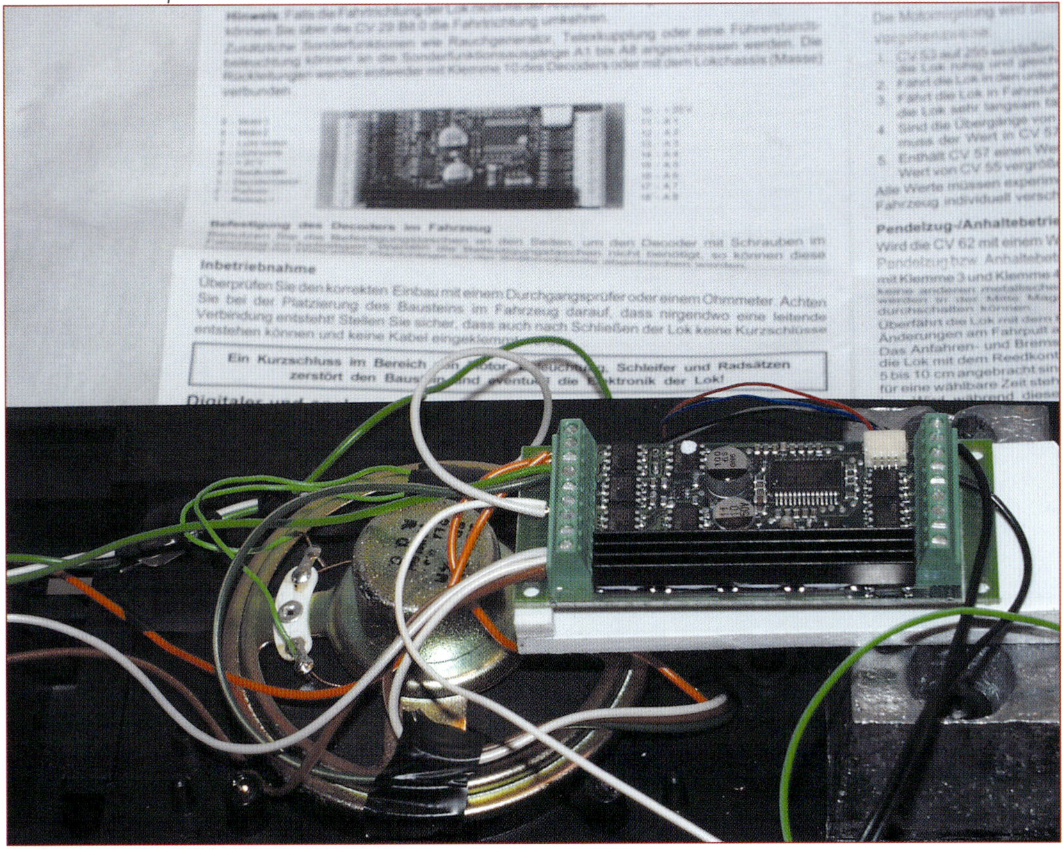

# Index für Band 1

## Konvertierungstabelle Bitwert - Bytewert

| CV Adresse | Bit 0 | Bit 1 | Bit 2 | Bit 3 | Bit 4 | Bit 5 | Bit 6 | Bit 7 | CV Adresse | Bit 0 | Bit 1 | Bit 2 | Bit 3 | Bit 4 | Bit 5 | Bit 6 | Bit 7 |
|---|---|---|---|---|---|---|---|---|---|---|---|---|---|---|---|---|---|
| 0 | 0 | 0 | 0 | 0 | 0 | 0 | 0 | 0 | 64 | 0 | 0 | 0 | 0 | 0 | 0 | 1 | 0 |
| 1 | 1 | 0 | 0 | 0 | 0 | 0 | 0 | 0 | 65 | 1 | 0 | 0 | 0 | 0 | 0 | 1 | 0 |
| 2 | 0 | 1 | 0 | 0 | 0 | 0 | 0 | 0 | 66 | 0 | 1 | 0 | 0 | 0 | 0 | 1 | 0 |
| 3 | 1 | 1 | 0 | 0 | 0 | 0 | 0 | 0 | 67 | 1 | 1 | 0 | 0 | 0 | 0 | 1 | 0 |
| 4 | 0 | 0 | 1 | 0 | 0 | 0 | 0 | 0 | 68 | 0 | 0 | 1 | 0 | 0 | 0 | 1 | 0 |
| 5 | 1 | 0 | 1 | 0 | 0 | 0 | 0 | 0 | 69 | 1 | 0 | 1 | 0 | 0 | 0 | 1 | 0 |
| 6 | 0 | 1 | 1 | 0 | 0 | 0 | 0 | 0 | 70 | 0 | 1 | 1 | 0 | 0 | 0 | 1 | 0 |
| 7 | 1 | 1 | 1 | 0 | 0 | 0 | 0 | 0 | 71 | 1 | 1 | 1 | 0 | 0 | 0 | 1 | 0 |
| 8 | 0 | 0 | 0 | 1 | 0 | 0 | 0 | 0 | 72 | 0 | 0 | 0 | 1 | 0 | 0 | 1 | 0 |
| 9 | 1 | 0 | 0 | 1 | 0 | 0 | 0 | 0 | 73 | 1 | 0 | 0 | 1 | 0 | 0 | 1 | 0 |
| 10 | 0 | 1 | 0 | 1 | 0 | 0 | 0 | 0 | 74 | 0 | 1 | 0 | 1 | 0 | 0 | 1 | 0 |
| 11 | 1 | 1 | 0 | 1 | 0 | 0 | 0 | 0 | 75 | 1 | 1 | 0 | 1 | 0 | 0 | 1 | 0 |
| 12 | 0 | 0 | 1 | 1 | 0 | 0 | 0 | 0 | 76 | 0 | 0 | 1 | 1 | 0 | 0 | 1 | 0 |
| 13 | 1 | 0 | 1 | 1 | 0 | 0 | 0 | 0 | 77 | 1 | 0 | 1 | 1 | 0 | 0 | 1 | 0 |
| 14 | 0 | 1 | 1 | 1 | 0 | 0 | 0 | 0 | 78 | 0 | 1 | 1 | 1 | 0 | 0 | 1 | 0 |
| 15 | 1 | 1 | 1 | 1 | 0 | 0 | 0 | 0 | 79 | 1 | 1 | 1 | 1 | 0 | 0 | 1 | 0 |
| 16 | 0 | 0 | 0 | 0 | 1 | 0 | 0 | 0 | 80 | 0 | 0 | 0 | 0 | 1 | 0 | 1 | 0 |
| 17 | 1 | 0 | 0 | 0 | 1 | 0 | 0 | 0 | 81 | 1 | 0 | 0 | 0 | 1 | 0 | 1 | 0 |
| 18 | 0 | 1 | 0 | 0 | 1 | 0 | 0 | 0 | 82 | 0 | 1 | 0 | 0 | 1 | 0 | 1 | 0 |
| 19 | 1 | 1 | 0 | 0 | 1 | 0 | 0 | 0 | 83 | 1 | 1 | 0 | 0 | 1 | 0 | 1 | 0 |
| 20 | 0 | 0 | 1 | 0 | 1 | 0 | 0 | 0 | 84 | 0 | 0 | 1 | 0 | 1 | 0 | 1 | 0 |
| 21 | 1 | 0 | 1 | 0 | 1 | 0 | 0 | 0 | 85 | 1 | 0 | 1 | 0 | 1 | 0 | 1 | 0 |
| 22 | 0 | 1 | 1 | 0 | 1 | 0 | 0 | 0 | 86 | 0 | 1 | 1 | 0 | 1 | 0 | 1 | 0 |
| 23 | 1 | 1 | 1 | 0 | 1 | 0 | 0 | 0 | 87 | 1 | 1 | 1 | 0 | 1 | 0 | 1 | 0 |
| 24 | 0 | 0 | 0 | 1 | 1 | 0 | 0 | 0 | 88 | 0 | 0 | 0 | 1 | 1 | 0 | 1 | 0 |
| 25 | 1 | 0 | 0 | 1 | 1 | 0 | 0 | 0 | 89 | 1 | 0 | 0 | 1 | 1 | 0 | 1 | 0 |
| 26 | 0 | 1 | 0 | 1 | 1 | 0 | 0 | 0 | 90 | 0 | 1 | 0 | 1 | 1 | 0 | 1 | 0 |
| 27 | 1 | 1 | 0 | 1 | 1 | 0 | 0 | 0 | 91 | 1 | 1 | 0 | 1 | 1 | 0 | 1 | 0 |
| 28 | 0 | 0 | 1 | 1 | 1 | 0 | 0 | 0 | 92 | 0 | 0 | 1 | 1 | 1 | 0 | 1 | 0 |
| 29 | 1 | 0 | 1 | 1 | 1 | 0 | 0 | 0 | 93 | 1 | 0 | 1 | 1 | 1 | 0 | 1 | 0 |
| 30 | 0 | 1 | 1 | 1 | 1 | 0 | 0 | 0 | 94 | 0 | 1 | 1 | 1 | 1 | 0 | 1 | 0 |
| 31 | 1 | 1 | 1 | 1 | 1 | 0 | 0 | 0 | 95 | 1 | 1 | 1 | 1 | 1 | 0 | 1 | 0 |
| 32 | 0 | 0 | 0 | 0 | 0 | 1 | 0 | 0 | 96 | 0 | 0 | 0 | 0 | 0 | 1 | 1 | 0 |
| 33 | 1 | 0 | 0 | 0 | 0 | 1 | 0 | 0 | 97 | 1 | 0 | 0 | 0 | 0 | 1 | 1 | 0 |
| 34 | 0 | 1 | 0 | 0 | 0 | 1 | 0 | 0 | 98 | 0 | 1 | 0 | 0 | 0 | 1 | 1 | 0 |
| 35 | 1 | 1 | 0 | 0 | 0 | 1 | 0 | 0 | 99 | 1 | 1 | 0 | 0 | 0 | 1 | 1 | 0 |
| 36 | 0 | 0 | 1 | 0 | 0 | 1 | 0 | 0 | 100 | 0 | 0 | 1 | 0 | 0 | 1 | 1 | 0 |
| 37 | 1 | 0 | 1 | 0 | 0 | 1 | 0 | 0 | 101 | 1 | 0 | 1 | 0 | 0 | 1 | 1 | 0 |
| 38 | 0 | 1 | 1 | 0 | 0 | 1 | 0 | 0 | 102 | 0 | 1 | 1 | 0 | 0 | 1 | 1 | 0 |
| 39 | 1 | 1 | 1 | 0 | 0 | 1 | 0 | 0 | 103 | 1 | 1 | 1 | 0 | 0 | 1 | 1 | 0 |
| 40 | 0 | 0 | 0 | 1 | 0 | 1 | 0 | 0 | 104 | 0 | 0 | 0 | 1 | 0 | 1 | 1 | 0 |
| 41 | 1 | 0 | 0 | 1 | 0 | 1 | 0 | 0 | 105 | 1 | 0 | 0 | 1 | 0 | 1 | 1 | 0 |
| 42 | 0 | 1 | 0 | 1 | 0 | 1 | 0 | 0 | 106 | 0 | 1 | 0 | 1 | 0 | 1 | 1 | 0 |
| 43 | 1 | 1 | 0 | 1 | 0 | 1 | 0 | 0 | 107 | 1 | 1 | 0 | 1 | 0 | 1 | 1 | 0 |
| 44 | 0 | 0 | 1 | 1 | 0 | 1 | 0 | 0 | 108 | 0 | 0 | 1 | 1 | 0 | 1 | 1 | 0 |
| 45 | 1 | 0 | 1 | 1 | 0 | 1 | 0 | 0 | 109 | 1 | 0 | 1 | 1 | 0 | 1 | 1 | 0 |
| 46 | 0 | 1 | 1 | 1 | 0 | 1 | 0 | 0 | 110 | 0 | 1 | 1 | 1 | 0 | 1 | 1 | 0 |
| 47 | 1 | 1 | 1 | 1 | 0 | 1 | 0 | 0 | 111 | 1 | 1 | 1 | 1 | 0 | 1 | 1 | 0 |
| 48 | 0 | 0 | 0 | 0 | 1 | 1 | 0 | 0 | 112 | 0 | 0 | 0 | 0 | 1 | 1 | 1 | 0 |
| 49 | 1 | 0 | 0 | 0 | 1 | 1 | 0 | 0 | 113 | 1 | 0 | 0 | 0 | 1 | 1 | 1 | 0 |
| 50 | 0 | 1 | 0 | 0 | 1 | 1 | 0 | 0 | 114 | 0 | 1 | 0 | 0 | 1 | 1 | 1 | 0 |
| 51 | 1 | 1 | 0 | 0 | 1 | 1 | 0 | 0 | 115 | 1 | 1 | 0 | 0 | 1 | 1 | 1 | 0 |
| 52 | 0 | 0 | 1 | 0 | 1 | 1 | 0 | 0 | 116 | 0 | 0 | 1 | 0 | 1 | 1 | 1 | 0 |
| 53 | 1 | 0 | 1 | 0 | 1 | 1 | 0 | 0 | 117 | 1 | 0 | 1 | 0 | 1 | 1 | 1 | 0 |
| 54 | 0 | 1 | 1 | 0 | 1 | 1 | 0 | 0 | 118 | 0 | 1 | 1 | 0 | 1 | 1 | 1 | 0 |
| 55 | 1 | 1 | 1 | 0 | 1 | 1 | 0 | 0 | 119 | 1 | 1 | 1 | 0 | 1 | 1 | 1 | 0 |
| 56 | 0 | 0 | 0 | 1 | 1 | 1 | 0 | 0 | 120 | 0 | 0 | 0 | 1 | 1 | 1 | 1 | 0 |
| 57 | 1 | 0 | 0 | 1 | 1 | 1 | 0 | 0 | 121 | 1 | 0 | 0 | 1 | 1 | 1 | 1 | 0 |
| 58 | 0 | 1 | 0 | 1 | 1 | 1 | 0 | 0 | 122 | 0 | 1 | 0 | 1 | 1 | 1 | 1 | 0 |
| 59 | 1 | 1 | 0 | 1 | 1 | 1 | 0 | 0 | 123 | 1 | 1 | 0 | 1 | 1 | 1 | 1 | 0 |
| 60 | 0 | 0 | 1 | 1 | 1 | 1 | 0 | 0 | 124 | 0 | 0 | 1 | 1 | 1 | 1 | 1 | 0 |
| 61 | 1 | 0 | 1 | 1 | 1 | 1 | 0 | 0 | 125 | 1 | 0 | 1 | 1 | 1 | 1 | 1 | 0 |
| 62 | 0 | 1 | 1 | 1 | 1 | 1 | 0 | 0 | 126 | 0 | 1 | 1 | 1 | 1 | 1 | 1 | 0 |
| 63 | 1 | 1 | 1 | 1 | 1 | 1 | 0 | 0 | 127 | 1 | 1 | 1 | 1 | 1 | 1 | 1 | 0 |

| CV Adresse | Bit 0 | Bit 1 | Bit 2 | Bit 3 | Bit 4 | Bit 5 | Bit 6 | Bit 7 |
|---|---|---|---|---|---|---|---|---|
| 128 | 0 | 0 | 0 | 0 | 0 | 0 | 0 | 1 |
| 129 | 1 | 0 | 0 | 0 | 0 | 0 | 0 | 1 |
| 130 | 0 | 1 | 0 | 0 | 0 | 0 | 0 | 1 |
| 131 | 1 | 1 | 0 | 0 | 0 | 0 | 0 | 1 |
| 132 | 0 | 0 | 1 | 0 | 0 | 0 | 0 | 1 |
| 133 | 1 | 0 | 1 | 0 | 0 | 0 | 0 | 1 |
| 134 | 0 | 1 | 1 | 0 | 0 | 0 | 0 | 1 |
| 135 | 1 | 1 | 1 | 0 | 0 | 0 | 0 | 1 |
| 136 | 0 | 0 | 0 | 1 | 0 | 0 | 0 | 1 |
| 137 | 1 | 0 | 0 | 1 | 0 | 0 | 0 | 1 |
| 138 | 0 | 1 | 0 | 1 | 0 | 0 | 0 | 1 |
| 139 | 1 | 1 | 0 | 1 | 0 | 0 | 0 | 1 |
| 140 | 0 | 0 | 1 | 1 | 0 | 0 | 0 | 1 |
| 141 | 1 | 0 | 1 | 1 | 0 | 0 | 0 | 1 |
| 142 | 0 | 1 | 1 | 1 | 0 | 0 | 0 | 1 |
| 143 | 1 | 1 | 1 | 1 | 0 | 0 | 0 | 1 |
| 144 | 0 | 0 | 0 | 0 | 1 | 0 | 0 | 1 |
| 145 | 1 | 0 | 0 | 0 | 1 | 0 | 0 | 1 |
| 146 | 0 | 1 | 0 | 0 | 1 | 0 | 0 | 1 |
| 147 | 1 | 1 | 0 | 0 | 1 | 0 | 0 | 1 |
| 148 | 0 | 0 | 1 | 0 | 1 | 0 | 0 | 1 |
| 149 | 1 | 0 | 1 | 0 | 1 | 0 | 0 | 1 |
| 150 | 0 | 1 | 1 | 0 | 1 | 0 | 0 | 1 |
| 151 | 1 | 1 | 1 | 0 | 1 | 0 | 0 | 1 |
| 152 | 0 | 0 | 0 | 1 | 1 | 0 | 0 | 1 |
| 153 | 1 | 0 | 0 | 1 | 1 | 0 | 0 | 1 |
| 154 | 0 | 1 | 0 | 1 | 1 | 0 | 0 | 1 |
| 155 | 1 | 1 | 0 | 1 | 1 | 0 | 0 | 1 |
| 156 | 0 | 0 | 1 | 1 | 1 | 0 | 0 | 1 |
| 157 | 1 | 0 | 1 | 1 | 1 | 0 | 0 | 1 |
| 158 | 0 | 1 | 1 | 1 | 1 | 0 | 0 | 1 |
| 159 | 1 | 1 | 1 | 1 | 1 | 0 | 0 | 1 |
| 160 | 0 | 0 | 0 | 0 | 0 | 1 | 0 | 1 |
| 161 | 1 | 0 | 0 | 0 | 0 | 1 | 0 | 1 |
| 162 | 0 | 1 | 0 | 0 | 0 | 1 | 0 | 1 |
| 163 | 1 | 1 | 0 | 0 | 0 | 1 | 0 | 1 |
| 164 | 0 | 0 | 1 | 0 | 0 | 1 | 0 | 1 |
| 165 | 1 | 0 | 1 | 0 | 0 | 1 | 0 | 1 |
| 166 | 0 | 1 | 1 | 0 | 0 | 1 | 0 | 1 |
| 167 | 1 | 1 | 1 | 0 | 0 | 1 | 0 | 1 |
| 168 | 0 | 0 | 0 | 1 | 0 | 1 | 0 | 1 |
| 169 | 1 | 0 | 0 | 1 | 0 | 1 | 0 | 1 |
| 170 | 0 | 1 | 0 | 1 | 0 | 1 | 0 | 1 |
| 171 | 1 | 1 | 0 | 1 | 0 | 1 | 0 | 1 |
| 172 | 0 | 0 | 1 | 1 | 0 | 1 | 0 | 1 |
| 173 | 1 | 0 | 1 | 1 | 0 | 1 | 0 | 1 |
| 174 | 0 | 1 | 1 | 1 | 0 | 1 | 0 | 1 |
| 175 | 1 | 1 | 1 | 1 | 0 | 1 | 0 | 1 |
| 176 | 0 | 0 | 0 | 0 | 1 | 1 | 0 | 1 |
| 177 | 1 | 0 | 0 | 0 | 1 | 1 | 0 | 1 |
| 178 | 0 | 1 | 0 | 0 | 1 | 1 | 0 | 1 |
| 179 | 1 | 1 | 0 | 0 | 1 | 1 | 0 | 1 |
| 180 | 0 | 0 | 1 | 0 | 1 | 1 | 0 | 1 |
| 181 | 1 | 0 | 1 | 0 | 1 | 1 | 0 | 1 |
| 182 | 0 | 1 | 1 | 0 | 1 | 1 | 0 | 1 |
| 183 | 1 | 1 | 1 | 0 | 1 | 1 | 0 | 1 |
| 184 | 0 | 0 | 0 | 1 | 1 | 1 | 0 | 1 |
| 185 | 1 | 0 | 0 | 1 | 1 | 1 | 0 | 1 |
| 186 | 0 | 1 | 0 | 1 | 1 | 1 | 0 | 1 |
| 187 | 1 | 1 | 0 | 1 | 1 | 1 | 0 | 1 |
| 188 | 0 | 0 | 1 | 1 | 1 | 1 | 0 | 1 |
| 189 | 1 | 0 | 1 | 1 | 1 | 1 | 0 | 1 |
| 190 | 0 | 1 | 1 | 1 | 1 | 1 | 0 | 1 |
| 191 | 1 | 1 | 1 | 1 | 1 | 1 | 0 | 1 |
| 192 | 0 | 0 | 0 | 0 | 0 | 0 | 1 | 1 |
| 193 | 1 | 0 | 0 | 0 | 0 | 0 | 1 | 1 |
| 194 | 0 | 1 | 0 | 0 | 0 | 0 | 1 | 1 |
| 195 | 1 | 1 | 0 | 0 | 0 | 0 | 1 | 1 |
| 196 | 0 | 0 | 1 | 0 | 0 | 0 | 1 | 1 |
| 197 | 1 | 0 | 1 | 0 | 0 | 0 | 1 | 1 |
| 198 | 0 | 1 | 1 | 0 | 0 | 0 | 1 | 1 |
| 199 | 1 | 1 | 1 | 0 | 0 | 0 | 1 | 1 |
| 200 | 0 | 0 | 0 | 1 | 0 | 0 | 1 | 1 |
| 201 | 1 | 0 | 0 | 1 | 0 | 0 | 1 | 1 |
| 202 | 0 | 1 | 0 | 1 | 0 | 0 | 1 | 1 |
| 203 | 1 | 1 | 0 | 1 | 0 | 0 | 1 | 1 |
| 204 | 0 | 0 | 1 | 1 | 0 | 0 | 1 | 1 |
| 205 | 1 | 0 | 1 | 1 | 0 | 0 | 1 | 1 |
| 206 | 0 | 1 | 1 | 1 | 0 | 0 | 1 | 1 |
| 207 | 1 | 1 | 1 | 1 | 0 | 0 | 1 | 1 |
| 208 | 0 | 0 | 0 | 0 | 1 | 0 | 1 | 1 |
| 209 | 1 | 0 | 0 | 0 | 1 | 0 | 1 | 1 |
| 210 | 0 | 1 | 0 | 0 | 1 | 0 | 1 | 1 |
| 211 | 1 | 1 | 0 | 0 | 1 | 0 | 1 | 1 |
| 212 | 0 | 0 | 1 | 0 | 1 | 0 | 1 | 1 |
| 213 | 1 | 0 | 1 | 0 | 1 | 0 | 1 | 1 |
| 214 | 0 | 1 | 1 | 0 | 1 | 0 | 1 | 1 |
| 215 | 1 | 1 | 1 | 0 | 1 | 0 | 1 | 1 |
| 216 | 0 | 0 | 0 | 1 | 1 | 0 | 1 | 1 |
| 217 | 1 | 0 | 0 | 1 | 1 | 0 | 1 | 1 |
| 218 | 0 | 1 | 0 | 1 | 1 | 0 | 1 | 1 |
| 219 | 1 | 1 | 0 | 1 | 1 | 0 | 1 | 1 |
| 220 | 0 | 0 | 1 | 1 | 1 | 0 | 1 | 1 |
| 221 | 1 | 0 | 1 | 1 | 1 | 0 | 1 | 1 |
| 222 | 0 | 1 | 1 | 1 | 1 | 0 | 1 | 1 |
| 223 | 1 | 1 | 1 | 1 | 1 | 0 | 1 | 1 |
| 224 | 0 | 0 | 0 | 0 | 0 | 1 | 1 | 1 |
| 225 | 1 | 0 | 0 | 0 | 0 | 1 | 1 | 1 |
| 226 | 0 | 1 | 0 | 0 | 0 | 1 | 1 | 1 |
| 227 | 1 | 1 | 0 | 0 | 0 | 1 | 1 | 1 |
| 228 | 0 | 0 | 1 | 0 | 0 | 1 | 1 | 1 |
| 229 | 1 | 0 | 1 | 0 | 0 | 1 | 1 | 1 |
| 230 | 0 | 1 | 1 | 0 | 0 | 1 | 1 | 1 |
| 231 | 1 | 1 | 1 | 0 | 0 | 1 | 1 | 1 |
| 232 | 0 | 0 | 0 | 1 | 0 | 1 | 1 | 1 |
| 233 | 1 | 0 | 0 | 1 | 0 | 1 | 1 | 1 |
| 234 | 0 | 1 | 0 | 1 | 0 | 1 | 1 | 1 |
| 235 | 1 | 1 | 0 | 1 | 0 | 1 | 1 | 1 |
| 236 | 0 | 0 | 1 | 1 | 0 | 1 | 1 | 1 |
| 237 | 1 | 0 | 1 | 1 | 0 | 1 | 1 | 1 |
| 238 | 0 | 1 | 1 | 1 | 0 | 1 | 1 | 1 |
| 239 | 1 | 1 | 1 | 1 | 0 | 1 | 1 | 1 |
| 240 | 0 | 0 | 0 | 0 | 1 | 1 | 1 | 1 |
| 241 | 1 | 0 | 0 | 0 | 1 | 1 | 1 | 1 |
| 242 | 0 | 1 | 0 | 0 | 1 | 1 | 1 | 1 |
| 243 | 1 | 1 | 0 | 0 | 1 | 1 | 1 | 1 |
| 244 | 0 | 0 | 1 | 0 | 1 | 1 | 1 | 1 |
| 245 | 1 | 0 | 1 | 0 | 1 | 1 | 1 | 1 |
| 246 | 0 | 1 | 1 | 0 | 1 | 1 | 1 | 1 |
| 247 | 1 | 1 | 1 | 0 | 1 | 1 | 1 | 1 |
| 248 | 0 | 0 | 0 | 1 | 1 | 1 | 1 | 1 |
| 249 | 1 | 0 | 0 | 1 | 1 | 1 | 1 | 1 |
| 250 | 0 | 1 | 0 | 1 | 1 | 1 | 1 | 1 |
| 251 | 1 | 1 | 0 | 1 | 1 | 1 | 1 | 1 |
| 252 | 0 | 0 | 1 | 1 | 1 | 1 | 1 | 1 |
| 253 | 1 | 0 | 1 | 1 | 1 | 1 | 1 | 1 |
| 254 | 0 | 1 | 1 | 1 | 1 | 1 | 1 | 1 |
| 255 | 1 | 1 | 1 | 1 | 1 | 1 | 1 | 1 |

## Dip-Schalter-Kodierungstabelle für Magnetartikeldecoder

| Keyboard Num. | Keyboard Taste | Weichenadresse | Weichendecoder Schalter auf ON | | | | | | | |
|---|---|---|---|---|---|---|---|---|---|---|
| 1 | 1..4 | 1-4 | - | 2 | 3 | - | 5 | - | 7 | - |
| 1 | 5..8 | 5-8 | - | - | 3 | - | 5 | - | 7 | - |
| 1 | 9..12 | 9-12 | 1 | - | - | 4 | 5 | - | 7 | - |
| 1 | 13..16 | 13-16 | - | 2 | - | 4 | 5 | - | 7 | - |
| 2 | 1..4 | 17-20 | - | - | - | 4 | 5 | - | 7 | - |
| 2 | 5..8 | 21-24 | 1 | - | - | - | 5 | - | 7 | - |
| 2 | 9..12 | 25-28 | - | 2 | - | - | 5 | - | 7 | - |
| 2 | 13..16 | 29-32 | - | - | - | - | 5 | - | 7 | - |
| 3 | 1..4 | 33-36 | 1 | - | 3 | - | - | 6 | 7 | - |
| 3 | 5..8 | 37-40 | - | 2 | 3 | - | - | 6 | 7 | - |
| 3 | 9..12 | 41-44 | - | - | 3 | - | - | 6 | 7 | - |
| 3 | 13..16 | 45-48 | 1 | - | - | 4 | - | 6 | 7 | - |
| 4 | 1..4 | 49-52 | - | 2 | - | 4 | - | 6 | 7 | - |
| 4 | 5..8 | 53-56 | - | - | - | 4 | - | 6 | 7 | - |
| 4 | 9..12 | 57-60 | 1 | - | - | - | - | 6 | 7 | - |
| 4 | 13..16 | 61-64 | - | 2 | - | - | - | 6 | 7 | - |
| 5 | 1..4 | 65-68 | - | - | - | - | - | 6 | 7 | - |
| 5 | 5..8 | 69-72 | 1 | - | 3 | - | - | - | 7 | - |
| 5 | 9..12 | 73-76 | - | 2 | 3 | - | - | - | 7 | - |
| 5 | 13..16 | 77-80 | - | - | 3 | - | - | - | 7 | - |
| 6 | 1..4 | 81-84 | 1 | - | - | 4 | - | - | 7 | - |
| 6 | 5..8 | 85-88 | - | 2 | - | 4 | - | - | 7 | - |
| 6 | 9..12 | 89-92 | - | - | - | 4 | - | - | 7 | - |
| 6 | 13..16 | 93-96 | 1 | - | - | - | - | - | 7 | - |
| 7 | 1..4 | 97-100 | - | 2 | - | - | - | - | 7 | - |
| 7 | 5..8 | 101-104 | - | - | - | - | - | - | 7 | - |
| 7 | 9..12 | 105-108 | 1 | - | 3 | - | 5 | - | - | 8 |
| 7 | 13..16 | 109-112 | - | 2 | 3 | - | 5 | - | - | 8 |
| 8 | 1..4 | 113-116 | - | - | 3 | - | 5 | - | - | 8 |
| 8 | 5..8 | 117-120 | 1 | - | - | 4 | 5 | - | - | 8 |
| 8 | 9..12 | 121-124 | - | 2 | - | 4 | 5 | - | - | 8 |
| 8 | 13..16 | 125-128 | - | - | - | 4 | 5 | - | - | 8 |
| 9 | 1..4 | 129-132 | 1 | - | - | - | 5 | - | - | 8 |
| 9 | 5..8 | 133-136 | - | 2 | - | - | 5 | - | - | 8 |
| 9 | 9..12 | 137-140 | - | - | - | - | 5 | - | - | 8 |
| 9 | 13..16 | 141-144 | 1 | - | 3 | - | - | 6 | - | 8 |
| 10 | 1..4 | 145-148 | - | 2 | 3 | - | - | 6 | - | 8 |
| 10 | 5..8 | 149-152 | - | - | 3 | - | - | 6 | - | 8 |
| 10 | 9..12 | 153-156 | 1 | - | - | 4 | - | 6 | - | 8 |
| 10 | 13..16 | 157-160 | - | 2 | - | 4 | - | 6 | - | 8 |
| 11 | 1..4 | 161-164 | - | - | - | 4 | - | 6 | - | 8 |
| 11 | 5..8 | 165-168 | 1 | - | - | - | - | 6 | - | 8 |
| 11 | 9..12 | 169-172 | - | 2 | - | - | - | 6 | - | 8 |
| 11 | 13..16 | 173-176 | - | - | - | - | - | 6 | - | 8 |
| 12 | 1..4 | 177-180 | 1 | - | 3 | - | - | - | - | 8 |
| 12 | 5..8 | 181-184 | - | 2 | 3 | - | - | - | - | 8 |
| 12 | 9..12 | 185-188 | - | - | 3 | - | - | - | - | 8 |
| 12 | 13..16 | 189-192 | 1 | - | - | 4 | - | - | - | 8 |

| Keyboard Num. | Keyboard Taste | Weichenadresse | Weichendecoder Schalter auf ON | | | | | | | |
|---|---|---|---|---|---|---|---|---|---|---|
| 13 | 1..4 | 193-196 | - | 2 | - | 4 | - | - | - | 8 |
| 13 | 5..8 | 197-200 | - | - | - | 4 | - | - | - | 8 |
| 13 | 9..12 | 201-204 | 1 | - | - | - | - | - | - | 8 |
| 13 | 13..16 | 205-208 | - | 2 | - | - | - | - | - | 8 |
| 14 | 1..4 | 209-212 | - | - | - | - | - | - | - | 8 |
| 14 | 5..8 | 213-216 | 1 | - | 3 | - | 5 | - | - | - |
| 14 | 9..12 | 217-220 | - | 2 | 3 | - | 5 | - | - | - |
| 14 | 13..16 | 221-224 | - | - | 3 | - | 5 | - | - | - |
| 15 | 1..4 | 225-228 | 1 | - | - | 4 | 5 | - | - | - |
| 15 | 5..8 | 229-232 | - | 2 | - | 4 | 5 | - | - | - |
| 15 | 9..12 | 233-236 | - | - | - | 4 | 5 | - | - | - |
| 15 | 13..16 | 237-240 | 1 | - | - | - | 5 | - | - | - |
| 16 | 1..4 | 241-244 | - | 2 | - | - | 5 | - | - | - |
| 16 | 5..8 | 245-248 | - | - | - | - | 5 | - | - | - |
| 16 | 9..12 | 249-252 | 1 | - | 3 | - | - | 6 | - | - |
| 16 | 13..16 | 253-256 | - | 2 | 3 | - | - | 6 | - | - |
| - | - | 257-260 | - | - | 3 | - | - | 6 | - | - |
| - | - | 261-264 | 1 | - | - | 4 | - | 6 | - | - |
| - | - | 265-268 | - | 2 | - | 4 | - | 6 | - | - |
| - | - | 269-272 | - | - | - | 4 | - | 6 | - | - |
| - | - | 273-276 | 1 | - | - | - | - | 6 | - | - |
| - | - | 277-280 | - | 2 | - | - | - | 6 | - | - |
| - | - | 281-284 | - | - | - | - | - | 6 | - | - |
| - | - | 285-288 | 1 | - | 3 | - | - | - | - | - |
| - | - | 289-292 | - | 2 | 3 | - | - | - | - | - |
| - | - | 293-296 | - | - | 3 | - | - | - | - | - |
| - | - | 297-300 | 1 | - | - | 4 | - | - | - | - |
| - | - | 301-304 | - | 2 | - | 4 | - | - | - | - |
| - | - | 305-308 | - | - | - | 4 | - | - | - | - |
| - | - | 309-312 | 1 | - | - | - | - | - | - | - |
| - | - | 313-316 | - | 2 | - | - | - | - | - | - |
| - | - | 317-320 | 1 | - | 3 | - | 5 | - | 7 | - |

## 5.3. Ausblicke

Endstation? Halt, nein - Stopp! Natürlich sind wir an dieser Stelle noch lange nicht am Ziel angekommen. Ich denke, es sind noch eine Menge Frage offen, die wir gemeinsam noch zu klären und zu erklären haben. Dafür wird in erster Linie der Band 2 zur Verfügung stehen. In diesem vorliegenden Band ging es zu-nächst einmal darum, Ihnen meine Beweggründe zur Entscheidung „pro Digital" darzustellen. Die Grundstrukturen der zwei real existierenden Anlagenprojekte sollte den Einstieg in die Materie für uns erleichtern. Natürlich bewege ich mich dabei bei der Auswahl der Geräte um bestimmte Produkte, wie Sie sicherlich bemerkt haben. Mit diesen Geräten habe ich jedoch schon viel ausprobiert und umfangreichen Betrieb durchgeführt.. Aber, so meine langjährige Erkenntnis, ist das noch nicht genug. Jetzt, wo es tatsächlich in die Anlagen, an jede Weiche und an jeden Lokdecoder geht, sollte man mit dem bisherigen Wissen  eine gute Basis haben. Wir könne nun tatsächlich erklären, was z.B. eine Lastregelung oder Bremsstrecke ist. Ich gehe davon aus, dass Sie bis jetzt diesen Ausführungen folgen konnten und diese interessant für Sie waren. Freuen sie sich nun den Band 2 der „Digitalpraxis", der im Spätherbst 2005 erscheinen wird

Ein kleines Problem wird diese Art von Publikationen jedoch stets begleiten: In der heutigen *High-Tech* Welt ist das eben geschriebene Wort beim Lesen schon wieder veraltet. Das ist bei digitalen Modellbahn zwar nicht ganz so ausgeprägt wie bei Computern, aber ein Stück davon ist schon Wirklichkeit. Bis zur zweiten Drucklegung dieses Bandes stand das neue Märklin „systems" Digitalprodukt noch imm er nicht zur Verfügung. Daher kann ich an dieser Stelle so gut wie keine Ausführungen dazu machen. Aus diesem Grunde habe ich mich bei dem Thema Märklin auch immer auf das momentan im Handel erhältliche Motorola-System  beschränkt. Nach der bisheriger Auskunft sind die Produkte auch mit dem neuen System kompatibel. Aber wie verhält es sich dabei mit den nun auch neuen „systems" Lokdecodern z. B. mit der INTELLIBOX? Ich kann es Ihnen heute noch nicht nicht sagen.

Auf eine Tatsache werden sie sich aber verlassen können, die mir die Entwickler in Bottrop von Uhlenbock bestätigen können: die LocoNet Welt und INTELLIBOX als Multitalent werden dort nach wie vor die Hauptrolle spielen. Und für die INTELLIBOX ist das Motorola Format etwas ganz Normales! Wenn Sie sich also bei Ihrer Planung so ausrichten, liegen Sie, sozusagen als Fazit des vorliegenden Bandes, immer auf der absolut richtigen Seite. Jedenfalls ist das meine Meinung an dieser Stelle...machen Sie etwas daraus!

Ihr Rolf Knipper